高等学校"十一五"规划教材

画法几何及机械制图

（第2版）

主编 李平 季雅娟 张景田 丁建梅

哈尔滨工业大学出版社

内 容 简 介

本书是根据教育部制订的高等学校工科本科"画法几何及机械制图课程教学基本要求"和最新颁布的有关国家标准,总结多年来教学改革的成果,吸取兄弟院校许多教材的优点编写而成的。

全书共分13章及附录,另配习题集同时出版。主要内容有正投影的基础知识、立体的投影、组合体、轴测图、表示机件的图样画法、标准件与常用件、零件图、零件图的技术要求及装配图。书中突出地反映现代科学技术的新内容、新知识,将"画法几何及机械制图"同"计算机绘图实例"融为一体,既保证本课程在内容上的完整性和先进性,又有利于现代化教学手段与方法的采用。本书插图全部由计算机生成,平面图形准确清晰,立体图形形象逼真,具有时代感。

本书可作为高等院校工程图学课程的教材,也可供工程技术人员参考。

图书在版编目(CIP)数据

画法几何及机械制图:含习题集/李平等主编. —2版. 哈尔滨:哈尔滨工业大学出版社,2012.8(2022.9重印)
ISBN 978-7-5603-2153-0

Ⅰ.画… Ⅱ.李… Ⅲ.①画法几何-高等学校-教材②机械制图-高等学校-教材 Ⅳ.TH126

中国版本图书馆 CIP 数据核字(2012)第170566号

出版发行	哈尔滨工业大学出版社
社　　址	哈尔滨市南岗区复华四道街10号 邮编150006
传　　真	0451-86414749
网　　址	http://hitpress.hit.edu.cn
印　　刷	黑龙江艺德印刷有限责任公司
开　　本	787 mm×1092 mm　1/16　印张 26.25　插页 3　字数 580 千字
版　　次	2005年8月第1版　2012年8月第2版 2022年9月第11次印刷
书　　号	ISBN 978-7-5603-2153-0
定　　价	39.00(含习题集)

(如因印装质量问题影响阅读,我社负责调换)

前 言

本书是根据教育部制订的高等学校工科本科"画法几何及机械制图课程教学基本要求"和最新颁布的有关国家标准,总结多年来教学改革的成果,吸取兄弟院校许多教材的优点编写而成。

全书共分 13 章及附录。主要内容有正投影的基础知识、立体的投影、组合体、轴测图、表示机件的图样画法、标准件与常用件、零件图、零件图的技术要求及装配图。书中突出地反映了现代科学技术的新内容、新知识,将画法几何及机械制图同计算机绘图实例融为一体,既保证本课程在内容上的完整性和先进性,又有利于现代化教学手段与方法的采用。

本书主要有以下特点:

1. 精选了画法几何部分内容,调整深度,降低了点、线、面综合问题和立体表面交线的求画难度,使内容更加紧凑。

2. 加强了组合体内容,增加了各种典型图例的分析,以加强培养学生对三维形状与相关位置的空间逻辑思维能力和形象思维能力。

3. 制图与设计紧密结合,零、部件结构介绍与构形设计紧密结合,以适应机械 CAD 对本课程的要求。

4. 注重徒手绘制草图的方法与技能的训练,为学生在今后的工作中构思设计和创意设计打下坚实的基础。

5. 将 AutoCAD 绘图与传统机械制图内容完全融为一体,把众多的 AutoCAD 命令灵活运用到制图各单元之中,每一章节后都有 AutoCAD 绘图实例,深入浅出地讲授 AutoCAD 的基本概念和绘制各种图形的方法与技巧。

6. 本教材内容科学准确,文字精练,逻辑性强。插图全部由计算机生成,平面图形准确清晰,立体图形形象逼真,具有时代感,为制作电子教材打下基础。

书中内容全部采用我国最新颁布的《技术制图与机械制图》国家标准及与制图有关的其他标准。

本书的编写分工为:第 1 章(1.1~1.5)、第 2 章(2.3)、第 8 章(8.1~8.5)由季雅娟编写,第 2 章(2.1、2.2)、第 5 章(5.1、5.2)、第 11 章(11.6、11.7)由王全福编写,第 7 章、第 10 章(10.1~10.6)由陈新编写,第 6 章(6.1~6.3)、第 11 章(11.1~11.5)、附录一、附录二由修立威编写,第 12 章和部分章节(9.4、10.7、12.9、13.8)、附录三、附录四由张景田编写,第 1 章(1.6)、第 2 章(2.4)、第 8 章(8.4)、第 9 章(9.1~9.3)由丁建梅编写,前言、绪论、第 3 章、第 4 章、第 13 章(13.1~13.7)由李平编写。本书由李平、张景田、季雅娟、丁建梅任主编,修立威、陈新、王全福任副主编。郭炳义任主审。封面由柳雨红设计。

该书与同时出版的《画法几何及机械制图习题集》配套使用。本套教材可供高等院校机械类、近机类本科学生学习,也可作为其他专业教师、学生及工程技术人员参考。

在本套教材的编写过程中,参考了部分同类的教材、习题集等(见书后的参考文献),在此谨向相关图书的作者表示谢意。

由于编者水平有限,书中的疏漏之处在所难免,恳请使用本书的广大师生和读者批评指正,在此谨先表示感谢。

编 者

2005.5

目　录

绪论 ·· (1)

第 1 章　机械制图基本知识和技能 ·· (2)
    1.1　国家标准《机械制图》的若干规定 ·· (2)
    1.2　绘图工具简介 ·· (10)
    1.3　几何作图 ·· (13)
    1.4　平面图形分析及画法 ·· (17)
    1.5　绘图的方法与步骤 ·· (19)
    1.6　用 AutoCAD 绘制平面图形 ·· (21)

第 2 章　点、直线、平面的投影 ·· (26)
    2.1　投影法知识 ··· (26)
    2.2　点的投影 ·· (28)
    2.3　直线的投影 ··· (33)
    2.4　平面的投影 ··· (45)

第 3 章　直线与平面、两平面的相对位置 ··· (53)
    3.1　直线与平面平行、两平面平行 ·· (53)
    3.2　直线与平面相交、两平面相交 ·· (55)
    3.3　直线与平面垂直、两平面垂直 ·· (59)
    3.4　综合应用 ·· (61)

第 4 章　投影变换 ·· (64)

第 5 章　曲线和曲面 ··· (71)
    5.1　曲线 ··· (71)
    5.2　曲面 ··· (74)

第 6 章　立体的投影 ··· (77)
    6.1　平面立体的投影 ·· (77)
    6.2　曲面立体的投影 ·· (83)

第 7 章　立体与立体相交 ··· (97)

第 8 章　组合体 ·· (110)
    8.1　组合体的三视图 ·· (110)
    8.2　形体分析法与线面分析法 ·· (110)
    8.3　组合体三视图的画法 ·· (115)
    8.4　组合体的尺寸标注 ·· (119)
    8.5　读组合体的视图 ·· (126)
    8.6　利用 AutoCAD 绘制组合体视图 ·· (131)

第 9 章 轴测图 (137)
- 9.1 基本知识 (137)
- 9.2 正等轴测图 (138)
- 9.3 斜二轴测图 (144)
- 9.4 利用 AutoCAD 绘制轴测图 (146)

第 10 章 机件的表达方法 (151)
- 10.1 视图 (151)
- 10.2 剖视图 (154)
- 10.3 断面图 (163)
- 10.4 其他表达方法 (166)
- 10.5 综合应用举例 (170)
- 10.6 第三角投影法简介 (172)
- 10.7 利用 AutoCAD 画剖视图 (173)

第 11 章 标准件及常用件 (176)
- 11.1 螺纹及螺纹紧固件 (176)
- 11.2 键与花键连接 (187)
- 11.3 销 (190)
- 11.4 滚动轴承 (190)
- 11.5 弹簧 (192)
- 11.6 齿轮 (195)

第 12 章 零件图 (202)
- 12.1 零件图的作用和内容 (202)
- 12.2 零件结构分析及工艺结构简介 (203)
- 12.3 零件图的视图表达方法 (205)
- 12.4 零件图的尺寸标注 (207)
- 12.5 零件图的技术要求 (214)
- 12.6 零件测绘 (227)
- 12.7 典型零件图的分析 (230)
- 12.8 读零件图的方法 (235)
- 12.9 利用 AutoCAD 绘制零件图 (238)

第 13 章 装配图 (243)
- 13.1 装配图的作用与内容 (243)
- 13.2 表达机器和部件的方法 (244)
- 13.3 装配图中的尺寸标注和技术要求 (247)
- 13.4 装配图的零件序号和明细栏 (248)
- 13.5 装配结构的合理性 (250)
- 13.6 部件测绘和装配图的画法 (252)
- 13.7 读装配图和由装配图拆画零件图 (257)
- 13.8 利用 AutoCAD 拼画装配图 (262)

附录一　标准结构 …………………………………………………………………（268）
附录二　标准件 ……………………………………………………………………（270）
附录三　标准结构 …………………………………………………………………（281）
附录四　技术要求 …………………………………………………………………（282）
参考文献 ……………………………………………………………………………（290）

绪　　论

一、本课程的性质

工程技术中根据投影原理并遵照国家标准的有关规定绘制的能准确表达物体形状、尺寸及技术要求等方面内容的图,称为工程图样。用于各种机械及设备加工制造的图样,称为机械工程图样,简称机械图。它是表达设计意图、交流技术思想和指导生产的重要技术文件,被喻为工程界共同的"技术语言"。每一个工程技术人员都应该很好地掌握这种"语言",具备绘制和阅读图样的能力。

本课程包括画法几何、机械制图及计算机绘图实例三部分。画法几何是研究用正投影的方法,图示空间几何形体及图解空间几何问题的基本原理和方法;机械制图研究如何绘制和阅读工程图样,是技术基础课;计算机绘图实例是讲授准确、快速绘制工程图样的方法及技巧。

二、本课程的教学目的和任务

本课程的教学目的是培养学生掌握绘制和阅读工程图样的基本理论和方法。主要任务是:

(1)学习正投影的基本原理及应用。

(2)培养空间几何问题的图示能力和图解能力。

(3)培养对三维形体的形象思维和空间逻辑思维能力。

(4)学习贯彻并执行《技术制图与机械制图》国家标准及有关规定,培养查阅有关标准、手册的能力。

(5)培养绘制和阅读工程图样的能力。

(6)学习运用尺规绘图、徒手绘图、计算机绘图的方法和技巧。

(7)培养认真负责的工作态度和严谨细致的工作作风。

三、本课程的学习方法

(1)应认真学习投影理论,运用线面分析、形体分析等各种分析方法,由浅入深地通过一系列的绘图和读图实践,经过反复地由物画图,由图想物,逐步提高空间想象和空间思维能力。

(2)应按正确的方法步骤,完成作业和练习,准确使用工程制图中的有关资料,培养绘图和读图能力。

(3)本课程是一门既有系统理论又有很强实践性的课程,学习时应做到多观察、勤思考、反复实践。鉴于图样在工程技术中的重要作用,绘图和读图的差错都会带来经济损失,所以在学习中要养成耐心细致、一丝不苟的良好习惯和严肃认真的工作作风。

第 1 章　机械制图基本知识和技能

本章重点介绍国家标准《机械制图》的若干规定、绘图工具的使用方法、几何作图、平面图形的尺寸分析、绘图步骤等。

1.1　国家标准《机械制图》的若干规定

技术图样是工程技术界的语言,是表达设计思想、指导生产和进行技术交流的重要工具,因此必须对图样的画法、尺寸标注等制定统一的国家标准。国家标准《机械制图》是机械工程界的基础技术标准,在绘制及阅读技术图样时必须严格遵守。

国家标准简称国标,代号为"GB"。本章仅介绍国家标准《机械制图》中的部分内容,其余常用制图标准将在后续章节中介绍。

一、图纸幅面及格式(GB/T 14689—1993)[①]

1. 图纸幅面尺寸

图纸幅面是指由图纸长度和宽度组成的图面。绘制图样时,应优先采用表 1.1 中标规定的五种图纸的尺寸,必要时可采用由基本幅面的短边成整数倍增加后的幅面。

表 1.1　基本幅面尺寸　　　　　　　　　　　　　　　mm

幅面代号	A0	A1	A2	A3	A4
B×L	841×1189	594×841	420×594	297×420	210×297
e	20	20	10	10	10
c	10	10	10	5	5
a	25				

注:表中 B、L、e、c、a 如图 1.1 和 1.2 所示。

2. 图框格式

图框是指图纸上限定绘图区域的线框,图框线用粗实线。图框格式分为留装订边和不留装订边两种。但同一产品的图样只能采用一种格式。不留装订边图纸的图框格式如图 1.1 所示,一般采用 A4 幅面竖装,A3 幅面横装。留装订边图纸的图框格式如图 1.2 所示。

为使图样复制和微缩摄影时定位方便,可采用对中符号,它是从周边画入图框内约 5 mm 的一段粗实线。

3. 标题栏的方位及格式

每张图纸都应有标题栏,标题栏一般位于图纸的右下角,如图 1.1、图 1.2 所示。标题栏中的文字方向为看图方向。标题栏的格式由 GB/T 10609.1—1989 规定,一般由更改区、

---

① GB/T 表示推荐性国家标准,14689 为标准编号,1993 表示此标准于 1993 年由国家质量技术监督局批准。

签字区、其他区(材料、比例、质量等)、名称及代号区(单位名称、图样名称及图样代号等)组成。标题栏的格式如图1.3所示。

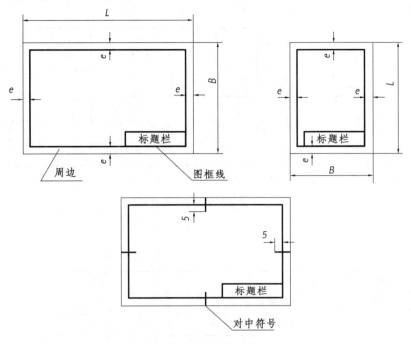

图1.1　不留装订边图框格式

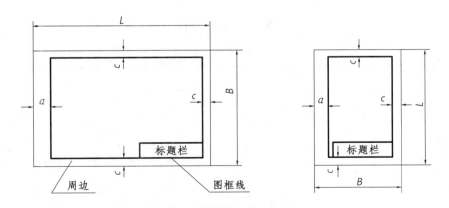

图1.2　留装订边图框格式

二、比例(GB/T 14690—1993)

图样中图形的线性尺寸与其实物相应要素的线性尺寸之比,称为比例。表1.2是国家标准规定的绘图比例。为了看图方便,绘制图样时,应尽可能采用原值比例。

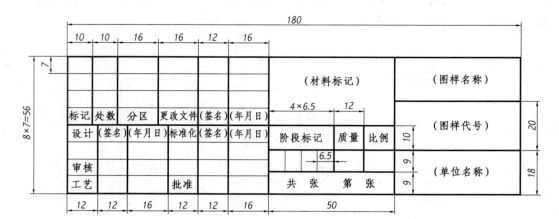

(a) 国标规定的标题栏格式

(b) 学校参考选用的标题栏格式

图1.3　标题栏格式

表1.2　比例

种类	优先选取			允许选取					
原值比例	1:1								
放大比例	5:1　　2:1　　　　　　$5×10^n:1$　$2×10^n:1$　$1×10^n:1$			4:1　　　　2.5:1　　$4×10^n:1$　　$2.5×10^n:1$					
缩小比例	1:2　　1:5　　1:10 $1:2×10^n$　$1:5×10^n$　$1:10^n$			1.5　1:2.5　1:3　1:4　1:6　$1:1.5×10^n$ $1:2.5×10^n$　$1:3×10^n$　$1:4×10^n$　$1:6×10^n$					

注：n 为正整数。

绘制图样时，无论采用放大还是缩小的比例，在标注尺寸时，均应按实物的实际尺寸标注。同一机件的各个视图应采用相同的比例，并在标题栏的比例一栏内写明采用的比例。

三、字体（GB/T 14691—1993）

图样中书写的汉字、数字、字母的字体必须做到：字体端正、笔画清楚、间隔均匀、排列整齐。

字号:即字体的高度(用 h 表示),尺寸系列为 1.8,2.5,3.5,5,7,10,14,20 mm。如需要书写更大的字,其字体高度应按 $\sqrt{2}$ 的比率递增。

1. 汉字

图样中书写的汉字为长仿宋体,并采用国家正式公布推行的简化字。汉字的高度 h 不应小于 3.5 mm,字宽一般为 $h/\sqrt{2}$。

长仿宋体的特点:横平竖直,起落有锋,结构匀称,清秀挺拔。

长仿宋体的基本笔划如下:

长仿宋体的书写示例如下:

2. 字母和数字

字母和数字分 A 型和 B 型。A 型字体的笔画宽度 $d=h/14$(h 为字体高度),B 型字体的笔画宽度 $d=h/10$。字母和数字分直体和斜体两种,常用的是斜体,斜体字字头向右倾斜,与水平成 75°。同一张图样上只能采用一种形式的字体。

斜体拉丁字母:

ABCDEFGHIJKLMN *abcdefghijklmn*
OPQRSTUVWXYZ *opqrstuvwxyz*

斜体阿拉伯数字:

0123456789

斜体罗马数字:

I II III IV V VI VII VIII IX X

四、图线(GB/T 4457—2002)

1. 图线型式及应用

表 1.3 给出了常用图线的名称、型式及应用举例,供绘制图样时选用。各种图线在图样上的应用,如图 1.4 所示。

图线宽度的推荐系列为 0.13,0.18,0.25,0.35,0.5,0.7,1.0,1.4,2.0 mm。粗实线的宽度 d 在 0.5~2 mm 之间,细线的宽度约为 $d/2$。

表1.3　常用图线及应用

图线名称	图线型式	图线宽度	应用举例
粗实线	———————	d=0.5~2 mm	可见轮廓线；可见过渡线
细实线	———————	约 $d/2$	尺寸线；尺寸界线；剖面线；引出线
波浪线	～～～～	约 $d/2$	断裂处的分界线；视图和剖视的分界线
双折线	—╱—╱—	约 $d/2$	断裂处的边界线
虚线	— — — 12d 3d	约 $d/2$	不可见轮廓线；不可见过渡线
点画线	— · — 24d 3d 0.5d	约 $d/2$	轴线；对称中心线；轨迹线
双点画线	— ·· — 24d 3d 0.5d	约 $d/2$	相邻辅助零件的轮廓线；假想投影轮廓线；极限位置的轮廓线；成形前轮廓线
粗虚线	━ ━ ━ 12d 3d	d=0.5~2 mm	允许表面处理的表示线
粗点画线	━ · ━ · ━	d=0.5~2 mm	限定范围表示线

注：表中除粗实线、粗虚线和粗点画线外，其他图线均为细线。

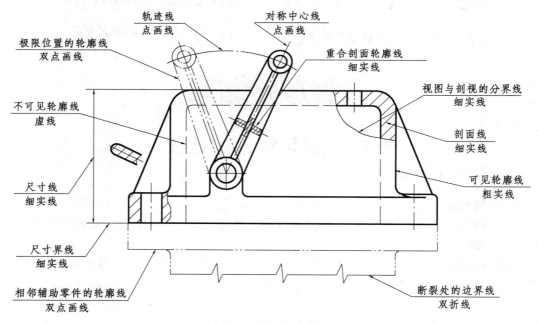

图1.4　图线应用举例

2. 图线画法的注意事项

（1）在同一图样中同类图线的线宽应均匀一致。虚线、点画线和双点画线的画线长度及间隔应大致相等。虚线的画线长为 $12d$，间隔为 $3d$；点画线的长画为 $24d$，间隔为 $3d$，短画为 $0.5d$。

（2）点画线的首末两端应是长画而不是短画。它们彼此相交以及与其他图线相交处都应是线段相交，且首末两端应超出轮廓线 $2\sim5$ mm。图 1.5 是以绘制圆的对称中心线为例来说明点画线的正确画法。

（3）当在较小的图形上绘制点画线或双点画线有困难时，可用细实线代替，在图 1.5 中，小圆的中心线就是用细实线代替的。

（4）当虚线与虚线或虚线与其他线相交时，应以线段相交，不应留空隙。但当虚线是粗实线的延长线（如图 1.6(a) 所示）及在图 1.6(b) 所示的情况下，相接处应留出空隙。

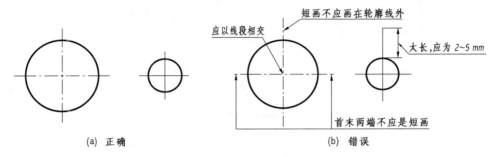

图 1.5　圆中心线的画法

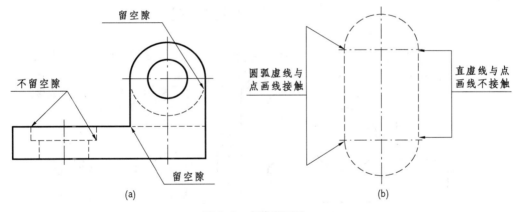

图 1.6　虚线的画法

五、尺寸注法（GB/T 4458.4—2003）

图样上的图形只能表达零件的形状，而零件的大小必须通过标注尺寸才能确定。标注尺寸是一项极其重要的工作，必须认真细致、一丝不苟，要求做到正确、完整、清晰、合理。

1. 标注尺寸的基本规则

（1）尺寸数值应为机件的真实大小，与绘图比例及绘图的准确度无关。

（2）图样中的尺寸以毫米为单位，如采用其他单位时，则必须标明单位名称。

（3）图样中所注尺寸为机件最后完工的尺寸。

（4）每个尺寸一般只标注一次，并应标注在最能反映该结构形体特征的图形上。

2. 尺寸的组成要素

一个完整的尺寸应由尺寸界线、尺寸线、尺寸线终端和尺寸数字四个要素组成，如图 1.7(a) 所示。

（1）尺寸界线

尺寸界线用来界定所注尺寸的范围，用细实线绘制，并应由图形的轮廓线、轴线或对称中心线处引出，也可以用这些线代替。尺寸界线一般应与尺寸线垂直，并应超出尺寸线终端 2~3 mm。

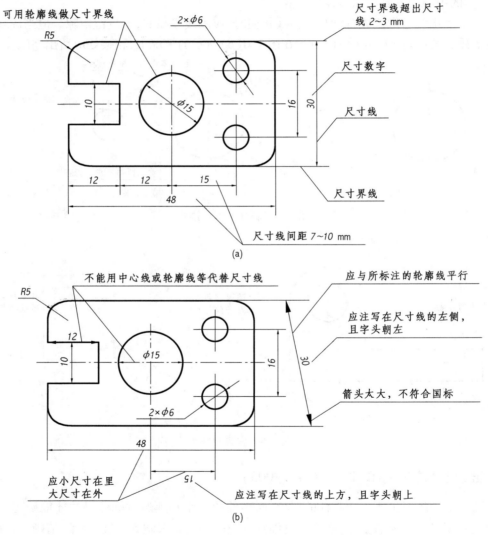

图 1.7 尺寸注法

（2）尺寸线

尺寸线用细实线绘制，一般不能用其他图线代替，也不得与其他图线重合或在其他图线的延长线上。线性尺寸的尺寸线应与所标注的轮廓线平行，同一图样上尺寸线与轮廓线以及尺寸线间的距离应大致相等，一般为 7~10 mm。大尺寸线应画在小尺寸线的外面，以避免尺寸线与尺寸界线相交。

(3) 尺寸线终端

有三种形式:箭头、斜线和圆点。箭头的形式如图 1.8(a)所示,图中 d 为粗实线的宽度。当尺寸很小时,采用斜线或圆点(如图 1.8(b)、(c))。同一张图样中的所有箭头、斜线或圆点的大小应基本相同。

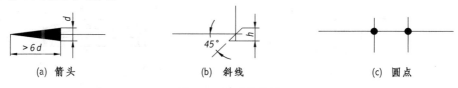

图 1.8　尺寸线终端

(4) 尺寸数字

应按标准字体书写,且同一图样上的字高应一致。当尺寸数字在图中遇到图线时,需将图线断开,如图线断开影响图形表达时,需调整尺寸标注的位置。

图 1.7(b)为错误的标注示例,请与正确的标注示例图 1.7(a)进行比较。

3. 几类尺寸的标注方法

(1) 线性尺寸的标注方法

线性尺寸水平方向的尺寸数字应字头朝上,垂直方向的尺寸数字应字头朝左,倾斜方向的尺寸数字应保持字头朝上的趋势,如图 1.9(a)所示。尽量避免在图示 30°范围内标注尺寸,当无法避免时可按图 1.9(b)标注。尺寸数字也可写在尺寸线的中断处。

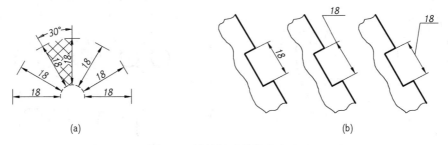

图 1.9　线性尺寸的数字方向

(2) 直径与半径尺寸的标注方法

①当标注整圆或大于半圆的圆弧时,应标注直径尺寸,即在尺寸数字前加注符号"ϕ",尺寸线通过圆心,以圆周为尺寸界线,如图 1.10 所示。

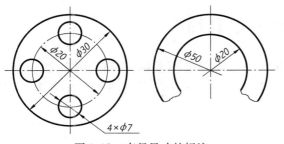

图 1.10　直径尺寸的标注

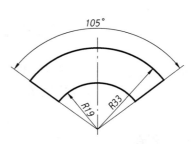

图 1.11　半径尺寸的标注

②当标注小于或等于半圆的圆弧时,应标注半径尺寸,即在尺寸数字前加注符号"R",尺寸线自圆心引出,只画一个箭头,如图 1.11 所示。但当圆弧的半径很大,其圆心在图上不能示出时,可采用图 1.12 的标注形式。

③标注球面直径或半径尺寸时,应在尺寸数字前加注符号"Sϕ"或"SR",如图 1.13 所示。

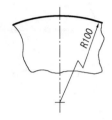
图 1.12 大半径尺寸的标注

图 1.13 球面半径尺寸的标注

(3)角度尺寸的标注方法

标注角度尺寸时,尺寸界线应沿径向引出,尺寸线应画成圆弧,其圆心是该角的顶点。角度数字一律字头朝上水平书写,一般注写在尺寸线的中断处,必要时,可注写在尺寸线上方或外边,也可引出标注,如图 1.14 所示。

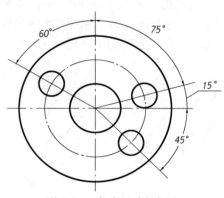
图 1.14 角度尺寸的标注

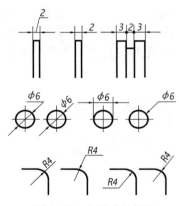
图 1.15 小尺寸的标注

(4)小尺寸的标注方法

当所标注的尺寸很小,没有足够的地方画箭头或注写尺寸数字时,允许采用图 1.15 的形式标注。

1.2 绘图工具简介

正确地掌握绘图工具的使用及维护方法,既能保证绘图质量,提高绘图速度,又能延长绘图工具的使用寿命。常用的绘图工具有:铅笔、图板、丁字尺、三角板、比例尺和绘图仪器等。

一、铅笔

建议采用 B、HB、H、2H 等绘图铅笔,H 代表硬,B 代表软。H 前面的数字值愈大,铅心愈硬;B 前面的数字值愈大,铅心愈软。通常打底稿时选用 H 或 2H;写字时选用 H 或 HB;加深图线时选用 HB 或 B;加深圆及圆弧时,圆规用铅心选用 B 或 2B。画细线和写字的铅心应削成锥状,画粗实线的铅心应削成四棱柱状,如图 1.16 所示。

二、图板

图板供固定图纸用,应保证它的工作表面平坦、光滑,左右两导边平直,如图 1.17 所示。

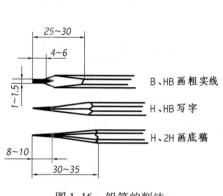

图 1.16 铅笔的削法　　　　　图 1.17 图板和丁字尺的使用

三、丁字尺

丁字尺由尺头和尺身组成,并相互垂直固定在一起,尺头的内侧面及尺身的工作边必须平直,尺身的工作边主要用来画水平线,或作为三角板移动的导边。画图时,用左手扶住尺头,使其内侧面紧靠图板左导边,上下移动丁字尺,便可画出一系列的水平线。画水平线时铅笔沿尺身的工作边自左向右移动,如图 1.18(a)。用毕应将丁字尺挂起来,以免尺身弯曲变形。

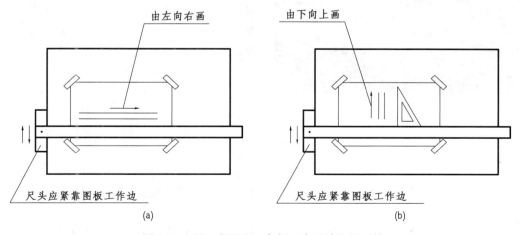

图 1.18 用丁字尺和三角板画水平线和铅垂线

四、三角板

一副三角板有两块,通常与丁字尺配合使用,可画铅垂线(如图1.18(b))和15°倍角的斜线,如图1.19所示。

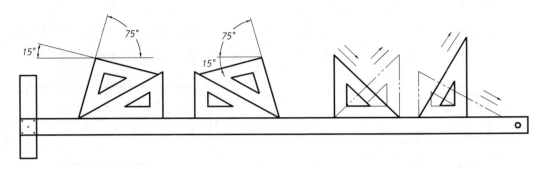

图1.19 画15°倍角的斜线

五、比例尺

比例尺又叫三棱尺,如图1.20所示。在它的三个棱面上共有六种不同比例的刻度,见表1.4。比例尺仅用来量取尺寸,不可用来画线。常按所需比例用分规在尺上量取长度,也可直接把比例尺放在已画出的直线上量取长度。

表1.4 比例尺的可选比例和刻度值

比例尺标记	1∶100 (1∶1 000)			1∶200 (1∶2 000)		1∶250 (1∶2 500)		1∶300 (1∶3 000)	1∶400 (1∶4 000)		1∶500 (1∶5 000)	
可选比例	1∶1	1∶10	10∶1	1∶2	5∶1	1∶2.5	4∶1	1∶3	1∶4	2.5∶1	1∶5	2∶1
每小格值/mm	1	10	0.1	2	0.2	2	0.2	2	5	0.5	5	0.5

图1.20 比例尺　　　　图1.21 分规的使用方法

六、绘图仪器

盒装绘图仪器种类很多,有七件、五件、三件等。其中用得最多的是分规和圆规。

1. 分规

分规是用来等分和量取线段的,它的两个针尖并拢后必须平齐。从尺上量取长度时,不应把针尖扎入尺面,分规的使用方法如图1.21所示。

2. 圆规

圆规是用来画圆和圆弧的工具,圆规在使用前应先调整针脚,使针尖稍长于铅心。画圆或圆弧时,应将带台阶的钢针插入图板内,使圆规向前进方向稍微倾斜,并要用力均匀,转动平衡,始终保持两脚与纸面垂直。画大圆或圆弧时可接上延长杆,画小圆时最好使用弹簧圆规或点圆规。圆规的使用方法见图 1.22。

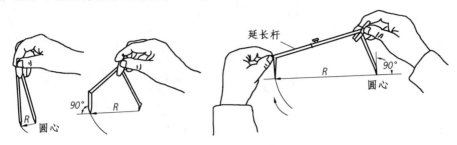

图 1.22 圆规的使用方法

七、曲线板

曲线板是用来描绘非圆曲线的,使用前,先徒手轻轻地将各已知点连成曲线,再根据曲线的曲率大小及其变化趋势,选用曲线板上合适的一段分段进行描绘。

1.3 几何作图

一个机械图样往往是由若干几何图形组成的,正多边形、斜度、锥度、线段连接及平面曲线等就是最常见的几何图形,熟练掌握这些图形的作图方法,有益于正确地绘制机械图样。

一、圆周等分和正多边形的作法

1. 圆周六等分和正六边形的作法

方法(1):已知外接圆半径,用圆规直接等分,如图 1.23(a)所示。
方法(2):已知外接圆半径,利用丁字尺与含 30°、60°的三角板配合作出,如图 1.23(b)所示。
方法(3):已知内切圆半径,利用丁字尺与含 30°、60°的三角板配合作出,如图 1.23(c)所示。

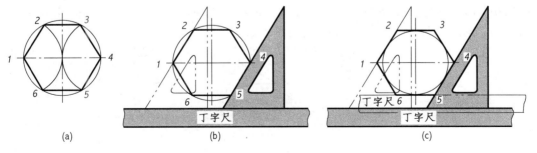

图 1.23 正六边形的作法

2. 五等分圆周和正五边形的作法

图 1.24 为圆周五等分和正五边形的作法。

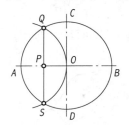
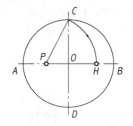
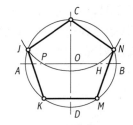

(a) 以 A 为圆心、OA 为半径画弧，交圆周于 S、Q。连接 SQ 得 OA 中点 P

(b) 以 P 为圆心、PC 为半径画弧，交 OB 于 H。线段 CH 长为五边形边长

(c) 自 C 点起，用 CH 长截取圆周，得点 J、K、M、N，依次连接各点，即得正五边形

图 1.24　正五边形的作法

3. 任意等分圆周和正 n 边形的作法

下面以七等分圆周和作正七边形为例（图 1.25）来说明。

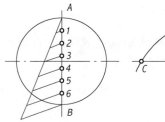
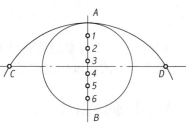
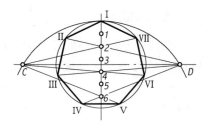

(a) 将直径 AB 分成七等分（若作 n 边形，则分为 n 等分）

(b) 以 B 为圆心、AB 为半径画弧，交与 AB 垂直的直径于 C、D 两点

(c) 自 C、D 与 AB 上奇数点（或偶数点）连线，延长至圆周，即得各等分点

图 1.25　正七边形的作法

二、斜度和锥度

1. 斜度

斜度是指一直线（或平面）对另一直线（或平面）的倾斜程度。斜度的大小用两直线（或两平面）间夹角的正切值来表示，并将此值化为 $1:n$ 的形式，即斜度 $\tan\alpha = H/L = 1:n$（如图 1.26（a））。斜度符号如图 1.26（b），符号的线宽为 $h/10$（h 为字高）。标注方法见图 1.26（c），斜度符号的倾斜方向应与斜度方向一致。

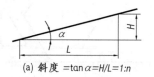

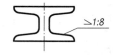

(a) 斜度 $= \tan\alpha = H/L = 1:n$　　(b) 斜度符号　　(c) 斜度标注

图 1.26　斜度及其标注

下面以画槽钢（如图 1.27（c））上一斜度为 $1:8$ 的斜面为例，说明作斜度的方法与步骤，M 点为斜面上的已知点。

作图：①如图 1.27（a），自点 k 在水平方向取 8 个单位长得 a 点，在垂直方向取 1 个单位长得 b 点,连接 ab,则直线 ab 的斜度即为 1∶8。

②如图 1.27(b),过已知点 M 作 ab 的平行线,即得斜度为 1∶8 的斜面。

③如图 1.27(c),完成全图并标注斜度和尺寸。

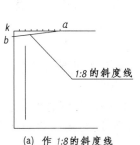 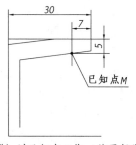 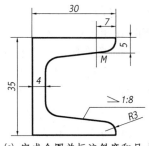

(a) 作 1:8 的斜度线　　(b) 过已知点 M 作 ab 的平行线　　(c) 完成全图并标注斜度和尺寸

图 1.27　斜度的作图方法

2. 锥度

锥度是指正圆锥底圆直径与锥高之比,若是圆台,则为上、下两底圆直径之差与其高度之比,工程上常用 1∶n 的形式表示锥度,如图 1.28(a)所示,锥度=$D/L=(D-d)/l=2\tan\alpha$,α 为半锥角。锥度符号如图 1.28(b)所示,符号的线宽为 $h/10$。标注时,锥度符号应对称地配置在基准线上,符号的方向与圆锥的方向一致,基准线要与圆锥的轴线平行,如图 1.28(c)所示。

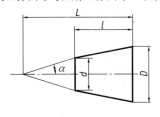 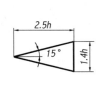 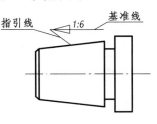

(a) 锥度 =$D/L=(D-d)/l=2\tan\alpha$　　(b) 锥度符号　　(c) 锥度标注

图 1.28　锥度及其标注

下面以画一锥度为 1∶6 的圆台(如图 1.29(c))为例,说明作锥度的方法与步骤。已知圆台的大端直径为 45 mm,高度为 67 mm。

作图:①如图 1.29(a),在圆台的轴线上,自点 k 向右取 6 个单位长得 a 点,自点 k 沿垂直线上下各取 1/2 单位长得 b 和 c 两点,连接 ab 和 ac,则 ab 和 ac 为 1∶6 的锥度线。

②自已知点 e 和 f 分别作 ab 和 ac 的平行线,即得锥度为 1∶6 的圆台,如图 1.29(b)所示。

③完成全图并标注锥度及尺寸,如图 1.29(c)所示。

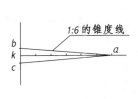 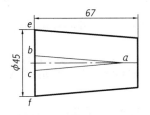 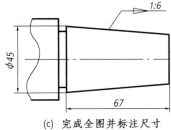

(a) 作 1:6 的锥度线　　(b) 过已知点 e 和 f 作锥度线的平行线　　(c) 完成全图并标注尺寸

图 1.29　锥度的作图方法

三、圆弧连接

在绘制一些机件的图样时,常会遇到用已知半径的圆弧光滑连接(即相切)直线或圆弧的情况,这段已知半径的圆弧称为连接弧,切点称为连接点。画连接弧时,应首先确定连接弧的圆心和切点。下面介绍圆弧连接的作图原理。

1. 圆弧连接的作图原理

(1) 与已知直线相切、半径为 R 的圆弧,其圆心的轨迹是一条与已知直线平行且距离为 R 的直线。由圆弧的圆心向直线作垂线,垂足即为切点,如图 1.30(a) 所示。

(2) 与已知圆弧(圆心为 O_1,半径为 R_1)外切且半径为 R_2 的圆弧,其圆心的轨迹是已知圆弧的同心圆,其半径 $R=R_1+R_2$。两圆弧的连心线 OO_1 与已知圆弧的交点即为切点,如图 1.30(b) 所示。

(3) 与已知圆弧(圆心为 O_1,半径为 R_1)内切且半径为 R_2 ($R_2<R_1$) 的圆弧,其圆心的轨迹是已知圆弧的同心圆,其半径 $R=R_1-R_2$。两圆弧的连心线 OO_1 与已知圆弧的交点即为切点,如图 1.30(c) 所示。

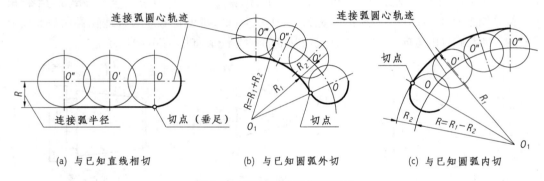

(a) 与已知直线相切　　(b) 与已知圆弧外切　　(c) 与已知圆弧内切

图 1.30　圆弧连接的作图原理

2. 圆弧连接作图方法

图 1.31 及图 1.32(a)、(b)、(c) 和 (d) 为五种情况下作连接弧的方法,图中示出了确定连接弧圆心和切点的作图过程。

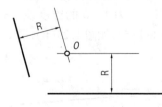 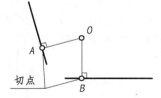 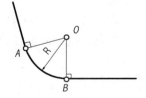

(a) 求圆心:作与两已知直线距离为 R 的平行线,其交点 O 为连接弧的圆心　　(b) 求切点:自点 O 向两已知直线作垂线,垂足 A、B 为切点　　(c) 画连接弧:以 O 为圆心、R 为半径自 A 到 B 画圆弧

图 1.31　用半径为 R 的圆弧连接两直线

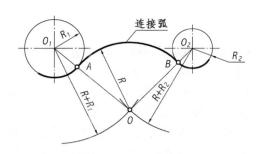
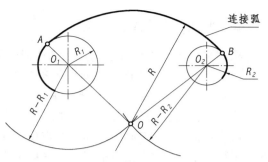

(a) 与两圆弧外切：分别以 O_1、O_2 为圆心、$R+R_1$、$R+R_2$ 为半径画弧，其交点 O 即为连接弧的圆心。连接 OO_1、OO_2 得切点 A、B。再以 O 为圆心、R 为半径自 A 到 B 画弧，即为连接弧

(b) 与两圆弧内切：分别以 O_1、O_2 为圆心、$R-R_1$、$R-R_2$ 为半径画弧，其交点 O 即为连接弧的圆心。连接 OO_1、OO_2，并延长 OO_1、OO_2 交圆 O_1、O_2 得切点 A、B。再以 O 为圆心、R 为半径自 A 到 B 画弧，即为连接弧

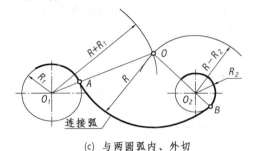

(c) 与两圆弧内、外切

(d) 与一直线和一圆弧相切

图 1.32　作连接弧的方法

1.4　平面图形分析及画法

平面图形通常是由一些线段连接而成的封闭线框，要正确绘制一个平面图形，必须首先对构成平面图形的各线段进行尺寸分析及线段分析，然后制定出合理的画图步骤。

一、平面图形的尺寸分析

平面图形中所标注的尺寸，按其作用可分为定形尺寸和定位尺寸两类。

1. 定形尺寸

确定平面图形中各线段形状大小的尺寸称为定形尺寸，如直线段的长度、圆及圆弧的直径（或半径）、角度等。如图 1.33 中的 $M14$、$\phi 6$、$R10$、$R70$、$R7$、$\phi 20$、16、101 均为定形尺寸。

2. 定位尺寸及尺寸基准

确定平面图形中各线段或线框间相对位置的尺寸称为定位尺寸。在标注定位尺寸时必须要有一个基准，这个基准被称为尺寸基准。平面图形有水平及垂直两个方向的尺寸基准。一般选择对称图形的对称中心线、圆的中心线或较长的直线作为尺寸基准。在图 1.33 中，分别以图形中较长的直线及图形的上下对称线作为它的两个尺寸基准。如图 1.33 中的 8 就是确定 $\phi 6$ 圆心的定位尺寸。

二、平面图形的线段分析

根据平面图形中所标注的尺寸和线段间的连接关系,平面图形中的线段可分为三类。

(1) 已知线段:定形尺寸和两个定位尺寸均已知的线段称为已知线段。在图 1.33 中,$M14$、$\phi6$、16 均为已知线段。这类线段可以根据图形中所注尺寸直接画出。半径及圆心的位置均已知的弧称为已知弧,如图 1.33 中,半径为 $R10$ 及 $R7$ 的圆弧即为已知弧。

(2) 中间线段:定形尺寸和一个定位尺寸已知的线段称为中间线段。这类线段除根据图形中标注的尺寸外,还需根据一个连接关系才能画出。半径及圆心的一个定位尺寸已知的弧称为中间弧,如图 1.33 中,半径为 $R70$ 的圆弧即为中间弧,其圆心垂直方向的定位尺寸已知,而水平方向的定位尺寸需根据其与 $R7$ 弧相切的关系才可确定。

(3) 连接线段:仅定形尺寸已知的线段称为连接线段。这类线段需要根据两个连接关系才能画出。仅半径已知的弧称为连接弧,如图 1.33 中,半径为 $R100$ 的圆弧即为连接弧,其圆心的两个定位尺寸需根据其与 $R10$ 和 $R70$ 两个圆弧相外切的关系方可确定。

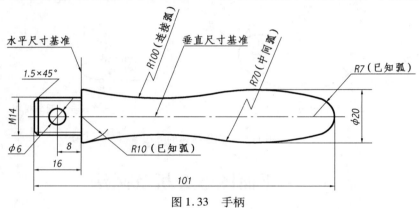

图 1.33 手柄

三、平面图形的画图步骤

通过以上对手柄的线段分析,下面以手柄为例说明绘制平面图形的步骤。

(1) 画基准线、定位线。如图 1.34(a) 所示。
(2) 画已知线段。如图 1.34(b) 所示,画出已知弧 $R10$、$R7$ 及 $\phi6$ 的圆等。
(3) 画中间线段。如图 1.34(c) 所示,画出中间弧 $R70$。
(4) 画连接线段。如图 1.34(d) 所示,画出连接弧 $R100$。
(5) 检查、整理无误后,加深并标注尺寸。如图 1.33 所示。

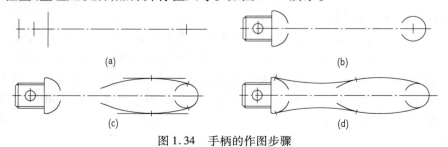

图 1.34 手柄的作图步骤

四、平面图形的尺寸标注

标注平面图形的尺寸时,应遵守国家标准的有关规定,做到正确、完整、清晰、合理,没有自相矛盾的现象。现以图 1.35 为例说明平面图形尺寸标注的步骤。

(1)确定尺寸基准。通过对图形的分析,选用它的两条对称中心线作为尺寸基准。

(2)线段分析。确定已知线段、中间线段和连接线段。

(3)标注已知线段的定形尺寸和定位尺寸。如 $\phi10$、$\phi30$、$4\times\phi6$、20、30、$R6$。

(4)标注中间线段的定形尺寸和定位尺寸。此例中无中间线段。

(5)标注连接线段的定形尺寸。如 $R20$。

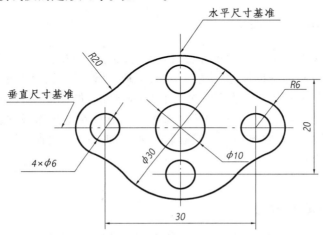

图 1.35 平面图形的尺寸标注

1.5 绘图的方法与步骤

一、绘图的方法与步骤

(1)准备工作。绘图前应准备好必要的绘图仪器和工具,削好铅笔,整理好桌面,保证绘图仪器和手的清洁。

(2)选定图幅。根据图形的大小和复杂程度选择合适的比例,确定图幅。

(3)固定图纸。用透明胶带固定图纸,图纸下部要空出放置丁字尺的位置,如图 1.36 所示。

(4)画图框和标题栏。按国标规定先用细实线(H 或 2H 铅笔)画出图框线和标题栏,如图 1.37 所示。

(5)布图。布图就是画出各图形的尺寸基准线,确定各图形在图框中的位置。布图应匀称美观,并考虑到标题栏及标注尺寸的位置,如图 1.38 所示。

(6)画底稿。先画主要轮廓线,再画细部。底稿线

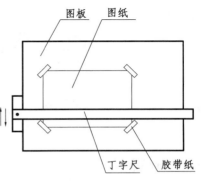

图 1.36 固定图纸

要细,但要清晰。

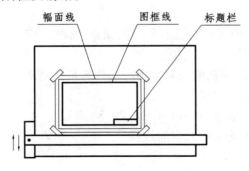
图1.37 画图框线和标题栏

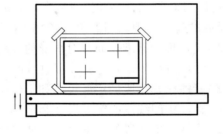
图1.38 布图

(7) 检查。底稿画好后应仔细检查,改正错误并擦去多余的图线。

(8) 标注尺寸。按平面图形尺寸标注的步骤,正确、完整、清晰、合理地标注尺寸。

(9) 加深。一般先加深图形,最后加深图框和标题栏。加深图形时,常按先粗线后细线、先曲线后直线、由上到下、由左到右的顺序加深。常用H铅笔加深各种细线,用HB或B铅笔加深粗实线,圆规的铅心要比铅笔的铅心软一号。加深时应做到:同一线型粗细深浅一致,连接光滑,图面整洁等。

(10) 全面检查,填写标题栏。

二、徒手绘制草图的方法

不借助绘图仪器或工具,靠目测来估计物体各部分的尺寸,徒手绘制的图样称为徒手图或草图。在产品设计、技术交流及现场测绘时,常常要徒手绘制草图,所以徒手绘制草图是工程技术人员应掌握的一项基本技能。徒手图要做到图线清晰、尺寸准确、比例适当及字体端正等。下面简介徒手画直线和圆的技巧。

1. 画直线

徒手画直线时,常将小手指靠着纸面,沿画线方向移动,同时眼睛要注意线段的终点,以保证直线画得平直,方向准确。画徒手图时,图纸不必固定,因此可以随时转动图纸,使欲画的直线正好是顺手的方向。如图1.39为徒手画直线的姿势与方法。

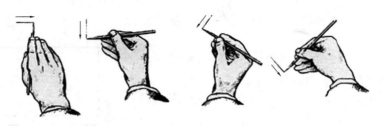
图1.39 徒手画直线的姿势

2. 画圆

徒手画圆时,应先作两条互相垂直的中心线,定出圆心。画小圆时,可按半径先在中心线上截取4点,然后分4段连接成圆,如图1.40(a)所示。画大圆时,除中心线上4点外,还可通过圆心画两条与水平成45°的斜线,按半径在斜线上也定出4个点,分8段画出,如图1.40(b)所示。

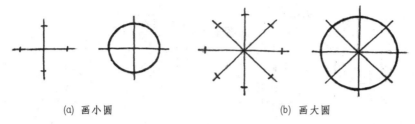

(a) 画小圆　　　　　　　　(b) 画大圆

图 1.40　徒手画圆

3. 利用方格纸绘制草图

在方格纸上徒手画草图,可大大提高绘图质量。利用方格纸可以很方便地控制各部分的大小比例,并保证各个视图之间的投影关系。图 1.41 为在方格纸上徒手画出的物体的三个视图。画图时,尽量使图形中的直线与方格纸上的线条重合,这样不但容易画好图线,也便于控制图形的大小和图形间的相互关系。

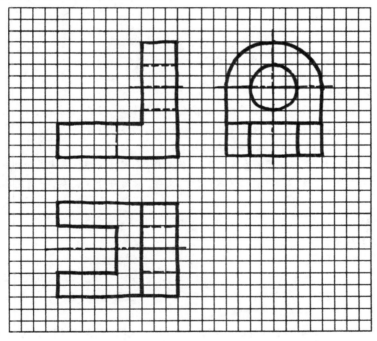

图 1.41　在方格纸上徒手画物体的三视图

1.6　利用 AutoCAD 绘制平面图形

目的:
(1) 熟悉圆、椭圆、直线等绘图命令的使用。
(2) 熟悉修剪、偏移、倒角等编辑命令。
(3) 掌握夹点编辑的方法。

(4)掌握平面图形的绘图方法和技巧。
(5)掌握对象捕捉功能的使用。
(6)掌握设置和使用图层管理器。

上机操作：绘制图 1.42 所示的平面图形。

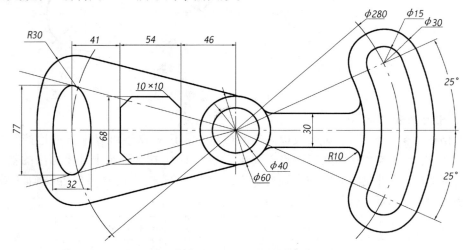

图 1.42

作图：

(1)设置绘图环境

环境设置包括：图形界限、单位、捕捉间隔、尺寸样式、文字样式、图层(含颜色、线型、线宽)等的设置。当全部设定完后，保存成模板，命名为"模板.dwt"，以后在绘制图形时打开。

图形界限定为 420×297，单位为毫米，捕捉间隔为 1。

尺寸样式定为机械样式，文字样式定为仿宋体，比例为 0.67；尺寸文字样式定为斜体字。

图层管理设定粗实线、虚线、点画线、细实线、尺寸、文字、剖面符号等图层，并确定各图层的颜色、线型、线宽。

(2)画基准线

①将当前层设为点画线层。

②单击菜单命令"绘图→直线"　　　　　　　　　激活直线命令

命令：_line　　　　　　　　　　　　　　　　　用正交方式，画点画线 1、2，如图 1.43 所示

③单击菜单命令"绘图→圆"　　　　　　　　　　激活圆命令

命令：_circle

指定圆的圆心或［三点(3P)/两点(2P)/相切、相切、半径(T)］：点取交点 A　用〈交点〉功能捕捉

指定圆的半径或［直径(D)］：140↙　　　　　　画出 φ280 圆，如图 1.43 所示

④设置极轴角

在状态栏右键单击极轴按钮，在快捷菜单上点击设置命令，打开"草图设置"对话框，增量角选择 15°，附加角新增 25°、335°，单击确定，并使极轴功能打开。

⑤单击菜单命令"绘图→直线"　　　　　　　　　激活直线命令

命令：_line　　　　　　　　　　　　　　　　　画点画线 3、4、5、6

指定第一点：捕捉 A 点　　　　　　　　　　　　捕捉交点 A

指定下一点或［放弃(U)］：　点击 5 点　　　　当出现提示 25°时点击，画出直线 5

↙　　　　　　　　　　　　　　　　　　　　　再激活直线命令

用同样的方法画出直线 3、4、6，角度分别为 165°、195°、335°，如图 1.43 所示。

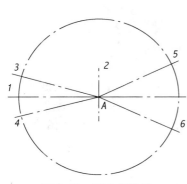

图 1.43　画出基准线

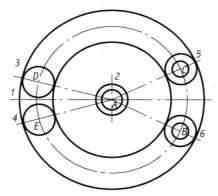

图 1.44　绘制圆

（3）画圆

①将当前层置为粗实线层。
②单击菜单命令"绘图→圆"　　　　　　　　　　　　激活圆命令
命令：_circle
指定圆的圆心或[三点(3P)/两点(2P)/相切、相切、半径(T)]：点取 A 点　用〈交点〉功能捕捉
指定圆的半径或[直径(D)]：30↙　　　　　　　　　　画出 φ60 圆

同样以 A 点为圆心，画出 φ40 圆、φ220 圆、φ340 圆。以 B、C 两点为圆心，画出 φ60 圆、φ30 圆，以 D、E 两点为圆心，画出 φ60 圆，如图 1.44 所示。

（4）修剪

单击菜单命令"修改→剪切"　　　　　　　　　　　　激活剪切命令
命令：_trim
当前设置：投影=UCS,边=无
选择剪切边...
选择对象：找到 19 个　　　　　　　　　　　　　　　用窗口选择
选择对象：↙　　　　　　　　　　　　　　　　　　　结束剪切边选择
选择要修剪的对象,或[投影(P)/边(E)/放弃(U)]：剪切多余线段
选择要修剪的对象,或[投影(P)/边(E)/放弃(U)]：↙　　结束剪切操作，如图 1.45 所示

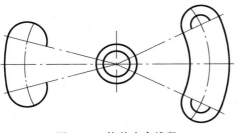

图 1.45　修剪多余线段

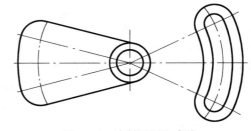

图 1.46　绘制圆弧和直线

（5）画圆弧和直线

①单击菜单命令"绘图→圆弧"
选择"起点、端点、半径"　　　　　　　　　　　　　激活圆弧命令
命令：_arc 指定圆弧的起点或[圆心(C)]：

指定圆弧的第二个点或[圆心(C)/端点(E)]: 捕捉圆弧的一个端点	注意:逆时针方向点取
指定圆弧的端点: 捕捉圆弧另一端点	
指定圆弧的圆心或[角度(A)/方向(D)/半径(R)]: _r 指定圆弧的半径: 125↙	
↙	再激活直线命令

用同样的方法,画出另一个 R145 的圆弧,如图 1.46 所示。

②单击菜单命令"绘图→直线"	激活直线命令
命令: _line 指定第一点:捕捉 ϕ60 圆	用〈切点〉捕捉功能
指定下一点或[放弃(U)]: 捕捉 R30 圆弧↙	画出上边切线
↙	再激活直线命令

再画出下边切线,如图 1.46 所示。

③单击菜单命令"修改→剪切"	激活剪切命令
命令: _trim	
当前设置:投影=UCS,边=无	
选择剪切边…	
选择对象: 找到 4 个	选择直线和圆弧
选择对象:↙	结束剪切边选择
选择要修剪的对象,或[投影(P)/边(E)/放弃(U)]: 剪切多余弧线	
选择要修剪的对象,或[投影(P)/边(E)/放弃(U)]: ↙	结束剪切操作,如图 1.46 所示

(6)画椭圆和矩形

①单击菜单命令"绘图→椭圆"	激活椭圆命令
命令: _ellipse	
指定椭圆的轴端点或[圆弧(A)/中心点(C)]: C↙	选择中心点
指定椭圆的中心点:点画线相交处	捕捉交点
指定轴的端点: @16<0↙	输入短轴端点
指定另一条半轴长度或[旋转(R)]: @38.5<90↙	输入长轴端点,如图 1.47 所示
②单击菜单命令"绘图→矩形"	激活矩形命令
命令: _rectang	
指定第一个角点或[倒角(C)/标高(E)/圆角(F)/厚度(T)/宽度(W)]: FROM↙	
基点:捕捉圆心	ϕ40 圆心
<偏移>: @-46,34↙	确定第一个角点
指定另一个角点或[尺寸(D)]: @-54,-68↙	确定第二个角点,如图 1.47 所示
③单击菜单命令"修改→倒角"	激活倒角命令
命令: _chamfer	
("修剪"模式)当前倒角距离 1 = 10.0000,距离 2 = 10.0000	
选择第一条直线或[多段线(P)/距离(D)/角度(A)/修剪(T)/方式(M)/多个(U)]: P↙	
选择二维多段线:选择矩形	
4 条直线已被倒角	结束倒角操作,如图 1.48 所示

(7)画直线和圆弧

①单击菜单命令"修改→偏移"	激活偏移命令
命令: _offset	
指定偏移距离或[通过(T)]<通过>: 15↙	指定偏移距离
选择要偏移的对象或<退出>:选择水平中心线	

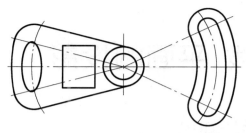

图 1.47 绘制椭圆和矩形

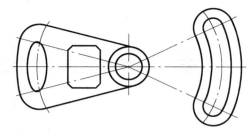

图 1.48 倒角

指定点以确定偏移所在一侧：在轴线上方点击
选择要偏移的对象或 <退出>：选择水平中心线
指定点以确定偏移所在一侧：在轴线下方点击

完成偏移操作，如图 1.49 所示

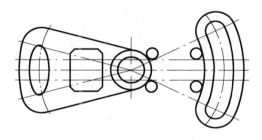

图 1.49 偏移轮廓线

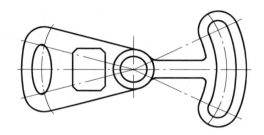

图 1.50 剪切和修改轮廓线特性

② 单击菜单命令"绘图→圆"　　　　　　　　　　　　　　激活圆命令
命令：_circle 指定圆的圆心或 [三点(3P)/两点(2P)/相切、相切、半径(T)]：t↙
指定对象与圆的第一个切点：选择一条直线
指定对象与圆的第二个切点：选择一个圆弧
指定圆的半径：10↙　　　　　　　　　　　　　　　　　　画出一个圆

同样画出另外三个圆，如图 1.49 所示。

③ 单击菜单命令"修改→剪切"　　　　　　　　　　　　　激活剪切命令
选择对象：找到 8 个　　　　　　　　　　　　　　　　　选择要修剪的圆弧和直线
选择对象：↙　　　　　　　　　　　　　　　　　　　　结束剪切边选择
选择要修剪的对象，或 [投影(P)/边(E)/放弃(U)]：剪切多余线段
选择要修剪的对象，或 [投影(P)/边(E)/放弃(U)]：↙　　结束剪切操作，如图 1.50 所示

④ 将点画线改为实线

　　选择所要更改的点画线线段，点击图层工具条中"图层"下拉按钮，选择粗实线层选项。点画线改为粗实线，如图 1.50 所示。

（8）修改中心线到合适的长度

　　采用夹点编辑的方法，将中心线修改到合适的大小。可以关闭对象捕捉开关，避免对象捕捉方式影响夹点编辑。打开正交模式，保持直线水平或垂直。

（9）保存文件

　　点取"另存为"菜单命令，在"图形另存为"对话框中的文件名文本框中输入"平面图形.dwg"，点击保存按钮保存。

第 2 章 点、直线、平面的投影

2.1 投影法知识

一、投影法的概念

投影法是画法几何学的基本方法。如图 2.1 所示,S 为投影中心,A 为空间一点,P 为投影面,SA 连线为投射线。投射线均由投影中心 S 射出,射过空间点 A 的投射线与投影面 P 相交于一点 a,点 a 称做空间点 A 在投影面 P 上的投影。同样,点 b 是空间点 B 在投影面 P 上的投影。在投影面和投射中心确定的条件下,空间点在投影面上的投影是惟一确定的。

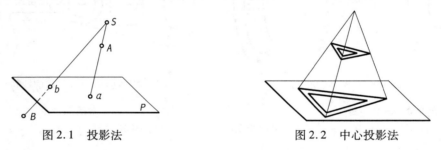

图 2.1 投影法　　　　　　图 2.2 中心投影法

画法几何就是靠这种假设的投影法,确定空间的几何原形在平面上(图纸上)的图像。图 2.2 是三角板投影的例子。

二、投影法的种类

上述的投影法,投射线均通过投影中心,称为中心投影法,如图 2.2 所示。如果投射线互相平行,此时,空间几何原形在投影面上也同样得到一个投影,这种投影法称为平行投影法。当平行的投射线对投影面倾斜时,称为斜投影法,如图 2.3 所示。当平行的投射线与投影面垂直时,称为正投影法,如图 2.4 所示。

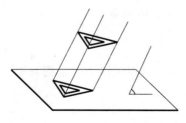 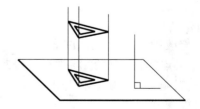

图 2.3 平行投影法——斜投影法　　　　图 2.4 平行投影法——正投影法

平行投影的特点之一是,空间的平面图形(如图 2.3 和图 2.4 中的三角板)若和投影面平行,则它的投影反映出真实的形状和大小。

三、工程上常用的投影图

1. 正投影图

正投影图是一种多面投影图,它采用相互垂直的两个或两个以上的投影面,在每个投影面上分别采用正投影法获得几何原形的投影。由这些投影便能确定该几何原形的空间位置和形状。图 2.5 是某一几何体的正投影。

采用正投影图时,常使几何体的主要平面与相应的投影面相互平行。这样画出的投影图能反映出这些平面的实形,所以正投影图有很好的度量性,而且正投影图作图也较简便,因此在机械制造行业和其他工程部门中,正投影图被广泛采用。

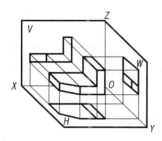
图 2.5　几何体的正投影

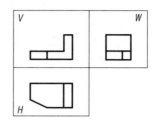

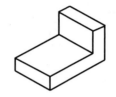
图 2.6　几何体的轴测投影图

2. 轴测投影图

轴测投影图是单面投影图。先设定空间几何原形所在的直角坐标系,采用平行投影法,将三根坐标轴连同空间几何原形一起投射到投影面上。图 2.6 是某一几何体的轴测投影图。由于采用平行投影法,所以空间平行的直线,投影后仍平行。

采用轴测投影图时,将坐标轴对投影面放成一定的角度,使得投影图上同时反映出几何体长、宽、高三个方向上的形状,增强了立体感。

3. 标高投影图

标高投影图是采用正投影法获得空间几何元素的投影之后,再用数字标出空间几何元素对投影面的距离,以在投影图上确定空间几何元素的几何关系。

图 2.7 是曲面的标高投影。图中一系列标有数字的曲线称为等高线。

标高投影图常用来表示不规则曲面,如船舶、飞行器、汽车曲面及地形等。

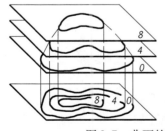
图 2.7　曲面的标高投影

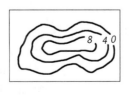

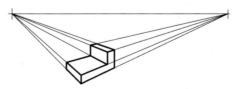
图 2.8　几何体的透视投影图

4. 透视投影图

透视投影图用的是中心投影法。它与照相成影的原理相似,图像接近于视觉映像。所以透视投影图富有逼真感、直观性强。按照特定规则画出的透视投影图,完全可以确定空间几何元素的几何关系。

图 2.8 是某一几何体的一种透视投影图。由于采用中心投影法,所以空间平行的直线,有的在投影后就不平行了。透视投影图广泛用于工艺美术及宣传广告图样中。

2.2 点的投影

物体是由点、线和面组成的,其中点是最基本的几何元素,下面从点开始来说明正投影法的建立及其基本原理。

一、点在两投影面体系中投影

1. 点的两个投影能惟一确定该点的空间位置

首先建立两个互相垂直的投影面 H 及 V,其间有一空间点 A,它向投影平面 H 投影后得投影 a,向投影平面 V 投影后得投影 a',投射线 Aa 及 Aa' 是一对相交线,故处于同一平面内,如图 2.9 所示。

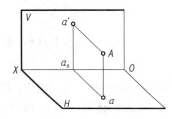
图 2.9 点的两面投影

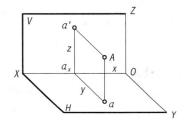
图 2.10 两个投影能惟一确定空间点

从图 2.9 可知,若移去空间点 A,由点的两个投影 a、a' 就能确定该点的空间位置。另外,由于两个投影平面是相互垂直的,可在其上建立笛卡儿坐标系,如图 2.10 所示。已知 a,即已知 x、y 两个坐标。已知 a',即已知 x、z 两个坐标。因此,已知空间点 A 的两个投影 a 及 a',即确定了空间点 A 的 x、y 及 z 三个坐标,也就惟一地确定了该点的空间位置。

2. 术语及规定

(1) 术语

如图 2.11(a) 所示:

水平位置的投影面称水平投影面,用 H 表示。

与水平投影面垂直的投影面称正立投影面,用 V 表示。

两投影面的交线称投影轴,用 OX 表示。

空间点用大写字母(如 A、B…)表示。

在水平投影面上的投影称水平投影,用相应小写字母(如 a、b…)表示。

在正立投影面上的投影称正面投影,用相应小写字母加一撇(如 a'、b'…)表示。

(2) 规定

图 2.11(a) 所示为一直观图。

为使两个投影 a 和 a' 画在同一平面(图纸)上,规定将 H 面绕 OX 轴按图示箭头方向旋转 $90°$,使它与 V 面重合,这样就得到如图 2.11(b) 所示点 A 的两面投影图。投影面可以认为是任意大的,通常在投影图上不画它们的范围,如图 2.11(c) 所示。投影图上细实线 aa' 称为投影连线。

由于图纸的图框可以不用画出,所以常常利用图 2.11(c) 所示的两面投影图来表示空间的几何原形。

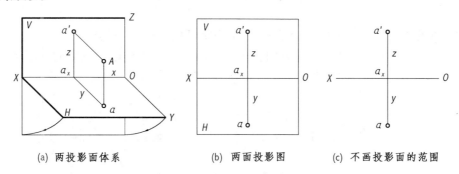

(a) 两投影面体系　　　　(b) 两面投影图　　　　(c) 不画投影面的范围

图 2.11　两面投影图的画法

3. 两面投影图的性质

(1) 一点的两个投影连线垂直于投影轴 ($aa' \perp OX$),且 aa' 到点 O 的距离反映 x 坐标。因为投射线 Aa 和 Aa' 构成了一个平面 Aaa_xa',如图 2.11(a) 所示。它垂直于 H 面,也垂直于 V 面,则必垂直于 H 面和 V 面的交线 OX。所以处于平面 Aaa_xa' 上的直线 aa_x 和 $a'a_x$ 必垂直于 OX,即 $aa_x \perp OX$ 和 $a'a_x \perp OX$。当 a 跟着 H 面旋转到和 V 面重合时,则 $aa_x \perp OX$ 的关系不变。因此投影图上的 a、a_x、a' 三点共线,且 $a'a_x \perp OX$。

(2) 一点的水平投影到 OX 轴的距离 (aa_x) 等于该点到 V 面的距离 (Aa'),都反映 y 坐标 ($aa_x = Aa' = y$);其正面投影到 OX 轴的距离 ($a'a_x$) 等于该点到 H 面的距离 (Aa),都反映 z 坐标 ($a'a_x = Aa = z$)。

二、点在三投影面体系中的投影

点的两个投影已能确定该点的空间位置,但为更清楚地表达某些几何体,有时需采用三面投影图。例如图 2.12 所示的几何体投影,相同的正面和水平投影,只有确定了其第三面投影,才能清楚地表示出该几何体的形状。

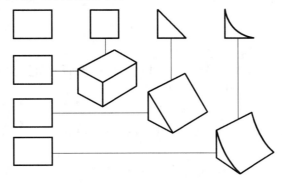

图 2.12　需用三面投影图表示的几何体

由于三投影面体系是在两投影面体系基础上发展而成的,因此两投影面体系中的术语及规定、投影图的性质,在三投影面体系中仍适用。此外,它还有一些本身的术语及规定、投影图的性质。

1. 术语及规定

与正立投影面及水平投影面同时垂直的投影面称侧立投影面,用 W 表示,如图 2.13 所示。

在侧立投影面上的投影称侧面投影,用小写字母加两撇(如 a''、b''…)表示。

规定 W 面绕 OZ 轴按图示箭头方向转 $90°$ 和 V 面重合,得到三个投影的投影图。投影图中 OY 轴一分为二,随 H 面转动的以 OY_H 表示,随 W 面转动的以 OY_W 表示。

2. 三面投影图的性质

(1) 一点的侧面投影与正面投影连线垂直于 OZ 轴($a'a'' \perp OZ$)。

因侧立投影面与正立投影面也构成一个两投影面体系,故由上面内容可知,此性质成立。

(2) 点的水平投影 a 到 OX 轴的距离(aa_x)和侧面投影 a'' 到 OZ 轴的距离($a''a_z$)均等于 A 到 V 面的距离(Aa'),都反映 y 坐标($aa_x = a''a_z = Aa' = y$)。

为作图方便,也可自点 O 作 $45°$ 辅助线,以实现这个关系,如图 2.13(b) 所示。

以上的性质是画点的投影图必须遵守的重要依据。

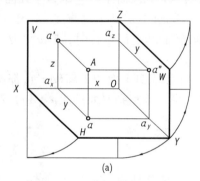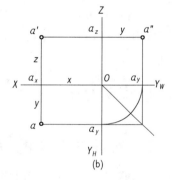

图 2.13　三面投影图性质和画法

三、特殊位置点的投影

特殊情况下,点有可能处于投影面、投影轴上。

1. 在投影面上的点

如图 2.14(a) 所示,点 A、B、C 分别处于 V 面、H 面、W 面上,它们的投影如图 2.14(b) 所示,由此得出处于投影面上的点的投影性质:

(1) 点的一个投影与空间点本身重合。

(2) 点的另外两个投影,分别处于不同的投影轴上。

2. 在投影轴上的点

如图 2.14 所示,当点 D 在 OY 轴上时,点 D 和它的水平投影、侧面投影重合于 OY 轴上,点 D 的正面投影位于原点。

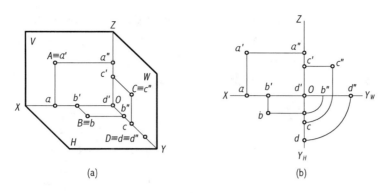

图 2.14 投影面及投影轴上的点

四、两点的相对位置及重影点

1. 两点相对位置的确定

立体上两点间相对位置,是指在三面投影体系中,一个点处于另一个点的上、下、左、右、前、后的问题。两点相对位置可用坐标的大小来判断,Z 坐标大者在上,反之在下;Y 坐标大者在前,反之在后;X 坐标大者在左,反之在右。图 2.15 中,A、C 两点的相对位置:$Z_A > Z_C$,因此点 A 在点 C 之上;$Y_A > Y_C$,点 A 在点 C 之前;$X_A < X_C$,点 A 在点 C 之右,结果是点 A 在点 C 的右前上方。

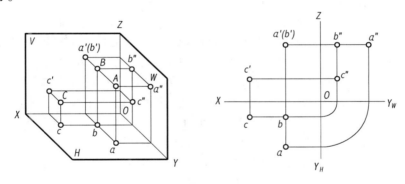

图 2.15 两点的相对位置及重影点

2. 重影点

当空间两点的某两个坐标相同,即位于同一条投射线上时,它们在该投射线垂直的投影面上的投影重合于一点,此空间两点称为对该投影面的重影点。

如图 2.15 中,A、B 两点位于垂直于 V 面的同一条投射线上($X_A = X_B$,$Z_A = Z_B$),正面投影 a' 和 b' 重合于一点。由水平投影(或侧面投影)可知 $Y_A > Y_B$,即点 A 在点 B 的前方。因此点 B 的正面投影 b' 被点 A 的正面投影 a' 遮挡,是不可见的,规定在 b' 上加圆括号以示区别。

总之,某投影面上出现重影点,判别哪个点可见,应根据它们相应的第三个坐标的大小来确定,坐标大的点是重影点中的可见点。

【例 2.1】 已知点 B 的正面投影 b' 及侧面投影 b'',试求其水平投影 b。

分析:根据点的三面投影的性质,可以利用点 B 的正面投影和侧面投影求出点 B 的水平投影 b。

作图: 由于 b 与 b' 的连线垂直于 OX 轴,所以 b 一定在过 b' 而垂直于 OX 轴的直线上。又由于 b 至 OX 轴的距离必等于 b'' 至 OZ 轴的距离,使 bb_x 等于 $b''b_z$,便定出了 b 的位置,如图 2.16(b) 所示。

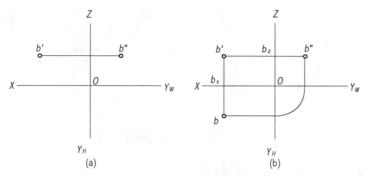

图 2.16　求第三投影

【**例 2.2**】已知 $A(28,0,20)$、$B(24,12,12)$、$C(24,24,12)$、$D(0,0,28)$ 四点,试在三投影面体系中作出直观图,并画出投影图。

分析: 由于把三投影面体系与空间直角坐标系联系起来,所以已知点的三个坐标就可以确定空间点在三投影面体系中的位置,此时点的三个坐标就是该点分别到三个投影面的距离。

作图: 作直观图,如图 2.17(a) 所示,以 B 点为例,在 OX 轴上量取 24,OY 轴上量取 12,OZ 轴上量取 12,在三个轴上分别得到相应的截取点 b_x、b_y 和 b_z,过各截点作对应轴的平行线,则在 V 面上得到正面投影 b',在 H 面上得到水平投影 b,在 W 面上得到了侧面投影 b''。

同样的方法,可作出点 A、C、D 的直观图。其中 A 点在 V 面上(因为 $Y_A = 0$),其正面投影 a' 与 A 重合,水平投影 a 在 OX 轴上,侧面投影 a'' 在 OZ 轴上。D 点在 OZ 轴上($X_D = Y_D = 0$),其正面投影 d'、侧面投影 d'' 与 D 点重合于 OZ 轴上,水平投影 d 在原点 O 处。

点 B 和点 C 有两个坐标相同($X_B = X_C, Z_B = Z_C$),所以它们是对 V 面的重影点。它们的第三个坐标 $Y_B < Y_C$,正面投影 c' 可见,b' 不可见加上圆括号。

根据各点的坐标作出投影图,如图 2.17(b)。

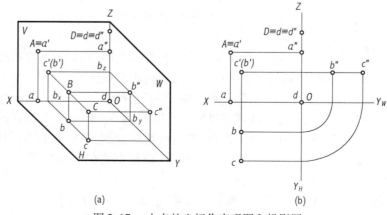

图 2.17　由点的坐标作直观图和投影图

2.3　直线的投影

一、直线投影的确定

直线的投影一般仍为直线,特殊情况下积聚为一点。直线的投影可以由直线上任意两点的投影来确定,如图2.18,已知直线 AB 上任意两点 A、B 的三面投影,连接 ab、$a'b'$ 和 $a''b''$,即可得直线 AB 的三面投影。

二、直线对投影面的相对位置

在三投影面体系中,直线对投影面的相对位置,可以分为以下两大类:
(1) 特殊位置直线:平行或垂直于某一投影面的直线。
(2) 一般位置直线:既不平行也不垂直于三个投影面的直线,如图2.18,AB 为一般位置直线。

直线与其在某一投影面上投影所成的锐角,称为直线对该投影面的倾角。规定:直线对 H、V 及 W 三投影面的倾角分别用 α、β 及 γ 表示,如图2.18(a)所示。

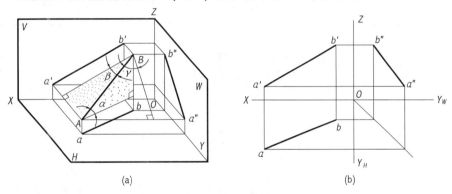

图 2.18　一般位置直线及直线对投影面的倾角

三、特殊位置直线的投影

特殊位置直线包括投影面平行线和投影面垂直线,下面分别介绍它们的投影特性。

1. 投影面平行线

仅平行于一个投影面,而与另两个投影面倾斜的直线,称为投影面平行线。仅平行于 H 面的直线,称为水平线;仅平行于 V 面的直线,称为正平线;仅平行于 W 面的直线,称为侧平线。

现以正平线为例,讨论投影面平行线的投影特性。如图2.19,$AB/\!/V$ 面,它的投影具有如下性质:
(1) 正面投影反映线段实长,即 $a'b' = AB$。
(2) 正面投影 $a'b'$ 与 OX 轴的夹角,反映该直线对 H 面的倾角 α,与 OZ 轴的夹角,反映该直线对 W 面的倾角 γ。
(3) 水平投影和侧面投影分别平行于相应的投影轴,即 $ab/\!/OX$,$a''b''/\!/OZ$。

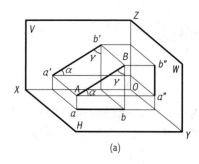 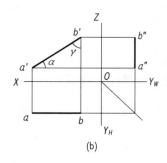

图 2.19 正平线的直观图和投影图

对于水平线和侧平线也可作同样的分析,从而得出类似的投影特性(见表 2.1)。

表 2.1 投影面平行线的投影特性

名称	水平线	正平线	侧平线
直观图			
投影图			

投影特性	1. $cd = CD$
	2. $c'd' // OX$ $c''d'' // OY_W$
	3. cd 与 OX 轴的夹角反映 β
	   cd 与 OY_H 轴的夹角反映 γ
		1. $a'b' = AB$
		2. $ab // OX$ $a''b'' // OZ$
		3. $a'b'$ 与 OX 轴的夹角反映 α
		   $a'b'$ 与 OZ 轴的夹角反映 γ
			1. $e''f'' = EF$
			2. $e'f' // OZ$ $ef // OY_H$
			3. $e''f''$ 与 OY_W 轴的夹角反映 α
			   $e''f''$ 与 OZ 轴的夹角反映 β

综上所述,投影面平行线具有以下投影特性:

① 直线在所平行的投影面上的投影反映实长,该投影与投影轴的夹角分别反映直线对另外两投影面的倾角。

② 直线的另外两投影分别平行于相应的投影轴。

2. 投影面垂直线

垂直于投影面的直线,称为投影面垂直线。垂直于 H 面的直线,称为铅垂线;垂直于 V 面的直线,称为正垂线;垂直于 W 面的直线,称为侧垂线。现以铅垂线为例,讨论投影面垂直线的投影特性。如图 2.20, $CD \perp H$ 面,它的投影具有如下性质:

(1)水平投影 cd 积聚为一点。

(2)正面投影和侧面投影分别垂直于相应的投影轴,即 $c'd' \perp OX$, $c''d'' \perp OY_W$。

(3)正面投影和侧面投影反映线段实长,即 $c'd' = CD$, $c''d'' = CD$。

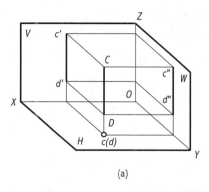
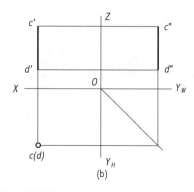

图 2.20　铅垂线的直观图和投影图

对于正垂线和侧垂线也可作同样的分析,从而得出类似的投影特性(见表 2.2)。

表 2.2　投影面垂直线的投影特性

名称	铅垂线	正垂线	侧垂线
直观图			
投影图			
投影特性	1. cd 积聚为一点 2. $c'd' \perp OX$ 　　$c''d'' \perp OY_W$ 3. $c'd' = c''d'' = CD$	1. $a'b'$ 积聚为一点 2. $ab \perp OX$ 　　$a''b'' \perp OZ$ 3. $ab = a''b'' = AB$	1. $e''f''$ 积聚为一点 2. $ef \perp OY_H$ 　　$e'f' \perp OZ$ 3. $ef = e'f' = EF$

综上所述,投影面垂直线具有以下投影特性:

① 直线在所垂直的投影面上的投影积聚为一点。
② 直线的另外两投影分别垂直于相应的投影轴,且都反映线段实长。

3. 从属于投影面的直线和从属于投影轴的直线

在图 2.21(a)中,AB 为一从属于 V 面的直线,其正面投影 $a'b'$ 与直线 AB 重合并反映实长;其水平投影 ab 和侧面投影 $a''b''$ 分别在 OX 轴与 OZ 轴上,因此它具有投影面平行线的投影性质。在图 2.21(b)中,CD 为一从属于 V 面的铅垂线,其正面投影 $c'd'$ 与直线 CD 重合并反映实长;其水平投影 cd 在 OX 轴上积聚为一点;而其侧面投影 $c''d''$ 反映实长并在 OZ 轴上,因此它具有投影面垂直线的投影性质。

由以上两例可得出:从属于投影面的直线具有投影面平行线或投影面垂直线的投影性

质,而其特殊性是必有一投影重合于直线本身,另外两投影在投影轴上。

在图 2.21(c) 中,EF 为一从属于 OX 轴的直线,其正面投影 $e'f'$ 和水平投影 ef 重合在 OX 轴上;其侧面投影 $e''f''$ 积聚在原点 O。因此,从属于投影轴的直线,具有投影面垂直线的投影性质,而其特殊性是必有两投影重合于直线本身,另一投影积聚在原点。

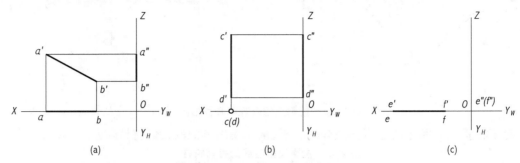

(a)　　　(b)　　　(c)

图 2.21　从属于投影面及投影轴的直线

四、求一般位置线段的实长及与投影面的倾角

如前所述,对于特殊位置的线段,可以直接从其投影图上得到该线段的实长及其与各投影面的倾角;而对于一般位置的线段,由于其不平行于任一投影面,所以不能直接从其投影图上获得该线段的实长及其与各投影面的倾角。解决这类问题的方法有:直角三角形法、换面法及旋转法等,下面只介绍第一种方法,后两种方法将在后续章节中介绍。

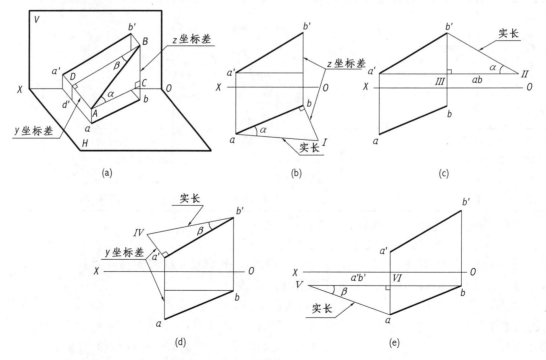

图 2.22　求一般位置线段实长及 α 和 β 角

在图 2.22(a) 中,AB 为一般位置线段,现分析该线段和它的投影之间的关系,以寻找求

一般位置线段实长的图解方法。过点 A 作 $AC\mathbin{/\mkern-6mu/} ab$，构成直角 $\triangle ABC$。在直角 $\triangle ABC$ 中，斜边 AB 是线段的实长，一直角边 $AC=ab$，另一直角边 $BC=|z_A-z_B|$，即等于线段两端点 A 和 B 与水平投影面的距离之差，$\angle BAC=\alpha$。因此，只要线段的两个投影已知，便可在投影图上作出直角三角形（如图 2.22(b)、(c) 的 $\triangle ab\text{Ⅰ}$ 和 $\triangle b'\text{ⅡⅢ}$），从而求得线段 AB 的实长和它对 H 面的倾角 α。这就是直角三角形法。

在图 2.22(a) 中，若过点 B 作 $BD\mathbin{/\mkern-6mu/} a'b'$，则构成直角 $\triangle ABD$。在直角 $\triangle ABD$ 中，斜边 AB 是线段的实长，一直角边 $BD=a'b'$，另一直角边 $AD=|y_A-y_B|$，即线段两端点 A 和 B 与 V 面的距离差，$\angle ABD=\beta$。在投影图上作直角三角形的方法见图 2.22(d)、(e)。

同理，欲求线段 AB 对 W 面的倾角 γ，则需利用侧面投影作直角三角形，其原理、方法与求 α 和 β 的方法相似。

直角三角形法的作图要领可归纳如下：
（1）以线段一投影（如正面投影）的长度为一直角边。
（2）以线段的两端点相对于该投影面（如正投影面）的距离差（即对该投影面的坐标差）为另一直角边，该距离差可由线段的另一投影图量得。
（3）所作直角三角形的斜边即为线段的实长。
（4）斜边与该投影的夹角为线段与该投影面的倾角（如 β）。

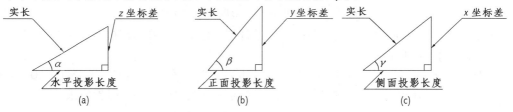

图 2.23 直角三角形法中四要素的关系

图 2.23 给出了直角三角形法中四个要素（实长、倾角、投影长度及坐标差）关系的示意图，从图中可以得出这样的结论：已知四个要素中的任意两个要素，便可作出一个直角三角形，然后求出未知要素。

【例 2.3】如图 2.24(a)，已知线段 CD 的实长为 L，试作 cd。

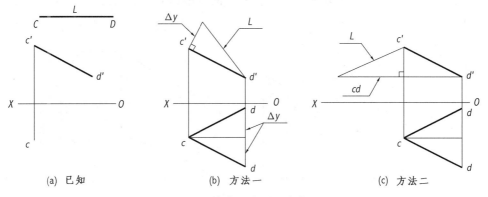

图 2.24 用直角三角形法求作 cd

分析：本题是确定 d 的问题，根据已知条件及直角三角形法，如能求出 C、D 两点的 y 坐标差,或 cd 的长度,则可确定 d。

作图: ① 如图2.24(b),首先根据 $c'd'$ 和实长 L 作一直角三角形,求出 C、D 两点的 y 坐标差 $|y_C - y_D|$,然后作出 d,连接 cd 即为所求。本题有两解。

② 如图2.24(c),以 C、D 两点的 z 坐标差 $|z_C - z_D|$ 为一直角边,L 为斜边作一直角三角形,求出 cd 的长度,然后作出 cd。

【例2.4】 如图2.25(a),已知直线 AB 对 H 面的倾角 $\alpha = 30°$,试作 $a'b'$。

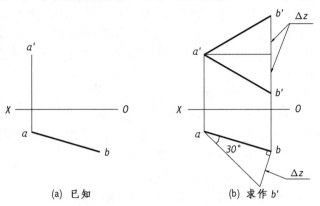

(a) 已知　　　　(b) 求作 b'

图2.25　用直角三角形法求作 $a'b'$

分析: 本题是确定 b' 的问题,根据已知条件,如能求出 A、B 两点的 z 坐标差或 $a'b'$ 的长度,则 b' 的位置即可确定。

作图: 如图2.25(b),首先以 ab 为一直角边,30°为一角作一直角三角形,则30°角所对直角边即为 A、B 两点的 z 坐标差 $|z_A - z_B|$,然后作出 b',连接 $a'b'$ 即为所求。

五、直线上点的投影

直线上点的投影具有以下两条性质。

性质1: 若点在直线上,则其三面投影分别属于直线的同面投影,如图2.26,$C \in AB$,则 $c \in ab, c' \in a'b', c'' \in a''b''$。

反之,若一点的三面投影分别属于直线的同面投影,则该点必在此直线上。

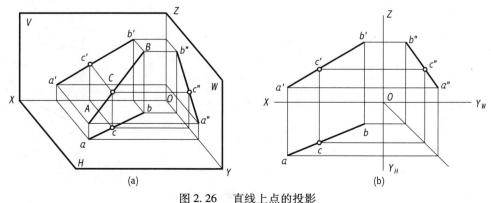

图2.26　直线上点的投影

性质2：属于线段的点，分线段之比等于其投影分线段的投影之比。

如图2.26，$C \in AB$，则$AC:CB = ac:cb = a'c':c'b' = a''c'':c''b''$。

利用上述性质，可以解决在直线上求点及判断点是否在直线上等问题。

【**例2.5**】如图2.27，已知点M在线段AB上，并知M点距离H面15 mm，求作点M的三面投影。

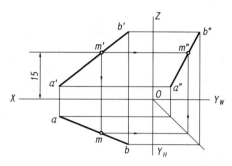

图2.27　求作点M

分析：根据性质1，点M在线段AB上，则m必在ab上，m'必在$a'b'$上，m''必在$a''b''$上。

作图：根据已知条件点M距离H面15 mm，首先作出m'，再作出m和m''。

【**例2.6**】如图2.28，已知侧平线段AB及点K的投影，试判断点K是否属于线段AB。

分析：根据性质2，若点K在线段AB上，则$ak:kb = a'k':k'b'$成立，若$ak:kb \neq a'k':k'b'$，则点K必不属于线段AB。

作图：如图2.28，过a'作$a'I = ab$，$a'II = ak$，因为$k'II$不平行于$b'I$，则可判定点K不在AB上。

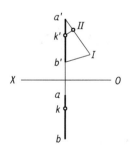

图2.28　判断点K是否属于AB

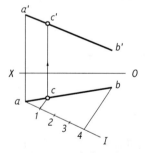

图2.29　求作C点

此题还可以根据性质1，作出点K及线段AB的侧面投影，从侧面投影判断点K是否属于线段AB。

【**例2.7**】如图2.29，已知线段AB的两个投影，在AB上求一点C，使$AC:CB = 1:3$。

分析：根据性质2，若$AC:CB = 1:3$，则$ac:cb = ac:cb = 1:3$。

作图：① 自a(或a')作任一直线aI；

② 在aI上以适当长度取4等分，得1、2、3、4各点；

③ 连接$b4$，并作$1c // b4$，求得c；

④ 据c求出c'。

六、直线的迹点

直线与投影面的交点称为直线的迹点。在三投影面体系中,一般位置直线有三个迹点,直线与 H 面的交点称为水平迹点,与 V 面的交点称为正面迹点,与 W 面的交点称为侧面迹点。

迹点是直线和投影面的共有点,它应当同时具有直线上的点和投影面内的点的投影特性,这是求作迹点投影的依据。如图 2.30(a),现求作水平迹点 $M(m,m')$,由于点 M 属于 H 面,所以 m' 必在 OX 轴上;又由于点 M 属于直线 AB,故 m' 必在 $a'b'$ 的延长线上,m 必在 ab 的延长线上。因此,求直线 AB 的水平迹点 M 的作图过程为(如图 2.30(b)):

(1) 延长 $a'b'$ 与 OX 轴相交于 m';
(2) 据 m',在 ab 的延长线上求出 m。

同理,求正面迹点 N 的作图过程为:

(1) 延长 ab 与 OX 轴相交于 n;
(2) 据 n,在 $a'b'$ 的延长线上求出 n'。

当直线与某投影面平行时,直线与该投影面无交点,即无迹点。因此,在三投影面体系中,投影面平行线有两个迹点,投影面垂直线有一个迹点。

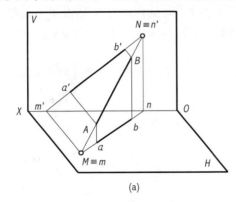
(a)

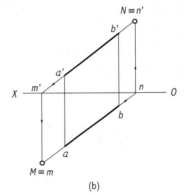
(b)

图 2.30　直线的迹点

七、两直线的相对位置

两直线的相对位置有平行、相交和交叉三种情况。

1. 两直线平行

平行两直线的投影具有以下两条性质。

性质 1:空间平行的两直线在同一投影面上的投影仍互相平行。

如图 2.31,$AB/\!/CD$,则 $ab/\!/cd$,$a'b'/\!/c'd'$,$a''b''/\!/c''d''$(图中未示出)。

反之,若两直线在同一投影面上的投影都相互平行,则该两直线平行。即若 $ab/\!/cd$,$a'b'/\!/c'd'$,$a''b''/\!/c''d''$,则 $AB/\!/CD$。

性质 2:空间平行两线段之比等于其投影之比,但反之并不一定成立。

利用上述性质,可以解决空间平行两直线的作图及判断等问题。

需要指出的是,对于一般位置直线,若有两个同面投影相互平行,即可判断两直线平行,

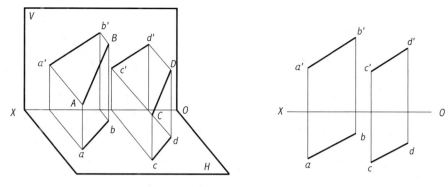

图 2.31 平行两直线

而不必作出第三投影后再判断;但当两直线同为某一投影面的平行线时,根据具体情况的不同,有如下几种判断方法:

(1)检查倾斜方向。如图 2.32(a),AB 和 CD 的两端点在两投影面上的字母符号的顺序不一致,可知两线段倾斜方向不同,故 AB 与 CD 不平行。

(2)若倾斜方向相同,则需要检查两线段的投影长度之比是否相等。如图 2.32(b),AB 和 CD 的两端点在两投影面上的字母符号的顺序一致,可知两线段的倾斜方向相同,但两线段的投影长度之比不相等,所以,根据性质 2 此两线段不平行。

(3)检查第三投影是否平行。如图 2.32(c),由于两线段的第三投影(侧面投影)不平行,所以,根据性质 1 此两线段不平行。

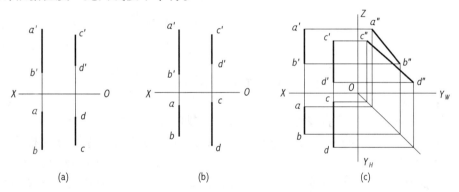

图 2.32 判断两直线是否平行

2. 两直线相交

若空间两直线相交,则它们的同面投影必相交,且交点同属于两直线,符合直线上点的投影特性。如图 2.33 所示,两直线 AB 和 CD 相交,其水平投影 ab 和 cd 相交于 k,正面投影 $a'b'$ 和 $c'd'$ 相交于 k',且 $kk' \perp OX$,说明点 K 是两直线 AB 和 CD 的交点,同时属于两直线。

反之,若两直线的同面投影均相交,且交点同属于两直线,则该空间两直线必相交。如图 2.33 所示,由于 $a'k':k'b' = ak:kb$,根据属于线段的点分线段之比投影后保持不变的性质,说明点 K 属于直线 AB;又由于 $c'k':k'd' = ck:kd$,说明点 K 也属于直线 CD,故点 K 同属于直线 AB 和 CD,因此两直线 AB 和 CD 相交。

利用上述性质,可以解决空间两直线相交的作图及判断等问题。

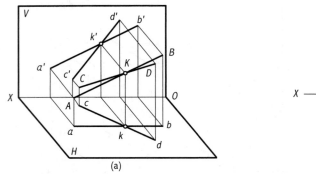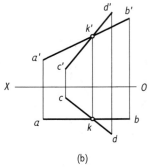

图 2.33 相交两直线

【例 2.8】判断图 2.34(a) 所示两直线是否相交,已知 CD 为侧平线。

分析:若两直线相交,则两直线同面投影的交点应同属于两直线。因为从图 2.34(a) 可明显看出 $c'k':k'd' \neq ck:kd$,因此点 K 不属于直线 CD,所以两直线 AB 和 CD 不相交。此题也可作出侧面投影,如图 2.34(b),判断其是否相交。

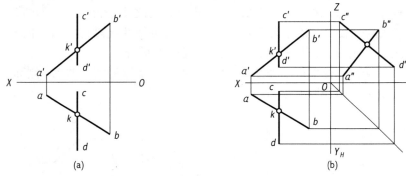

图 2.34 判断两直线是否相交

3. 两直线交叉

既不平行也不相交的两直线称为两交叉直线(或两异面直线)。如图 2.35 所示的两直线即为交叉两直线,交叉两直线在同一投影面上投影的交点为一对重影点的投影,如图 2.35 中水平投影 ab 与 cd 的交点 $m(n)$,即为两直线上对 H 面的一对重影点 M、N 在 H 面上的投影。利用重影点可判别可见性问题。图 2.32、图 2.34 中的各对直线均为交叉两直线。

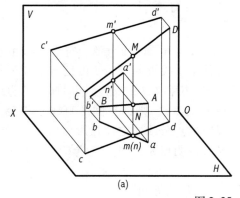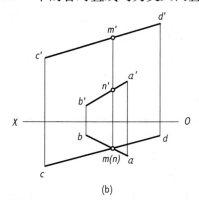

图 2.35 交叉两直线

八、直角投影定理

对于相互垂直的两条空间直线,当它们同时平行于同一投影面时,在该投影面上的投影仍相互垂直;当它们同时不平行于同一投影面时,在该投影面上的投影不垂直;当它们不同时平行于同一投影面时,它们在该投影面上的投影会是怎样呢? 这就是直角投影定理所要解决的问题。

定理 1:相交(或交叉)垂直的两直线,当其中一条直线平行于某一投影面时,则两直线在该投影面上的投影仍互相垂直,即反映直角。如图 2.36,AB 和 BC 为垂直相交两直线,且 $BC/\!/H$ 面,则它们的水平投影互相垂直,即 $ab \perp bc$。如图 2.37,EF 和 BC 为交叉垂直两直线,且 $BC/\!/H$ 面,则它们的水平投影互相垂直,即 $ef \perp bc$。

定理 2:若相交(或交叉)两直线在同一投影面上的投影成直角,即相互垂直,且有一条直线平行于该投影面时,则此空间两直线必相互垂直。此定理为定理 1 的逆定理。利用上述定理,可以解决空间两直线垂直相交的作图及判断等问题。

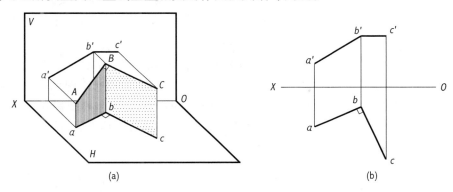

图 2.36 相交垂直两直线

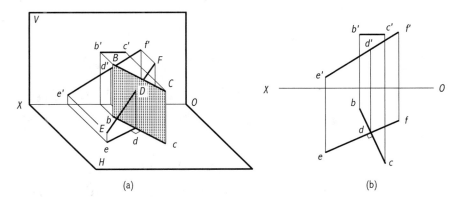

图 2.37 交叉垂直两直线

【例 2.9】 试判断图 2.38 中的两直线是否垂直。

分析:因为 $\angle DEF$ 的正面投影 $\angle d'e'f' = 90°$,又 DE 为正平线,根据定理 1,所以 $\angle DEF$ 必为直角,即 $DE \perp EF$。

【例 2.10】 如图 2.39,已知点 A 及水平线 CD,试过点 A 作直线与已知直线 CD 垂直相

分析： 由点 A 可作惟一一条与直线 CD 垂直相交的直线，因为 CD 为水平线，所以根据直角投影定理 1，该直线的水平投影必与 CD 的水平投影垂直相交。

作图： 先过 a 作 $ab \perp cd$，交点为 b，由 b 求出 b' 后，再连接 $a'b'$，则直线 $AB(ab,a'b')$ 即为所求。

在上题中，若求点 A 到直线 DC 的距离，则还需利用直角三角形法求出线段 AB 的实长。

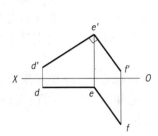
图 2.38　判断两直线是否垂直

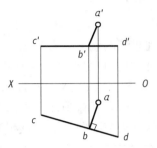
图 2.39　过点 A 作直线 $AB \perp CD$

【例 2.11】如图 2.40(a)，试过点 A 作直线，使之垂直于已知直线 CD。

分析： 过点 A 作一平面垂直于已知直线 CD，那么在该平面上过点 A 作的所有直线都与 CD 垂直，故本题有无穷多解。但根据目前所学的知识，只能利用直角投影定理来求得有限的解。

作图： 根据定理 2，过点 A 作一水平线 AB，如图 2.40(b)，使其水平投影 $ab \perp cd$，则 $AB \perp CD$，故 AB 为所求。也可过点 A 作一正平线 AE，如图 2.40(c)，使其正面投影与 $c'd'$ 垂直，这是此题的第二个答案。

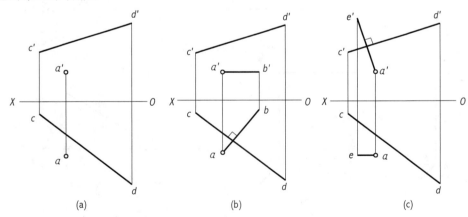
图 2.40　过点 A 作直线与已知直线 CD 垂直

【例 2.12】如图 2.41(a)，试过点 A 作一等腰 $\triangle ABC$，已知底边 BC 处于水平线 MN 上，并且 BC 的长度与底边高相等。

分析： 此题的关键是首先根据定理 1 作出底边高，再利用已知条件及等腰三角形的特点（即底边高平分底边）作出底边的投影。

作图： ① 根据定理 1，过 a 作 $ad \perp mn$（如图 2.41(b)），则 AD 为 $\triangle ABC$ 的底边高；

② 利用直角三角形法求出线段 AD 的实长（如图 2.41(c)）；

③ 根据底边 BC 的长度与底边高 AD 相等，以及底边高平分底边，在直线 MN 的水平投影

mn 上取 $bd = dc = AD/2$，从而求得点 B 和点 C 的两面投影（如图 2.41(d)）；

④ 连接 $AB(ab, a'b')$ 及 $AC(ac, a'c')$，则 $\triangle ABC$ 即为所求（如图 2.41(d)）。

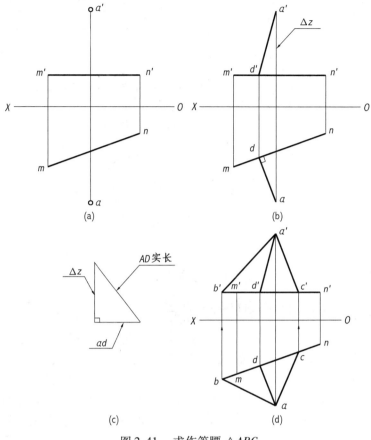

图 2.41　求作等腰 $\triangle ABC$

2.4　平面的投影

一、平面的表示法

平面通常用确定该平面的几何元素的投影表示，也可以用迹线表示。

1. 用几何元素表示

在投影图上可以用下列任一组几何元素的投影表示平面，如图 2.42 所示。

2. 用平面的迹线表示

如图 2.43 所示，空间平面与投影面的交线，称为平面的迹线，也可以用迹线表示平面。用迹线表示的平面称为迹线平面。平面与 V 面、H 面、W 面的交线，分别称为正面迹线 P_V、水平迹线 P_H、侧面迹线 P_W。平面 P 与 OX 轴、OY 轴、OZ 轴的交点，分别用 P_X、P_Y、P_Z 标记。迹线是投影面上的直线，它在该投影面上的投影位于原处，用粗实线表示，并标注上述符号；它在另外两个投影面上的投影，分别在相应的投影轴上，不需作任何表示和标注。

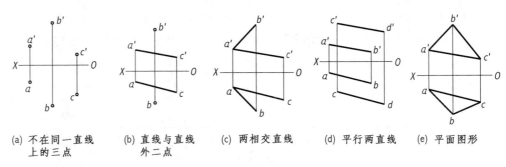

(a) 不在同一直线上的三点　(b) 直线与直线外二点　(c) 两相交直线　(d) 平行两直线　(e) 平面图形

图 2.42　用几何元素表示的平面

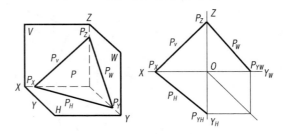

图 2.43　用迹线表示平面

二、平面对投影面的各种相对位置

平面与投影面的相对位置可分为三种:投影面垂直面、投影面平行面和一般位置平面。其中投影面垂直面和投影面平行面称为特殊位置平面。

1. 投影面垂直面

投影面垂直面是指垂直于一个投影面,且倾斜于其余两个投影面的平面。它有三种情况:垂直于 V 面的平面称为正垂面;垂直于 H 面的平面称为铅垂面;垂直于 W 面的平面称为侧垂面。

表 2.3 列出了三种投影面垂直面位置的平面图形的直观图、投影图、迹线表示法和投影特性。由表中处于铅垂面位置的 □$ABCD$ 平面可知有下列性质:

(1) 铅垂面的水平投影积聚为一直线。这是因为铅垂面上所有点、线的水平投影,均与该平面的水平投影及水平迹线相重合,则铅垂面的水平投影有积聚性。

(2) 铅垂面的水平投影与它的水平迹线相重合,水平迹线有积聚性。

(3) 铅垂面的水平投影与 OX 轴的夹角反映该平面对 V 面的倾角 β;铅垂面的水平投影与 OY 轴的夹角反映该平面对 W 面的倾角 γ。

对特殊位置平面,为突出有积聚性的迹线,一般不画无积聚性的迹线,仅用两段短的粗实线表示有积聚性的迹线位置。中间以细实线相连,并在粗实线附近标以 P_H、Q_H 等。

对正垂面和侧垂面可作同样的分析,见表 2.3。可以概括出投影面垂直面的投影特性:

(1) 在所垂直的投影面上的投影,积聚成直线;它与两投影轴的夹角,分别反映空间平面与另外两个投影面的真实倾角。

(2) 在另外两个投影面上的投影是与空间平面图形相类似的平面图形。

表 2.3 投影面垂直面

	铅垂面	正垂面	侧垂面
直观图			
投影图			
迹线表示法			
投影特性	（1）水平投影有积聚性，且与其水平迹线重合； （2）水平投影与 OX 轴的夹角反映 β 角，与 OY_H 轴的夹角反映 γ 角	（1）正面投影有积聚性且与其正面迹线重合； （2）正面投影与 OX 轴的夹角反映 α 角，与 OZ 轴的夹角反映 γ 角	（1）侧面投影有积聚性且与其侧面迹线重合； （2）侧面投影与 OY_W 轴的夹角反映 α 角，与 OZ 轴的夹角反映 β 角

2. 投影面平行面

投影面平行面是指平行于一个投影面，且垂直于其余两个投影面的平面。它也有三种情况：平行于 V 面的平面称为正平面；平行于 H 面的平面称为水平面；平行于 W 面的平面称为侧平面。

表 2.4 列出了三种投影面平行面位置的平面图形的直观图、投影图、迹线表示法和投影特性。由表中处于水平面位置的 $\square ABCD$ 平面可知有下列性质：

（1）水平面的水平投影反映实形。

（2）水平面的正面投影和侧面投影积聚为一直线，且分别平行于 OX 轴和 OY 轴。

（3）水平面的正面投影和侧面投影分别与它的正面迹线 P_V 和侧面迹线 P_W 相重合。

同理概括出正平面和侧平面的投影特性：

（1）在所平行的投影面上的投影反映实形。

（2）在另外两个投影面上的投影积聚为一条直线，并且平行相应的轴。

表2.4 投影面平行面

	水平面	正平面	侧平面
直观图			
投影图			
迹线表示法			
投影特性	(1) 水平投影反映实形； (2) 正面投影有积聚性与 P_V 重合，且平行 OX 轴；侧面投影有积聚性与 P_W 重合，且平行 OY_W 轴	(1) 正面投影反映实形； (2) 水平投影有积聚性与 Q_H 重合，且平行 OX 轴；侧面投影有积聚性与 Q_W 重合，且平行 OZ 轴	(1) 侧面投影反映实形； (2) 水平投影有积聚性与 R_H 重合，且平行 OY_H 轴；正面投影有积聚性与 R_V 重合，且平行 OZ 轴

3. 一般位置平面

对三个投影面都处于倾斜位置的平面，称为一般位置平面。如图2.44所示，它的投影特性是：在三个投影面上的投影是类似形，既不反映实形，也不反映平面对投影面 H、V、W 的倾斜角 α、β、γ。

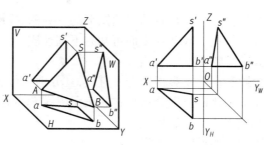

图2.44 一般位置平面

三、平面上的点和直线

1. 平面上取点和直线

点和直线在平面上的几何条件是：

（1）点在平面上，则该点必定在这个平面内的一条直线上。

如图 2.45(a) 所示，相交两直线 AB、AC 确定一平面，若任取属于平面内的点可直接在直线 AB、AC 上取点 M、N，由于点 M 和点 N 分别在属于平面内的直线上，则点 M 和点 N 必属于该平面。

（2）直线在平面上，则该直线必定通过这个平面上的两点；或通过这个平面上的一个点，且平行于这个平面上的另一直线。

如图 2.45(a) 所示，由于点 M 和点 N 属于平面 P，两点可以确定一直线，则直线 MN 必属于该平面。又由于点 C 属于平面 P，直线 CE 平行直线 AB，则 CE 也必属于该平面。

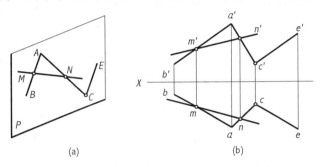

图 2.45 平面上的点和直线的示意图和投影图

【例 2.13】已知平面 $ABCD$ 。（1）判别点 K 是否在平面上；（2）已知平面上一点 E 的正面投影 e'，作出其水平投影 e，如图 2.46 所示。

分析：若点 K 能位于平面 $ABCD$ 的一条直线上，则点 K 在平面 $ABCD$ 上，否则，就不在平面 $ABCD$ 上。同理利用点在平面上的几何条件可求 e。

作图：① 过 k' 作平面上的辅助直线 CF（cf、$c'f'$）的正面投影 $c'f'$，由 $c'f'$ 作出水平投影 cf，见图 2.46(b) 可知，k 不在 cf 上，所以 K 点不在平面上。

② 连接 $a'e'$ 并延长，交 $c'd'$ 于 g'，由 $a'g'$ 求出 ag，则 AG 是平面上的一条直线，因 E 点在平面上，所以 E 应在 AG 直线上，即 e 应在 ag 上，过 e' 作投影连线与 ag 延长线的交点 e 即为所求 E 点的水平投影。

【例 2.14】已知点 A、点 B 和直线 CD 的两面投影。过点 A 作正平面，过点 B 作正垂面，$\alpha = 45°$；过直线 CD 作铅垂面。如图 2.47 所示。

分析：由于特殊位置平面在它所垂直的投影面上的投影积聚成直线，所以特殊位置平面上的点、直线和平面图在该平面所垂直的投影面上的投影，都位于这个平面的有积聚性的同面投影或迹线上。

作图：① 过点 A 只能作出一个平面 P 与 V 面相平行，P_H 有积聚性，平行于 OX 轴。因此，过 a 作 OX 轴的平行线，即为 P_H，就作出了平面 P。

② 过点 B 可作无数个正垂面，但 $\alpha = 45°$ 的只有两个平面 Q 和 R。因为正垂面的正面迹线有积聚性，且反映与 H 面的真实倾角 α，所以，过 b' 作两条与 OX 轴成 $45°$ 的倾斜线，即 Q_V、

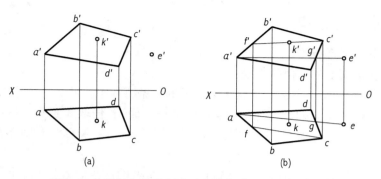

图 2.46 判别点是否在平面上及求平面上一点的投影

R_V。无积聚性的水平迹线 Q_H、R_H 在本题可以不画出。

③含定直线 CD 可作无穷多个一般位置平面,但只能作出一个投影面的铅垂面 S。因 S_H 有积聚性,所以 CD 必定积聚在其上,于是 cd 及其延长线即为所求铅垂面 S 的水平迹线 S_H。

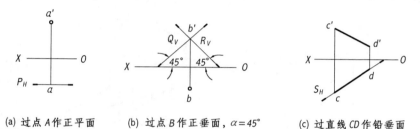

(a) 过点 A 作正平面　　(b) 过点 B 作正垂面,$\alpha = 45°$　　(c) 过直线 CD 作铅垂面

图 2.47 过点和直线作特殊位置平面

2. 平面上特殊位置直线

(1) 平面内的投影面平行线

平面内投影面平行线有属于平面的水平线、正平线、侧平线。平行于同一投影面的直线彼此互相平行,且平行于平面的同面迹线,如图 2.48(a) 所示。其投影既符合投影面平行线的投影特性又满足直线在平面内条件。

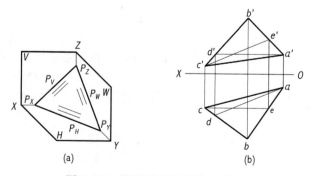

图 2.48 属于平面的投影面平行线

在平面上作投影面平行线时,应先作出平行于投影轴的那个投影,再按平面内取直线的方法作出其他投影,如图 2.48(b) 所示的是平面内正平线 CE、水平线 AD 的作法。

【例 2.15】 已知平面 ABCD 的两面投影,在其上取一点 K,使点 K 在 H 面之上 10 mm,在 V 面之前 15 mm,如图 2.49 所示。

分析: 可先在平面 ABCD 上取位于 H 面之上 10 mm 的水平线 EF,再在 EF 上取 V 面之前 15 mm 的点 K。

作图: ① 先在 OX 轴之上 10 mm 处,平面 ABCD 内作 $e'f'$,再由 $e'f'$ 作 ef;

② 在 ef 上取位于 OX 轴之前 15 mm 的点 k,即为所求的点 K 的水平投影。由 k' 作出在 $e'f'$ 的 k'。

(2) 平面内投影面的最大斜度线

定义: 属于定平面并垂直于该平面的投影面平行线的直线,称为该平面的最大斜度线。

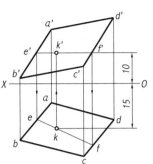

图 2.49　在平面 △ABC 上取离两投影面为已知距离的点 K

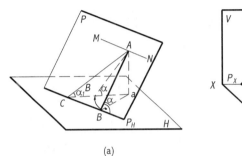
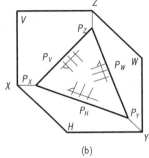

(a)　　　　　(b)

图 2.50　属于平面的对投影面的最大斜度线

过平面内任一点,可在平面内作无数条直线,它们对投影面的倾角各不相同,其中必有一条直线对投影面的倾角最大。如图 2.50(a)所示,自平面 P 内 A 点作 $AB \perp P_H$(则 AB 垂直于平面内的所有水平线),再作任意直线 AC,直线 AB 与 AC 在 H 面的投影分别为 aB 和 aC,它们与 H 面的倾角分别为 α 和 $α_1$,其中 ∠ABa(即 α) 对 H 面的倾角最大,可以从两直角三角形 △AaB 和 △AaC 中证明,因 $AB \perp BC$,根据直角定理,所以 $aB \perp BC$,所以 $aB < aC$ 因而 $α > α_1$,即 AB 对 H 面的倾角为最大,则 AB 称为平面内对 H 面的最大斜度线,直线 AB 对 H 面的倾角 α 等于平面 P 对 H 面的倾角 α。

最大斜度线在三面投影体系中分别为:

垂直于水平线的直线,称为对水平投影面的最大斜度线;垂直于正平线的直线,称为对正立投影面的最大斜度线;垂直于侧平线的直线,称为对侧立投影面的最大斜度线。定平面内对投影面的所有最大斜度线都相互平行,其倾角分别用 α、β、γ 表示,如图 2.50(b)所示。

【例 2.16】 求出平面 △ABC 对 H 面的倾角 α,如图 2.51(a)所示。

分析: 先作出 △ABC 平面内的水平线,根据直角定理作出最大斜度线,再应用直角三角形法求倾角 α。

作图: ① 过 c' 作 $c'd' // OX$,求出水平投影 cd,$CD(cd,c'd')$ 为水平线如图 2.50(b)所示;

② 过 a 作 $ae \perp cd$ 交 bc 于 e 点,求出正面投影 $a'e'$,则 $AE(ae,a'e')$ 即为 △ABC 平面内对 V 面的最大斜度线,如图 2.51(c)所示;

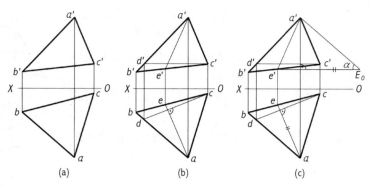

图 2.51　求平面 △ABC 对 H 面的倾角 α

③ 利用直角三角形法求 AE 对 H 面的倾角 α，即为给定平面与 H 面的倾角 α，如图 2.51(c) 所示。

【例 2.17】求出平面 △ABC 对 V 面的倾角 β，如图 2.52 所示。

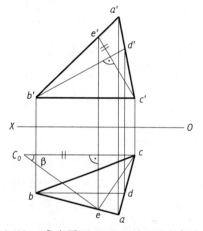

图 2.52　求出平面 △ABC 对 V 面的倾角 β

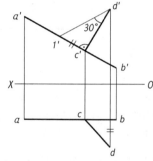

图 2.53　与 H 面夹角为 30° 的平面

分析：先作出 V 面的最大斜度线，再用直角三角形法求 β 角。

作图：① 在 △ABC 给定的平面内做正平线 $BD(bd,b'd')$；

② 求平面内对 V 面的最大斜度线 $CE,c'e' \perp b'd'$ 交 $a'b'$ 于 e'，求出水平投影 ce；

③ 利用直角三角形法求 CE 对 V 面的倾角 β，即为给定平面与 V 面的倾角 β。

【例 2.18】：试过正平线 AB 作一与 V 面夹角为 30° 的平面，如图 2.53 所示。

分析：平面上对 V 面的最大斜度线与 V 面的夹角反映该平面与 V 面的夹角，因 AB//V 面，所以，只要作任一条与 AB 垂直相交，且与 V 面成 30° 角的最大斜度线即可。

作图：① 在正平线内任取一点 $C(c,c')$，过 c' 作与 $a'b'$ 垂直的线段 $c'd'$；

② 过 d' 作与线段 $c'd'$ 夹角为 30° 的线段并与 $a'b'$ 交于 $1'$；

③ $1'c'$ 即为线段 CD 两端点的 Y 坐标差，由此得点 d；

④ 连接 cd，线段 CD 为平面对 V 面的最大斜度线，其与正平线 AB 确定的平面为所求。

第 3 章　直线与平面、两平面的相对位置

直线与平面、平面与平面的相对位置有：平行、相交和垂直。垂直是相交的特殊情况。本章将介绍它们的投影特性和作图方法。

3.1　直线与平面平行、两平面平行

一、直线与平面平行

平面外一直线与该平面平行的几何条件是：若直线与平面内某一直线平行，则此直线平行于该平面。反之也成立。其投影特性是：直线的投影与平面内一直线的同面投影平行，如图 3.1 所示。

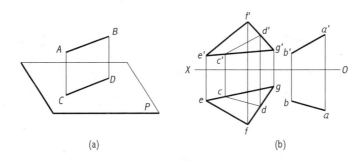

图 3.1　直线与平面平行

【例 3.1】判断直线 DE 是否平行 △ABC，如图 3.2 所示。

分析：只要检验是否能在 △ABC 上作出一条直线平行于 DE 即可。

作图：① 过 a' 作 $a'f'$ // $d'e'$ 交 $b'c'$ 于 f'；

② 由 f' 引投影连线，与 bc 交 f，连 a 和 f；

③ 检验 af 是否与 de 平行，若 af// de，则说明 △ABC 上能作出一直线 AF 与 DE 平行，因而 DE // △ABC；若 af 不平行 de，则表明 △ABC 上不能作出直线与 DE 平行，因而 DE 不平行 △ABC。检验结果是 af// de，所以 DE // △ABC。

【例 3.2】已知 DE // △ABC，补全其正面投影 △$a'b'c'$，如图 3.3 所示。

分析：过直线 AB 上的任一点作 DE 的平行线，它与 AB 所确定的平面，就是 △ABC 平面，于是可以按已知平面上的直线的一个投影作另一投影的方法，作出 $b'c'$、$a'c'$。

作图：① 过 a 作 af// de，过 a' 作 $a'f'$ // $d'e'$，af 与 bc 交于 f，由 f 作投影连线与 $a'f'$ 交于 f'；

② 连 $b'f'$ 并延长，与作过的投影 c 连线交于 c'；

③ 连 a' 与 c' 即补全了 △ABC 的正面投影 △$a'b'c'$。

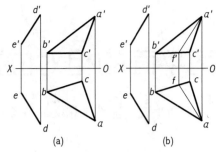
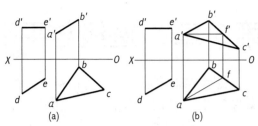

图 3.2　判断直线与平面是否平行　　　图 3.3　已知 △ABC，补全其正面投影 △a'b'c'

二、两平面平行

从初等几何可知：若属于一平面的相交两直线对应平行于属于另一平面的相交两直线，则此两平面互相平行。

如图 3.4 所示，属于平面 P 内的相交两直线 BA 和 BC 对应平行于属于平面 Q 的相交两直线 ED 和 EF，则平面 P 与 Q 互相平行。

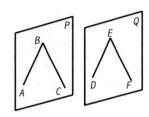
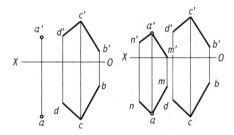

图 3.4　两平面平行示意图　　　图 3.5　过点 A 作一平面平行于直线 CB、CD

【例 3.3】过点 A 作一平面平行于相交两直线 CB、CD 所确定的平面，如图 3.5 所示。

分析：只要过点 A 作直线 AM∥CB、AN∥CD，则 AM、AN 所确定的平面 AMN 即为所求。

作图：① 过 a' 作 a'm'∥c'b'、a'n'∥c'd'；

② 过 a 作 am∥cb、an∥cd。a'm'n'、amn 即为所求平面 AMN 的两面投影，直线 AM、AN 可取任意长度。

若两平行平面同时垂直某一投影面，则只检验具有积聚性的投影是否平行即可。

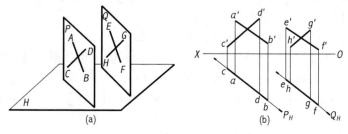

图 3.6　两特殊位置平面平行

分析：由图3.6(a)可知已知平面P平行于平面Q，且平面P、Q均垂直于投影面H。根据投影面垂直面的性质，属于平面上所有直线（在平面P、Q上各作出一对相交两直线相互平行）的水平投影分别积聚在水平迹线P_H、Q_H上。又根据两平行平面P、Q与第三平面H相交，其交线P_H、Q_H必平行的原理，即P_H∥Q_H，如图3.6(b)所示。

3.2 直线与平面相交、两平面相交

直线与平面相交，其交点只有一个，它既属于直线又属于平面，是直线与平面的共有点。

两平面相交的交线为一直线，它是两平面的共有线。求两相交平面的交线，就是求两平面的共有线，只要求出共有线上的两点即可。求交点、交线的方法常用的有两种。

（1）利用投影的积聚性求交点或交线：当直线与平面或两平面相交时，如果其中之一与投影面垂直，则可利用积聚性在所垂直的投影中直接求出交点或交线。

（2）利用辅助平面法求交点或交线：由于一般位置直线和平面的投影没有积聚性，所以当一般位置直线与一般位置平面或两个一般位置平面相交时，不能在投影图上直接定出交点，必须采用辅助平面法来求，通常选择含已知直线或已知平面的一边作特殊位置平面为辅助平面，将投影无积聚性的问题转化为投影有积聚性的方法求解。

一、一般位置直线与特殊位置平面相交

由于特殊位置平面的某些投影（或迹线）有积聚性，交点可以直接得出。

【例3.4】求直线MN和铅垂面$\triangle ABC$交点，如图3.7(a)所示，图3.7(b)是直观图。

分析：$\triangle ABC$为铅垂面，其水平投影abc积聚成一直线。交点K既然是属于平面的点，那么它的水平投影一定属于$\triangle ABC$的水平投影。而且交点K又属于直线MN，所以它的水平投影必属于MN的水平投影。因此水平投影mn与abc的交点k便是交点K的水平投影。然后再利用直线上取点的方法求出正面投影。

作图：① 求出交点K的水平投影k；
② 在$m'n'$上找出对应于k的正面投影k'，则点(k, k')即为直线MN与$\triangle ABC$的交点；
③ 利用积聚性判别可见性。

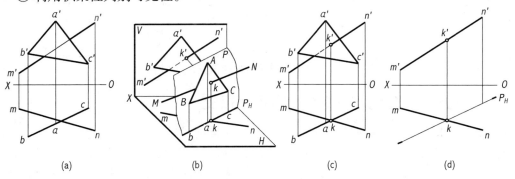

图3.7 直线与特殊位置平面交点

交点是可见与不可见的分界点，利用有积聚性的投影可判断无积聚性投影图上的可见性。如图3.7(c)中，从有积聚性的水平投影中可以看出 KN 在 △ABC 平面的前面，故 KN 的正面投影 k'n' 可见，将可见部分画成实线，不可见部分画成虚线。

图3.7(d)表示直线 MN 和同一个铅垂面相交，平面以迹线 P_H 表示。由于 P_H 有积聚性，故 mn 和 P_H 的交点 k 即为所求交点的水平投影。然后，在 m'n' 上作出对应于 k 的正面投影 k'，K(k, k') 即为所求的交点。

二、一般位置平面与特殊位置平面相交

求两平面交线的问题可以看作是求两个共有点的问题。

【例3.5】求平面 △ABC 和 △DEF 的交线，如图3.8(a)所示。

分析：由图3.8(b)可知，平面 △ABC 为一般位置平面，△DEF 为铅垂面，水平投影积聚为一直线，交线为两平面的共有线，其水平投影为 kl，点 K、L 是平面 △ABC 中 CA、CB 两边与 △DEF 的交点。利用平面内取点、线的方法求得点 K 与 L 的正面投影，即求出交线 KL。

作图：① 由 k 作 kk'⊥OX 轴交 a'c' 于点 k'，由 l 作 ll'⊥OX 轴交 b'c' 于点 l'；
② 连接 kl，则直线 KL 即为所求交线 (kl, k'l')；
③ 利用积聚性判别可见性。

交线为两平面可见与不可见分界线，判断方法与例3.4相同。由图3.8(c)中的水平投影可以看出 △ABC 的 KLBA 部分在 △DEF 的前面，故 KLBA 的正面投影可见。将可见部分画为实线，不可见部分画为虚线。

图3.8(d) △ABC 和同一个用迹线 P_H 表示的铅垂面相交，P_H 有积聚性，其作图原理和作图过程与图3.7完全相同。

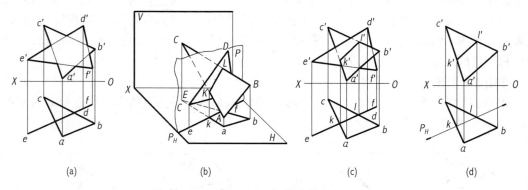

图3.8 一般位置平面与特殊位置平面相交

三、一般位置直线与一般位置平面相交

【例3.6】求直线 AB 与一般位置平面 △CDE 的交点，如图3.9(a)所示。

分析：只要任作一辅助平面 P 包含直线 AB，即可求出平面 P 与已知平面的交线，例如 MN，如图3.9(b)所示。直线 AB 与交线 MN 的交点 K 即为所求。为作图方便，辅助平面应处于特殊位置。

作图: ① 作包含直线 AB 的任意辅助平面。此题是作铅垂面 P,其水平面迹线 P_H 有积聚性,与 ab 相重合,如图 3.9(c) 所示;

② 求出辅助平面 P 和平面 $\triangle CDE$ 的交线 $MN(mn,m'n')$,如图 3.9(c) 所示;

③ 求出交线 MN 和 AB 的交点 $K(k,k')$,即所求直线与平面的交点,如图 3.9(d) 所示;

④ 判断可见性,如图 3.9(e) 所示。

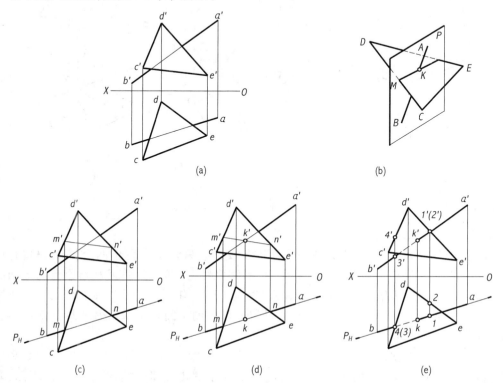

图 3.9 直线与一般位置平面相交

四、两个一般位置平面相交

两个一般位置平面相交,由于其投影均无积聚性,因此,交线不能直接求出,需要用辅助平面法求得。

1. 用求直线与平面交点的方法求两平面交线

【例 3.7】求 $\triangle ABC$ 平面与 $\triangle DEF$ 平面的交线,如图 3.10(a) 所示。

分析: 对于两个一般位置的平面来说,可以利用属于一平面的直线与另一平面求交点的方法确定共有点。分别求出交线上两个共有点连线即可。

作图: ① 含 $\triangle DEF$ 平面的边 DE 作辅助平面 PV(正垂面),如图 3.10(b) 所示;

② 求辅助平面 P 与 $\triangle ABC$ 平面的交线 $MN(mn,m'n')$;

③ 交线 MN 与直线 DE 的交点 $K(k,k')$ 为直线 DE 与 $\triangle ABC$ 的交点,也是交线 MN 上的点;

④ 同理,作辅助平面 Q,求出 $\triangle DEF$ 平面的 DF 边与 $\triangle ABC$ 平面的另一交点 L;

⑤ 连接 KL 即为所求交线；
⑥ 利用重影点判别可见性,如图 3.10(c)所示。

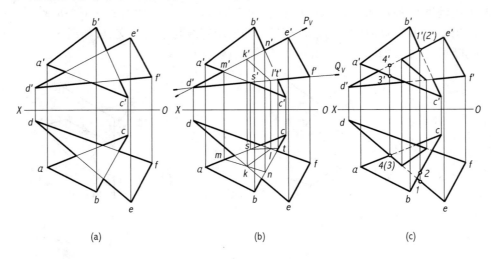

图 3.10 两个一般位置平面相交

2. 用三面共点法求两平面交线

如图 3.11 所示,欲求出平面 R 与平面 S 的交线,只要求出属于两个平面的共有点即可。为此,取水平面 P 为辅助平面。利用 P_V 有积聚性,分别求出平面 P 与原有两平面的交线 I II($12,1'2'$) 和 III IV($34,3'4'$)。由于 I II 与 III IV 均属于平面 P,则它们必相交于一点 $K_1(k_1k'_1)$,点 K_1 即为 P、R、S 三面共有点。同理,以辅助平面 Q 再求出另一共有点 K_2。直线 K_1K_2 即为所求的交线。

辅助平面可以任取,但为作图方便,应选取特殊位置平面。图 3.12 为求 △ABC 和由两平行直线 DE、FG 所确定的平面之间交线的作图过程,本题选取的辅助平面是水平面,若取其他特殊位置平面,作图过程也相同。三面共点法也适用于求曲面与曲面之间的交线。

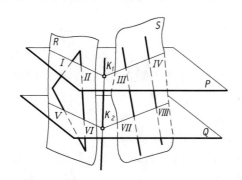

图 3.11 三面共点法示意图

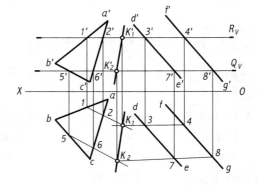

图 3.12 求两个一般位置平面的交线

3.3 直线与平面垂直、两平面垂直

一、直线与平面垂直

从初等几何定理可知：如果一条直线和一平面内两条相交直线都垂直，那么这条直线垂直于该平面。反之，如果一直线垂直于一平面，则必垂直于属于该平面的一切直线。如图3.13 所示，直线 LK 垂直于平面 P 则必垂直于平面 P 的一切直线，其中包括水平线 AB 和正平线 CD。根据直角定理，投影图上必表现直线 LK 的水平投影垂直于水平线 AB 的水平投影（$lk \perp ab$），直线 LK 的正面投影垂直于正平线 CD 的正面投影（$l'k' \perp c'd'$），如图3.13 所示。

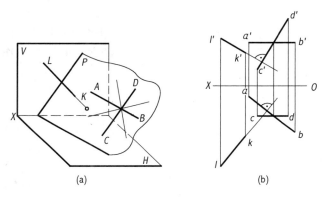

图 3.13　直线与平面垂直

综上所述，得出如下特性：

若一直线垂直于一平面，则直线的水平投影必垂直于属于该平面的水平线的水平投影；直线的正面投影必垂直于属于该平面的正平线的正面投影。反之，若一直线的水平投影垂直于属于该平面的水平线的水平投影，直线的正面投影垂直于属于该平面的正平线的正面投影，则直线必垂直于该平面。

【例 3.8】过点 A 作平面 $\triangle DEF$ 的垂线，并求垂足 K，如图 3.14 所示。

分析：由于平面 $\triangle DEF$ 为铅垂面，所以过点 A 所作的平面的垂线必为水平线，其水平投影必垂直 $\triangle DEF$ 积聚的 def 线，交点 k 为垂足的水平投影。

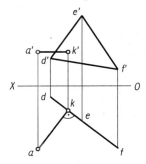

图 3.14　过点作平面的垂线

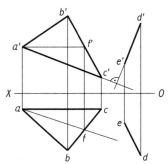

图 3.15　判断直线是否与平面垂直

作图:① 过 a 作直 $ak \perp de$ 线交 def 于点 k;
② 过 a' 作 $a'k' // OX$ 轴,$kk' \perp OX$ 轴交于点 k',则 $AK(ak, a'k')$ 为所求垂线,点 $K(k, k')$ 为垂足。

【例 3.9】试判断直线 DE 是否与平面 $\triangle ABC$ 垂直,如图 3.15 所示。

分析:在平面内任取一条水平线,然后利用直线与平面垂直的投影特性判断。

作图:① 由图中可知 AC 为正平线,由于 $d'e' \perp a'c'$,则直线 $DE \perp AC$;
② 再任作一条水平线 $AF(af, a'f')$,由于 de 不垂直 af,故直线 DE 不垂直 AF,则直线 DE 不与平面 $\triangle ABC$ 垂直。

【例 3.10】已知两直线 $AB \perp BC$,求直线 BC 的水平投影 bc,如图 3.16 所示。

分析:因为 $AB \perp BC$,则 BC 位于与 AB 垂直的平面内,因此,含 B 点作平面 P 垂直于 AB,然后在平面 P 内求得点 C,如图 3.16(c) 所示。

作图:① 含点 B 作水平线 $BE \perp AB$,即 $be \perp ab$,作正平线 $BF \perp AB$,即 $b'f' \perp a'b'$;
② 在 BE、BF 所决定的平面内,含点 C 作直线 MN,即含正面投影 c' 作 $m'n'$,然后在 bf 上求出 m,在 be 上求出 n,即得 mn;
③ 根据 c' 在 mn 上求出 c,则 bc 即为所求。

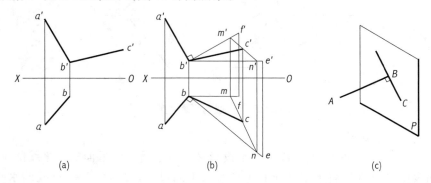

图 3.16 根据已知条件求直线 bc 的投影

二、两平面垂直

由初等几何定理可知:若一直线垂直于一定平面,则包含这条直线的所有平面都垂直于该平面。反之,如果两平面互相垂直,则过属于第一个平面的任意一点向第二个平面所作的垂线一定属于第一个平面,如图 3.17 所示。

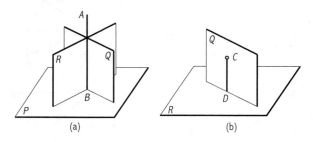

图 3.17 两平面垂直

【例 3.11】含点 A 作平面垂直于 $\triangle I\ II\ III$,如图 3.18 所示。

分析：含点只能作一直线垂直于定平面，但含此垂线可作无数多个平面，所以本题有无穷多解，下面仅作其中一解。

作图：① 在 △I II III 内作直线 I V//H 面，直线 III IV//V 面；
② 含点 A 作 AB 与 I V、III IV 垂直（$ab⊥15$、$a'b'⊥3'4'$），即 AB ⊥ △I II III；
③ 含点 A 作任意直线 AC，则 AB、AC 所决定的平面就与 △I II III 垂直。

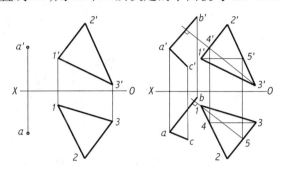

图 3.18　含点 A 作平面垂直于 △I II III

3.4　综合应用

前面讨论了平行、相交和垂直等问题的投影特性、作图原理和方法，但实际问题是综合性的，需要用多种作图方法才能解决，应熟练掌握以下几个基本作图方法。

（1）含定点或定直线作平面及在定平面内取点或直线。
（2）求直线与平面的交点。
（3）求两平面的交线。
（4）含定点作直线平行于定平面。
（5）含定点作直线垂直于定平面。
（6）含定点作平面垂直于定直线。

【**例 3.12**】已知等腰三角形 DEF 的顶点 D 和一腰 DE 在水平线 DG 上，另一腰 DF 平行于 △ABC，点 F 在直线 MN 上，完成 △DEF 的两面投影，如图 3.19 所示。

分析：因为 DF//△ABC，所以 DF 一定在过 D 点的平行于 △ABC 的平面上，先作出这个平面，再作出 MN 与这个平面的交点 F，就能作出 DF；作出 DF 的实长，再按等腰三角形两腰相等的几何条件、DE 在水平线 DG 上，以及水平线的水平投影反映实长的投影特性，就可以作出 DE，完成 △DEF 的两面投影。

作图：① 过 d' 作 $d's'//a'b'$、$d't'//a'c'$，过 d 作 $ds//ab$、$dt//ac$，就作出过点 D 的平行于 △ABC 的平面 DST；
② 作 MN 与平面 DST 的交点 F，含 MN 作垂面 P，作平面 DST 与 P 面的交线 $ST(s't',st)$，MN 与 ST 的交点 F（由 f 作出 f'）；
③ 连 d' 和 f'、d 和 f 即得一腰 DF 的两面投影 $d'f'$、df。用直角三角形法作出 DF 的实长 df_0。将 df_0 量在 dg 上量得 de。由 e 作投影连线，在 $d'g'$ 上作出 e'，就作出了另一腰 DE 的两面投影 $d'e'$、de；

④ 连 e' 和 f'、e 和 f，作出底边 EF 的两面投影 $e'f'$ 和 ef。于是就完成了这个等腰三角形 DEF 的两面投影 $\triangle d'e'f'$ 和 $\triangle def$。

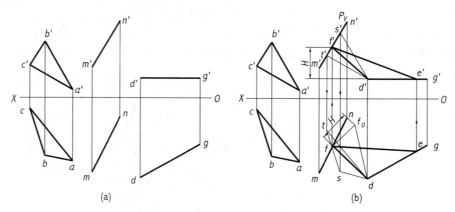

图 3.19　按所给条件，完成 $\triangle DEF$ 的两面投影

【**例 3.13**】求点 S 到平面 $\triangle ABC$ 的距离，如图 3.20(a) 所示。

分析：首先根据直线与平面垂直的投影特性作平面的垂线，然后求垂线与平面的交点。

作图：① 在 $\triangle ABC$ 内任取一条水平线 $BC(bc, b'c')$ 和正平线 $AD(ad, a'd')$，由点 S 作平面的垂线 $ST(st \perp bc, s't' \perp a'd')$；

② 包含垂线 ST 作辅助正垂面 P（图中用迹线 P_V 表示），求出垂足 $K(k, k')$；

③ 用直角三角形法求出 SK 的实长，即点 S 到 $\triangle ABC$ 的距离，如图 3.20(b) 所示。

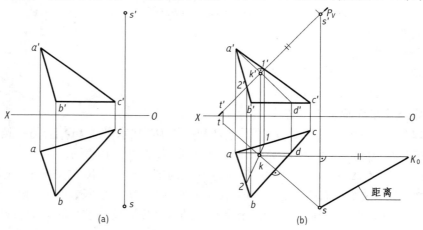

图 3.20　求点 S 到平面 $\triangle ABC$ 的距离

【**例 3.14**】过点 K 作直线与 $\triangle CDE$ 平行并与直线 AB 垂直，如图 3.21 所示。

分析：满足直线 $KL \parallel \triangle CDE$ 这一条件的轨迹为过 K 点且与 $\triangle CDE$ 平行的平面 P；要满足 $KL \perp AB$ 这一条件的轨迹为过 K 且与直线 AB 垂直的平面 Q，那么平面 P 与平面 Q 的交线即为所求直线 KL，如图 3.22 所示。

作图：① 过 K 点作 $\triangle CDE$ 的平行平面 P，题中用平行于 $\triangle CDE$ 两边 DC 和 DE 的相交两直线 $KN(kn, k'n')$ 和 $KM(km, k'm')$ 确定（$kn \parallel dc$、$k'n' \parallel d'c'$、$km \parallel de$、$k'm' \parallel d'e'$）；

② 过 K 点作直线 AB 的垂面 Q，题中用相交的水平线 $KG(kg, k'g')$ 和正平线 $KF(kf$,

$k'f'$)确定,$kg \perp ab$,$k'f' \perp a'b'$;

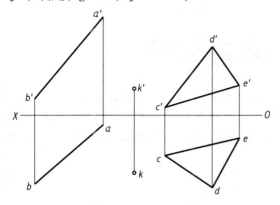

图 3.21 过点 K 作直线与 $\triangle CDE$ 平行并与直线 AB 垂直

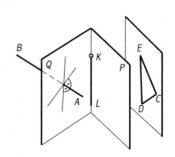

图 3.22 空间分析

③ 求平面 P 和平面 Q 的交线,其中点 K 为交线上一个点,另一个点 L 用辅助水平面求得;

④ 连接 kl 即为所得,如图 3.23 所示。(此题还有另外一种解法,请读者自行考虑。)

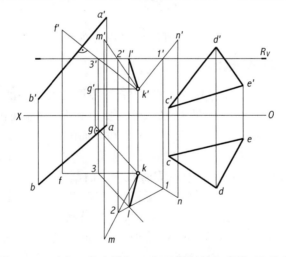

图 3.23 过点 K 作直线与 $\triangle CDE$ 平行并与直线 AB 垂直

第 4 章　投影变换

当空间的直线和平面与投影面处于一般位置时,它们的投影都不反映真实大小,也不具有积聚性;当它们与投影面处于特殊位置时,它们的投影有的反映真实大小,有的具有积聚性。因此,当需要解决一般位置几何元素的度量或定位问题时,如果能将它们由一般位置变换为特殊位置,问题就容易解决,如图 4.1 所示。

为达到上述投影变换的目的,方法有很多,在本章介绍其中一种:变换投影面法(简称换面法)。

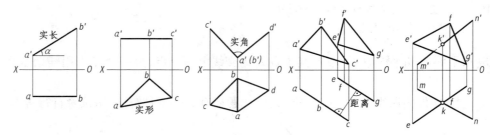

图 4.1　特殊位置几何元素的度量

一、换面法的基本概念

换面法即空间几何元素的位置保持不动,用新的投影面替代旧的投影面,使空间几何元素对新投影面的位置变成有利于解题的位置,然后找出其在新投影面上的投影。

图 4.2 所示一铅垂面 $\triangle ABC$,该三角形在 V 面与 H 面的投影体系(记为 V/H 体系)中的两个投影均不反映实形。为求实形,取一个平行于 $\triangle ABC$ 平面且垂直于 H 面的 V_1 面代替 V 面,则新的 V_1 面与不变的 H 面构成一个新的两面体系 V_1/H。$\triangle ABC$ 平面在 V_1/H 体系中 V_1 面上的投影 $\triangle a'_1 b'_1 c'_1$ 反映了三角形的实形。再以 V_1 面和 H 面的交线 X_1 为轴,使 V_1 面旋转至 H 面重合,就得出 V_1/H 体系的投影图。

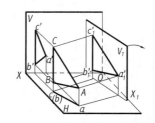

图 4.2　V/H 体系变为 V_1/H 体系

新投影面 V_1 的选择,首先要使空间几何元素在新投影面上的投影处于方便解题的位置,并且新投影面必须与不变的 H 面垂直,从而构成一个新的两面投影体系,才能运用正投影原理作出新的投影图。因而新投影面的选择必须符合以下两个基本条件:

(1) 新投影面必须与空间几何元素处于有利于解题的位置。
(2) 新投影面必须垂直于一个不变的投影面。

二、点的投影变换规律

1. 点的一次变换

点是一切几何形体的基本元素。因此,在变换投影面时必须先掌握点的投影变换规律。

如图 4.3 所示,点 A 在 V/H 体系中,正面投影为 a',水平投影为 a。令 H 面不变,取一铅垂面 $V_1(V_1 \perp H)$ 来代替正立面 V,形成新投影体系 V_1/H。其中 V_1 面与 H 面的交线为新轴 X_1。过点 A 向 V_1 面作垂线,得到新投影面上的投影 a'_1。这样,点 A 在新、旧两体系中的投影 (a,a'_1) 和 (a,a') 都为已知。其中 a'_1 为新投影,a' 为旧投影,而 a 为新、旧体系中共有的不变的投影。它们之间有下列关系。

(1) 由于这两个体系有公共的水平面,因此点 A 到 H 面的距离(即坐标),在新旧体系中都是相同的,即 $a'a_x = Aa = a'_1 a_{x_1}$

(2) 当 V_1 面绕轴 X_1 旋转 90° 重合到 H 面上时,根据点的投影规律可知 aa'_1 必垂直于 X_1 轴。这和 $aa' \perp X$ 轴的性质是一样的。由此分析,可以得出点的投影变换规律:
① 点的新投影和不变投影的连线,必垂直于新投影轴。
② 点的新投影到新投影轴的距离等于被更换的旧投影到旧投影轴的距离。

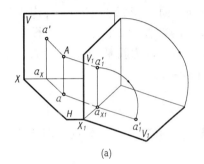 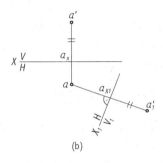

图 4.3　点在 V_1/H 体系中的投影

根据以上关系,点 A 由 V/H 体系中的投影 (a,a') 求出体系 V_1/H 中投影的作图方法是:按解题要求画出新投影轴 X_1,确定新投影面 V_1 在投影图中的位置;然后过 a 作 $aa'_1 \perp X_1$ 轴,交 X_1 轴于 a_{x1},截取 $a'_1 a_{x1} = aa_x$,则点 a'_1 即为所求的新投影,如图 4.3(b) 所示。

图 4.4 为变换 H 面后点 A 在 V/H 体系中的投影及作图过程。

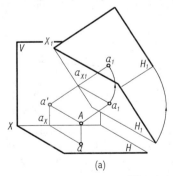 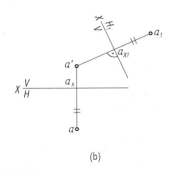

图 4.4　点 A 变换 H 面后的投影

2. 点的二次变换

某些实际问题经一次更换投影面不能解决问题,需要通过两次或多次换面才能解决。图 4.5 所示为点在变换两次投影面中的情况,求点的新投影的方法、作图原理和变换一次投影面相同。

需要注意的是:变换投影面时,每次新投影面的选择都必须符合本节开头所述新投影面

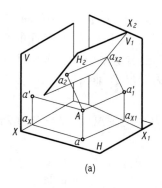
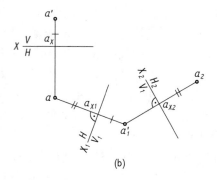

图 4.5 点的两次变换

选择的两个条件,而且不能同时变换两个投影面,只能交替进行。每次变换时,新、旧投影面的概念也随之改变。例如图 4.5 中先变换一个投影面 V 面,用 V_1 面代替 V 面,构成新投影体系 V_1/H,X_1 为新轴,a' 为旧投影,a 为不变的投影,a'_1 为新投影。再变换一次投影面时需变换 H 面,用 H_2 面代替 H 面,又构成新投影体系 V_1/H_2,这时 X_2 为新轴,a 为旧投影,a'_1 为不变的投影,a_2 为新投影。以此类推可根据解题需要变换多次。

三、四个基本问题

以上是换面法的基本原理和点的投影变换规律。在解决实际问题时会遇到各种情况,从作图过程可以归纳为以下四个基本问题。

1. 将一般位置直线变换为投影面平行线

图 4.6(a) 中直线 AB 在 V/H 体系中为一般位置直线,取 V_1 面代替 V 面,使 V_1 面与线段 AB 平行且垂直于 H 面。AB 在新体系 V_1/H 中变为 V_1 面的平行线,AB 在 V_1 面上的投影 $a'_1b'_1$ 反映实长,$a'_1b'_1$ 和 X_1 轴的夹角 α 即为直线段 AB 与水平面的倾角。

图 4.6(b) 所示投影图的作法,首先作出新轴 X_1 与 ab 平行,且与 ab 间的距离可以任取。然后按点的投影规律作出直线 AB 两个端点的新投影 a'_1 和 b'_1,$a'_1b'_1$ 即为线段 AB 的新投影。

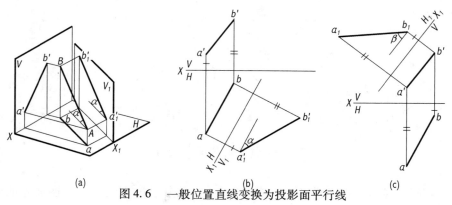

图 4.6 一般位置直线变换为投影面平行线

若变换水平面,同样可以将直线 AB 变换成投影面的平行线,反映出直线 AB 实长及与正面的倾角 β,如图 4.6(c) 所示。

2. 将一般位置直线变换为投影面垂直线

欲将一般位置直线变换为投影面垂直线,只换一次投影面是不行的。如图 4.7 所示,若选择的投影面 P 垂直于一般位置直线 AB,则平面 P 也为一般位置平面,它与原投影体系中任何一个投影面均不垂直,故不能构成新的直角投影体系。而若使投影面平行线变换成投影面垂直线,变换一次投影面即可。如图 4.8 所示,由于 CD 为正平线,因此所作垂直于直线 CD 的新投影面 H_1 必垂直于原体系中的 V 面。这样 CD 在 V/H_1 体系中变为投影面垂直线。其投影图作法见图 4.8。根据投影面垂直的性质,取 $X_1 \perp c'd'$,然后求出 CD 在 H_1 面上的新投影 c_1d_1、c_1d_1 必重合为一点。

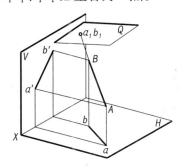
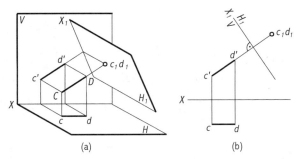

图 4.7　P 面与 V 面不垂直　　　　图 4.8　投影面平行线变换成投影面垂直线

所以要把一般位置直线变换为投影面垂直线,需要经过连续两次变换,见图 4.9(a),第一次把一般位置直线变为投影面平行线,第二次把投影面平行线变换成投影面垂直线。图 4.9(b) 所示为其投影图的作法。

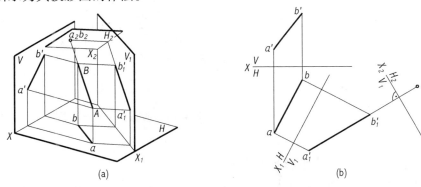

图 4.9　将一般位置直线变换为投影面垂直线

3. 将一般位置平面变换为投影面垂直面

将一般位置平面 $\triangle ABC$ 变换为投影面垂直面的情况可归结为:只要把属于该平面内的任意一条直线变换为投影面的垂直线即可,如图 4.10 所示。而使一条投影面平行线变为新投影面的垂直线,只需一次换面。因此,在平面中任取一条投影面平行线作为辅助直线,取与它垂直的平面为新投影面,则 $\triangle ABC$ 平面就与新投影面垂直,如图 4.10(a) 所示。

如图 4.10(b) 所示为 $\triangle ABC$ 变换成投影面垂直面的作图过程。在 $\triangle ABC$ 内取正平线 $AD(ad, a'd')$ 为辅助线,使新轴 $X_1 \perp a'd'$,则 $\triangle ABC$ 在 V/H_1 体系中变为投影面的垂直面,求出 $\triangle ABC$ 三顶点的新投影 b_1、a_1、c_1,则 $b_1a_1c_1$ 必在同一直线上。且 $b_1a_1c_1$ 与 X_1 轴的夹角反

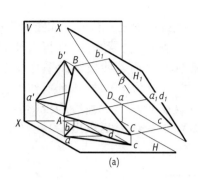
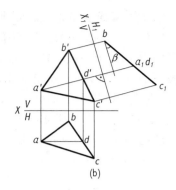

(a)   (b)

图 4.10   一般位置平面变换为投影面垂直面

映 △ABC 与 V 面的倾角 β。

同样，如取水平线为辅助线，用新投影面 V_1 代替 V 面，使 △ABC 变为新投影面的垂直面，如图 4.11 所示。直线 $b'_1a'_1c'_1$ 与 X_1 轴的夹角反映 △ABC 与 H 面的倾角 α。

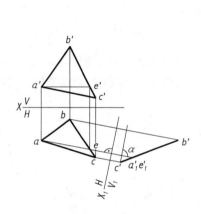
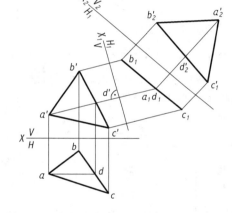

图 4.11 一般位置平面变换为投影面垂直面（铅垂）   图 4.12 投影面倾斜面变换为投影面平行面

4. 将一般位置平面变换为投影面平行面

一般位置平面变换为投影面平行面，只变换一次投影面不行。因为若新投影面平行一般位置平面，则它也是一般位置平面，与原投影体系中任何一个投影面均不垂直，不能构成新的直角两面体系。所以应先将一般位置平面变换为投影面垂直面，然后再变为投影面平行面。

图 4.12 所示将一般位置平面 △ABC 变换为投影面平行面的作图过程。第一次变换 H 面，取正平线 $AD(ad, a'd')$ 为辅助线，将 △ABC 变换为投影面垂直面，作法同图 4.10(b)；第二次变换 V 面，取新轴 X_2 // $b_1a_1c_1$ 求出 V_2 面上 △ABC 三顶点 A、B、C 的新投影 a'_2、b'_2、c'_2，则 △$a'_2b'_2c'_2$ 反映 △ABC 实形。

以上四个问题是利用变换投影面的方法解决空间几何问题的最基本的作图方法，应熟练掌握。

四、解题举例

【例 4.1】 求两交叉直线间的距离,并定出公垂线的位置,如图 4.13 所示。

分析: 由图可知,若将两交叉直线之一变换为投影面垂直线,则它的垂线必是该投影面的平行线,当此垂线同时又垂直另一直线时,则在该投影面上的投影反映直角,其垂线即为交叉两直线的公垂线,并在该投影面上的投影反映公垂线的实长(即距离)。将一般位置直线变换为投影面垂直线需变换两次投影面。

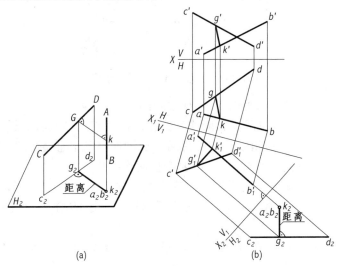

图 4.13 求两交叉直线间的距离及公垂线的位置

作图: ① 先变换 V 面再变换 H 面,在 V_1/H_2 投影体系中,AB 的投影积聚为一点 a_2b_2,垂线 KG 与 AB 的交点 K 在 H_2 面上的投影 k_2 也在 a_2b_2 点处。直线 CD 也一同变换,在 H_2 面上的投影为 c_2d_2;

② 过 $k_2(a_2b_2)$ 向 c_2d_2 作垂线与 c_2d_2 交于 g_2,k_2g_2 即为所求距离实长;

③ 由 g_2 返回求出 V/H 体系中的 g,g';

④ 由于公垂线 KG 在 V_1/H_2 体系中为投影面的平行线,因此,在 V_1 面上的投影则平行 X_2,过 g'_1 作 $g'_1k'_1$ ∥ X_2 轴交 $a'_1b'_1$ 于点 k'_1。由 k'_1 返回求出 V/H 体系中的投影 k,k'。连接 $kg,k'g'$ 即为所求公垂线,如图 4.13(b) 所示。

【例 4.2】 求点 M 到平面 $\triangle ABC$ 的距离及垂足 N 的投影,如图 4.14 所示。

分析: 如将平面变换为投影面垂直面,点到平面的垂线则为该投影面平行线,在该投影面中反映点到平面距离的实长。将一般位置平面变换为投影面垂直面时,只需变换一次投影面即可。

作图: ① 取水平线 $AD(ad,a'd')$ 为辅助直线,变换面 V 使 $X_1 \perp ad$,则 $\triangle ABC$ 在新投影面 V_1 中的投影积聚为一直线 $b'_1d'_1(a'_1)c'_1$,点 M 也随之变换为点 m'_1;

② 过点 m'_1 作直线 $m'_1n'_1 \perp b'_1d'_1(a'_1)c'_1$ 交 $b'_1d'_1c'_1$ 于点 n'_1。$m'_1n'_1$ 即为点 M 到 $\triangle ABC$ 的距离实长,n'_1 为垂足在 V_1 面中的投影;

③ 由 n'_1 返回求出 n 和 n',由于 MN 在 V_1/H 体系中为正平线,因此在 H 面中的投影 mn 平行 X_1 轴,由此可求出垂足 N 的两面投影 n 和 n',则直线 $MN(mn,m'n')$ 为所求。

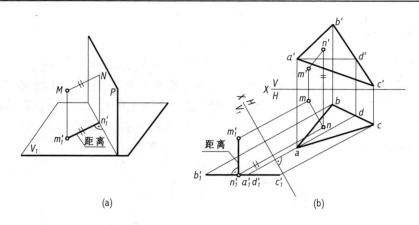

图 4.14　求点 M 到 $\triangle ABC$ 的距离

【**例 4.3**】求平面 $\triangle ABC$ 和平面 $\triangle ABD$ 之间的夹角 φ，如图 4.15 所示。

分析：如图 4.15 所示，若将两投影面均变为投影面垂直面，则在该投影面中积聚的直线间的夹角即为两平面之间的夹角 φ。而要将两平面同时变为新投影面垂直面，只要将两平面的交线 AB 变为新投影面垂直线即可，需要变换两次投影面。

作图：① 将两平面的交线变换为投影面垂直线。先作 $X_1 \parallel ab$，使交线 AB 变为投影面平行线，再作 $X_2 \perp a'_1 b'_1$，使交线 AB 变为投影面垂直线，交线 AB 在 H_2 面的投影积聚为一点 $a_2 b_2$；

② 将两点 C、D 一同变换，在 H_2 面得到新投影 c_2 和 d_2，平面 $\triangle ABC$ 和平面 $\triangle ABD$ 分别积聚为直线 $a_2 b_2 c_2$ 和 $a_2 b_2 d_2$；

③ 直线 $a_2 b_2 c_2$ 和直线 $a_2 b_2 d_2$ 间的夹角即为所求平面 $\triangle ABC$ 和平面 $\triangle ABD$ 之间的夹角 φ。

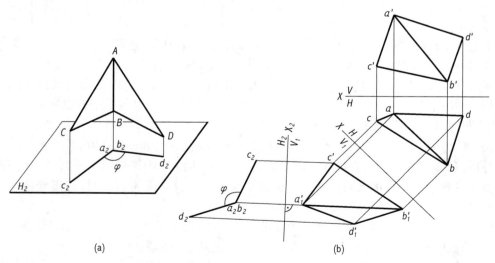

图 4.15　求平面与平面之间的夹角 φ

第 5 章 曲线和曲面

在工程上经常会遇到各种曲线和曲面,如某些机器零件的表面、飞机机身、汽车外壳以及船体表面等,为了表示这些曲线和曲面,必须了解它们的形成、性质、分类和画法。

5.1 曲 线

曲线可以看作是一个点在空间连续运动的轨迹。

曲线是点的集合,所以画出曲线上的一系列点的投影,并将各点的投影光滑地顺次连接,就得到该曲线的投影,这是绘制曲线投影的一般方法。如能画出曲线上一些特殊点,如最高点、最低点、最左点、最右点、最前点及最后点等,则可更确切地表示曲线。如图 5.1 所示,欲绘制曲线 L 的投影,可在其上取 A、B、C、D 及 E 五个点,作出它们在 H 面上的投影,并光滑地顺次连接,即得曲线 L 的水平投影 l。图中点 B 为曲线上的最左点,点 C 为最前点。

一、曲线的分类

(1) 按点的轨迹是否在同一平面上,曲线可以分为平面曲线和空间曲线。
(2) 按点的运动有无一定规律,曲线又可分为规则的曲线和不规则的曲线。

二、曲线投影的性质

(1) 曲线的投影一般仍为曲线。如图 5.1 所示,有一曲线 L,当它向投影面进行投影时,形成一个投射柱面,该柱面与投影平面的交线必为一曲线,故曲线的投影仍为曲线。

(2) 属于曲线的点,它的投影属于该曲线在同一投影面上的投影。如图 5.1 所示,点 D 属于曲线 L,则它的投影 d 必属于曲线的投影 l。

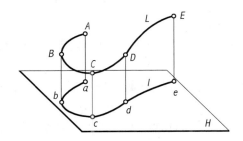

图 5.1 曲线的投影

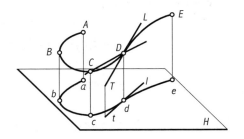

图 5.2 曲线上某点切线的投影

(3) 属于曲线某点的切线,它的投影与该曲线在同一投影面上的投影仍相切,且切点不变。如图 5.2 所示,属于曲线上点 D 的切线 DT,可看作割线 DC 与曲线的两个交点 D 和 C 无限接近的极限位置。这时割线 DC 变为切线 DT,切曲线于点 D。与此同时,它们的投影即曲线的投影及其上的割线 dc,也由于点 c 无限接近于点 d,而变为切于点 d 的切线 dt。

三、求曲线的实长

在工程上,有时欲知曲线的实长,可采用近似图解法,如图5.3所示。根据曲线 AE 的两面投影[图5.3(a)],把它展开成平面折线 A_0E_0[图5.3(b)],然后再展成直线 AE[图5.3(c)]。作图过程如下:

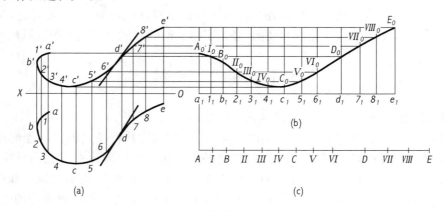

图5.3 求曲线的实长

(1) 将曲线 AE 分成若干段,定出各点的两面投影。

(2) 利用直角三角形求实长的方法,在 OX 轴的延长线上截取 $a_1 1_1 = a1$、$1_1 b_1 = 1b$、…、$8_1 e_1 = 8e$。再从 a_1、1_1、b_1、…、e_1 作 OX 轴的垂线与相应的正面投影 a'、$1'$、b'、…、e' 所作的水平线相交,得交点 A_0、I_0、B_0、…、E_0。然后用直线连接各点,即得平面折线 $A_0 I_0 B_0 \cdots E_0$。

(3) 在直线 AE 上顺次量取平面折线 $A_0 I_0 B_0 \cdots E_0$ 各段长度,即得曲线 AE 的近似展开长度。

四、圆的画法

凡是曲线上所有的点都属于同一平面,则该曲线称为平面曲线。工程上常用的有圆锥曲线,即圆、椭圆、抛物线和双曲线等。

1. 平面曲线投影的特性

平面曲线除具有上述的曲线投影性质外,还有下列投影性质:

(1) 平面曲线所在的平面平行于某一投影面时,则在该投影面上的投影,反映曲线的实形。

(2) 平面曲线所在的平面垂直于某一投影面时,则在该投影面上的投影,积聚成一直线。

(3) 平面曲线上某些奇异点投影后仍保持原有性质,即拐点、尖点及两重点投影后仍为拐点、尖点及两重点。

2. 圆的投影

圆是平面曲线中最常见的曲线,它具有平面曲线的所有投影性质,具体来说:

(1) 当圆平行于投影面时,则在该投影面上的投影反映实形,如图5.4所示。

(2) 当圆垂直于投影面时,则在该投影面上的投影积聚为一条直线,如图5.5所示。

(3) 当圆倾斜于投影面时,则在该投影面上的投影为一椭圆,如图5.5所示。

第 5 章 曲线和曲面

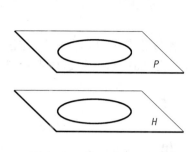

图 5.4　平行于投影面的圆

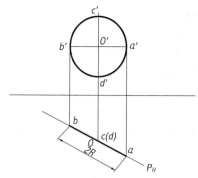

图 5.5　属于铅垂面上圆的投影

五、螺旋线的画法

凡是曲线上有任意四个连续的点不属于同一平面,则称该曲线为空间曲线,常见的规则空间曲线为螺旋线。

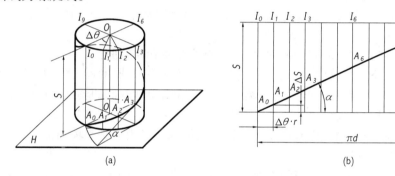

图 5.6　圆柱螺旋线

(1) 圆柱螺旋线为工程上应用最广泛的空间曲线。一个动点沿着圆柱面的母线作匀速直线运动,同时,该母线又绕圆柱面轴线作匀速运动,点的这种复合运动的轨迹,称为圆柱螺旋线。当母线旋转一周时,动点在母线上移动的一段距离,称为导程。

如图 5.6(a) 所示,点 A_0 处于母线 I_0 上,当母线 I_0 绕圆柱面轴线 OO 旋转 $\Delta\theta$ 的角度,到达素线 I_1 的位置,动点 A_0 沿素线 I_1 上升 ΔS 的距离,到达 A_1 的位置。当素线 I_1 又旋转 $\Delta\theta$ 的角度,到达 I_2 的位置,动点 A_1 又沿素线 I_2 上升 ΔS 的距离,到达 A_2 的位置。动点 A_0 按此规律形成的轨迹为一圆柱螺旋线。由此该圆柱面上母线(或素线)旋转的弧长 $\Delta\theta \cdot r$ 与动点沿素线上升的距离 ΔS 之比恒为一常数。若将此圆柱面展开成一平面,则其上的螺旋线成一直线。

由于圆柱母线旋转方向不同,螺旋线可分为右螺旋线和左螺旋线两种。

(2) 圆柱面的直径、母线旋转方向和导程大小为确定圆柱螺旋线的三要素,给出三要素即可作出其投影图。

图 5.7 为一右旋圆柱螺旋线作图。

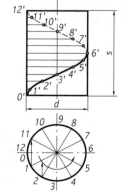

图 5.7　螺旋线作图

首先将圆柱面的水平投影(圆周)分成n等分(如12等分)用0、1、2、3、…、11、12按逆时针方向依次标注各分点,在正面投影取导程长度S,它也分成相同的等分数(12等分),各分点自下而上依次编号。

最后自正面投影各分点作OX轴平行线,自水平投影各分点作OX轴垂线,与正面投影上相对应的OX轴平行线的交点,即为圆柱螺旋线上点的正面投影。将这些点光滑地连接起来,就完成了该圆柱螺旋线的正面投影,为一正弦曲线。

该圆柱螺旋线的水平投影积聚为一圆。

5.2 曲　　面

一、曲面的形成与分类

曲面可看做一条动线在空间连续运动所形成的轨迹。形成曲面的动线称为母线,母线在曲面上的任何一个位置统称为曲面的素线。曲面可分为规则曲面与不规则曲面两类。我们通常所研究的规则曲面,可看做是一条母线按照一定规律运动所形成的轨迹,其中控制母线作规则运动的一些不动的几何元素称为导元素。

按母线的形状不同,常见的规则曲面可分成:直纹曲面和曲纹曲面。

不论是直纹曲面还是曲纹曲面,它们当中凡属于母线(直线或曲线)绕其直导线为轴回转一周而形成的曲面,又统称为回转面,如圆锥面、圆柱面、单叶双曲回转面、球面、环面等。回转面在工程上应用最为广泛。

应当指出的是,同一曲面可以看做是用不同方法形成的。当遇到具体曲面时,应选取对该曲面图解最简便的一种形成方法。

既然规则曲面由母线沿导元素运动而成,故表示一曲面时,必须首先表示该曲面的母线及导元素,这样该曲面的性质即被确定。然后为了清晰起见,还需画出该曲面上的轮廓线及外视转向线。对于复杂的曲面,还需示出曲面上的某些素线或截交线。

取属于曲面上点和线的原则,与平面上点和线的取法相似。如果一点属于曲面,则它一定属于该曲面的一条线(直线或曲线)。如果要取属于曲面的线,一般方法是先确定属于该曲面的一系列点,然后顺次连接这些点。事实上,掌握了曲面的形成规律和其特性,取点取线的问题能够得到简化。例如在直纹面上,可选取素线(直线)来解决问题,在圆纹面或回转面上可选取圆来解决问题。

二、直纹曲面

直母线形成的曲面称为直纹曲面,它可分为单曲面和扭曲面。

1. 单曲面

在直母线连续运动形成的曲面上,任意相邻两素线彼此相交或平行,则此种曲面称为单曲面。单曲面符合形成平面的条件,故为可展曲面。工程上常见的有锥面、柱面及切线曲面。

(1)锥面

直母线沿着曲导线$I\,II\,I$移动,且始终通过导点S时,所得的曲面称为锥面,如图5.8(a)所示。导点S称为锥顶。曲导线可以是闭合的,也可以是不闭合的。

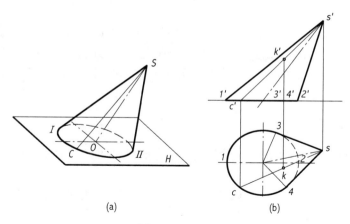

图 5.8 锥面

要画出锥面的投影图,如图 5.8(b),需画出导点 S、曲导线 $I\ II\ I$ 和外视转向线的投影。本图例的正视转向线的正面投影为 $s'1'$ 和 $s'2'$,俯视转向线的水平投影为 $s3$ 和 $s4$。它们分别是正视和俯视时曲面可见和不可见部分的分界线。

应利用素线来取属于锥面的点,图 5.8(b) 中表示了用素线 SC 定出属于锥面的点 K 的投影。

锥面的两个对称平面交线,称为锥面的轴线。垂直于轴线的截平面,称为正截面。

锥面通常是以其正截面的交线形状和轴线与投影面是否垂直来命名的。

(2) 柱面

直母线 AA_1 沿曲导线 A_1B_1 移动,且始终平行于直导线 MN,所得的曲面称为柱面,如图 5.9(a)。上述曲导线可以是闭合的,也可以是不闭合的。

如果已知直导线 MN 的投影和曲导线 A_1B_1 的投影,便可以完全确定该柱面的投影图。这些是表示柱面的基本要素。

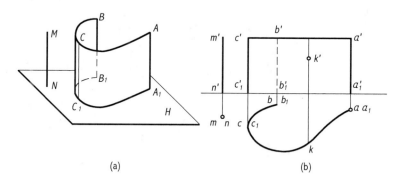

图 5.9 柱面

在投影图上还要画出柱面的轮廓线(如 AA_1 和 BB_1、曲线 AB 和 A_1B_1)和外视转向线(CC_1)的投影。图 5.9(b) 中正视转向线 CC_1 的正面投影为 $c'c'_1$,它是正视时曲面可见和不可见部分的分界线,由于轮廓线 BB_1 的正面投影 $b'b'_1$ 处于不可见部分,故在图中画成虚线。因为直导线 MN 垂直于水平面,所以每条素线均为铅垂线。这个柱面的水平投影积聚为曲线 ab。属于柱面的所有点(例如点 K)的水平投影(例如 k)均属于曲线 ab。

2. 扭曲面

在直母线连续运动形成的曲面上，任意相邻两素线彼此交叉时，则此曲面称为扭曲面。

扭曲面为不可展曲面。工程上常见的有双曲抛物面、锥状面、柱状面等。

扭曲面为较复杂的曲面，除了画出其导元素及直母线外，一般尚需画出该曲面上一系列素线。

三、曲纹曲面

曲母线在空间连续运动所形成的轨迹，称为曲纹曲面。常见的有定线曲面和变线曲面。

曲母线在连续运动的过程中，如形状和大小不变，所形成的曲面称为定线曲面；如形状和大小发生变化，所形成的曲面称为变线曲面。

第6章 立体的投影

立体是由若干表面围成的实体。根据其表面构成不同,分为平面立体和曲面立体两类。表面都是平面的立体称为平面立体,如棱柱、棱锥;表面含有曲面的立体称为曲面立体。常见的曲面立体是回转体,如圆柱、圆锥、圆球等。本章先讲解立体的投影及在其表面上取点、线的问题,最后介绍截交线。

6.1 平面立体的投影

表面均由平面组成的立体称为平面立体。常见的简单平面立体有棱柱、棱锥等,如图 6.1 所示。

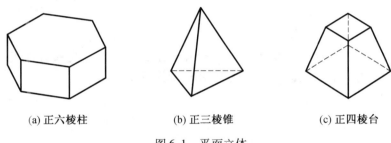

(a) 正六棱柱　　　　(b) 正三棱锥　　　　(c) 正四棱台

图 6.1　平面立体

组成平面立体的每个平面多边形称为棱面;棱面的边即相邻两棱面的交线称为棱线;各棱线的交点称为平面立体的顶点。

因为围成平面立体的表面都是平面多边形,而平面图形是由直线段围成的,直线段又是由其两端点所确定。所以,绘制平面立体的投影,实际上就是画出各平面间的交线和各顶点的投影。在平面立体中,可见棱线用实线表示,不可见棱线用虚线表示,以区分可见表面和不可见表面。

一、棱柱

棱柱是由棱面及上下底面组成的,棱线都相互平行。其上下底面为相互平行且全等的多边形。若上下底面的边数为 n,则称 n 棱柱。当 n 棱柱的侧棱面都是矩形时,称之为直 n 棱柱;其侧棱面都是平行四边形时,称之为斜 n 棱柱;上、下底面均为正 n 边形的直棱柱又称为正 n 棱柱。如图 6.1(a)是正六棱柱。

1. 棱柱的投影

常见的棱柱有三棱柱、四棱柱、五棱柱和六棱柱等。下面以正六棱柱为例说明其投影特性及表面上取点的方法。

(1)正六棱柱的投影　如图 6.2(a)所示,正六棱柱由上、下两个底面和六个棱面所围成,六条棱线相互平行。它的上、下底面平行于 H 面,垂直于 V、W 面,因此它的水平投影反映实形（正六边形），且上、下底面的水平投影重合，其正面和侧面投影都积聚为水平线段。正六棱柱的前、后两个棱面均平行于 V 面，其正面投影反映实形（矩形），水平投影和侧面投影分别积聚成水平线段和垂直线段。正六棱柱的其余四个棱面都垂直于 H 面，倾斜于另两个投影面，它们的正面和侧面投影均为类似形，其水平投影具有积聚性，如图 6.2(b) 所示。

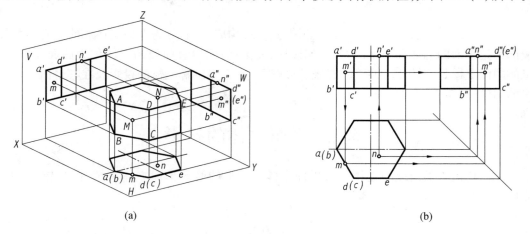

图 6.2　正六棱柱的投影及表面上取点

（2）六棱柱三个投影的画法　作图时，先画出各投影的中心线和对称线，再依次画出上、下底面和各棱面的三面投影，具体方法和步骤如图 6.3 所示。

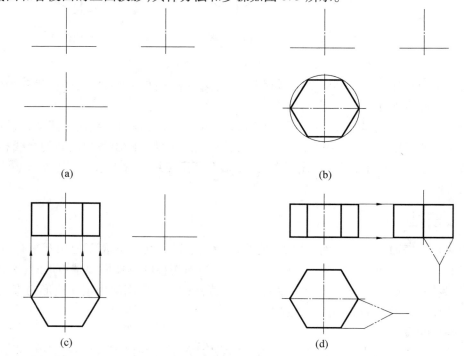

图 6.3　正六棱柱的画图方法和步骤

2. 在棱柱表面上取点

在棱柱表面上取点，其原理和方法与平面上取点相同。由于棱柱的各表面存在着相对位置的差异，必然会出现各表面投影的可见与不可见问题，因此对于棱柱表面上的点和线，还应考虑它们的可见性。判断立体表面上点和线可见与否的原则是：如果点、线所在的表面投影可见，那么点、线的同面投影一定可见，否则不可见。

如图 6.2(b) 所示，已知棱柱表面上点 M 的正面投影 m'，求水平投影 m 和侧面投影 m''。由于 m' 点是可见的，则点 M 必定在 $ABCD$ 棱面上，而该棱面为铅垂面，H 面投影有积聚性，因此 m 必在 $abcd$ 上。根据 m' 和 m 可求出 m''。同理可根据 n 求得 n'、n''。

棱柱表面上取线的方法与取点的方法类似，用面上取点的方法作出两点，然后连线即可。

二、棱锥

底面为多边形，各棱面是有一个公共顶点的三角形组成的立体称为棱锥。除底边外各棱线都汇交于锥顶。棱锥底面多边形若为 n 边形，则称为 n 棱锥，底边若是正 n 边形，且锥顶对底面的正投影是正 n 边形的中心，则称为正 n 棱锥。图 6.1(b) 是正三棱锥。

1. 棱锥的投影

如图 6.4 所示为一正三棱锥，锥顶点为 S，棱锥底面为正三角形 ABC，且平行于 H 面，其水平投影 △abc 反映实形，正面投影和侧面投影分别积聚为直线。棱面 SAC 为侧垂面，其侧面投影积聚为一直线，水平投影和正面投影仍为三角形。棱面 SAB 和 SBC 均为一般位置平面，它们的三面投影均为三角形。棱线 SB 为侧平线，SA、SC 为一般位置直线；底棱 AC 为侧垂线，AB、BC 为水平线。它们的投影可根据不同位置直线的投影性质进行分析。

画图时，先分别画出底面 △ABC 及锥顶 S 的各个投影，然后，将点 S 与 △ABC 各顶点的同面投影相连，即得三棱锥的三面投影。

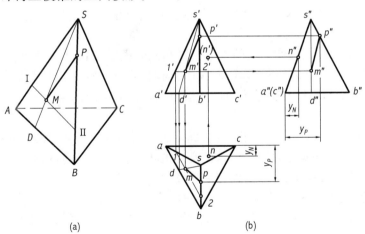

图 6.4　正三棱锥的投影及表面上取点

2. 在棱锥面上取点、线

如图 6.4 所示，正三棱锥表面上有一点 M，已知它的正面投影 m'，求作另外两个投影。由于 m' 是可见的，得知点 M 属于棱面 SAB，可过点 M 在 △SAB 内作一直线 SD，即过 m' 作 $s'd'$，再作出 sd 和 $s''d''$；也可以过点 M 在 △SAB 内作平行于底棱 AB 的直线 Ⅰ Ⅱ，同样可以求得点 M 的另外两个投影。

又已知棱锥表面上点 N 的水平投影 n,点 N 属于棱面 SAC,因此,可以由水平投影直接求得侧面投影 n'',再由 n 和 n'' 求得点 N 的正面投影(n')。

棱锥表面上取线的方法与平面内取线的方法相同,可先求出属于直线的两点的投影,然后同面投影连线即可。如已知直线 PM 的正面投影 $p'm'$,求其水平投影和侧面投影,如图 6.4(b)所示。由已知投影可知直线 PM 在棱面 SAB 上,点 P 在棱线 SB 上,因此可根据属于直线上点的投影特性求出 p 和 p'',连接 pm、$p''m''$ 即为所求。

三、平面与平面立体相交

平面与平面立体相交,可以认为是平面立体被平面所截切。通常将截切立体的平面称为截平面,截平面与平面立体表面的交线称为截交线。截交线所围成的平面多边形称为截断面,如图 6.5 所示。

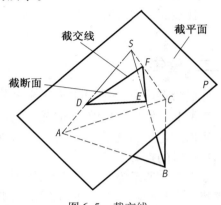

图 6.5 截交线

平面立体截交线具有如下性质:

共有性 平面立体截交线是截平面和平面立体表面的共有线,它既在截平面上,又在平面立体表面上,为二者所共有。

封闭性 由于平面立体的表面及截平面都为平面,我们已知平面与平面的交线是直线。因此,平面立体的截交线是一封闭的平面多边形。这个多边形的各条边是截平面与平面立体各棱面的交线,各个顶点是截平面与平面立体各棱线的交点。

要正确地画出它们的投影图,应先画出完整的平面立体的投影,根据截平面的位置,画出缺口具有积聚性的投影,运用表面作点、线的原理,求出缺口的其他投影。下面举例说明作图方法。

【例 6.1】画出三棱锥被切割后的水平投影和侧面投影,如图 6.6 所示。

分析:三棱锥被正垂面切割,其正面投影具有积聚性。欲作出切割后的水平投影和侧面投影,可根据直线与平面相交求交点的作图方法作出截交线的各投影。

作图:

(1)利用正面投影上垂直面的积聚性,确定正垂面与各棱线交点的正面投影 a'、b'、c'。

(2)根据点和直线的从属关系,可求出交点的水平投影和侧面投影。

(3)顺次连接交点各同面投影,即完成作图,如图 6.7(b)所示。

【例 6.2】完成被正垂面截切后的六棱柱的投影,如图 6.7 所示。

分析:截平面与六棱柱的六条棱线都相交故截交线仍为六边形,如图 6.7(a)所示。由于截平面是正垂面,故截交线的正面投影积聚成直线;由于六棱柱六个棱面的水平投影有积聚性,故截交线的水平投影仍为正六边形。因此本题主要求解截交线的侧面投影。

作图:

(1)确定截交线的正面投影 $1'$、$2'$、$3'$、$4'$、$(5')$、$(6')$,如图 6.7(c)所示。

(2)利用点的投影规律,求出截交线六顶点侧面投影 $1''$、$2''$、$3''$、$4''$、$5''$、$6''$。依次连接六点即是交线的侧面投影。截交线侧面投影均可见画成实线,右棱线侧面投影不可见画成虚线,与实线重合部分不画。

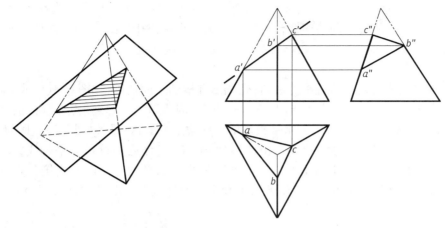

图 6.6　平面切割三棱锥

（3）整理图面，完成截切后六棱柱的三面投影，如图 6.7（d）所示。

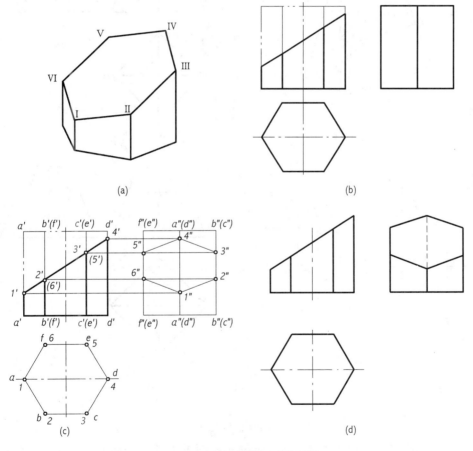

图 6.7　六棱柱截切后的投影

【**例 6.3**】画顶部开槽的四棱台的三面投影图，如图 6.8（a）所示。

分析：以箭头方向为正面投影方向，四棱台上、下底为水平面，四个侧棱面均为一般位置平面。顶部槽是由两个侧平面和一个水平面切割而成,其正面投影具有积聚性。由图6.8(a)可看出,开槽的三个面与四棱台表面交线的十个端点中,Ⅰ、Ⅳ、Ⅴ、Ⅷ是在四棱台顶面边线上,Ⅸ、Ⅹ是在前后棱线上,其余四点分别在四个棱面上。

作图:

(1)画出四棱台的三面投影之后,首先画出开槽的正面投影,如图6.8(b)所示。

(2)在正面投影上可直接得出 $1'$、$2'$、…、$10'$。因Ⅰ、Ⅳ、Ⅴ、Ⅷ四点在顶面的四条边上,所以其水平投影 1、4、5、8 在顶面水平投影的相应边上。Ⅱ Ⅸ、Ⅲ Ⅹ、Ⅶ Ⅹ 和 Ⅵ Ⅸ 与相应底边平行,为此,延长 $2'9'$ 与侧棱交于 m',由此得到 m。过 m 作底边投影的平行线,在此线上定出 2 和 9。用同样方法可求出Ⅲ Ⅹ、Ⅵ Ⅸ、Ⅶ Ⅹ 等线段水平投影。依次连接各点,即得开槽的水平投影。根据"高平齐"、"宽相等",可画出开槽的侧面投影,如图6.8(c)所示。

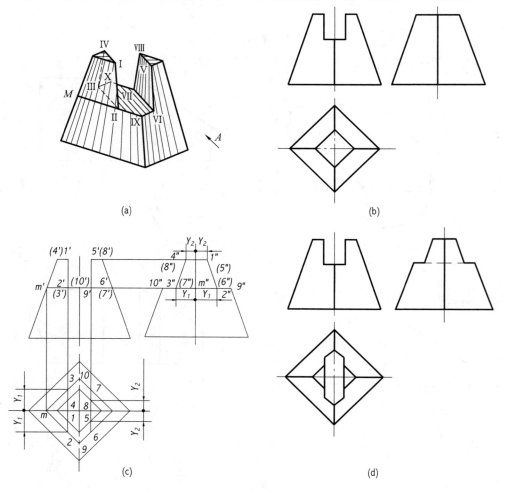

图6.8 开槽四棱台的投影

(3)整理,加粗描深。由于Ⅱ Ⅲ、Ⅵ Ⅶ线段的侧面投影被四棱台左上部遮住,所以其侧面投影画成虚线,如图6.8(d)所示。

6.2 曲面立体的投影

表面由曲面或由平面与曲面组成的立体称为曲面立体。工程上常见的曲面立体主要有圆柱、圆锥、圆球等。

一、圆柱

1. 圆柱的投影

直线(母线)绕与之平行的轴线旋转一周即形成圆柱面。由圆柱面和垂直其轴线的上、下两圆平面所围成的立体称为圆柱。母线旋转的任意位置称为素线。

如图6.9(a)所示，圆柱的轴线垂直水平投影面，圆柱面上所有素线也都垂直于H面，故圆柱的水平投影积聚成一个圆，圆所包围的面域是圆柱上、下底面的投影，这两个底面的正面投影和侧面投影各积聚为一段直线。圆柱的正面投影和侧面投影是形状相同的矩形。矩形的上、下两边是圆柱上、下底圆的投影，另两边是圆柱对投影面的轮廓线。在正面投影上是它的最左、最右的两条素线AA和BB的投影$a'a'$和$b'b'$；在侧面投影上是最前、最后两条素线CC和DD的投影$c''c''$和$d''d''$，如图6.9(b)所示。

对某一投影面的转向轮廓线把圆柱面分成两部分，为可见与不可见部分的分界线。如AA、BB把圆柱面分成前后两部分，在正面投影中，前半个圆柱面是可见的，后半个圆柱面是不可见的。同理，圆柱的最前，最后素线CC和DD是它在侧面投影中可见与不可见部分的分界线。

2. 在圆柱表面上取点、线

【例6.4】已知圆柱表面上点M的正面投影m'，求m和m''。如图6.9(b)所示。

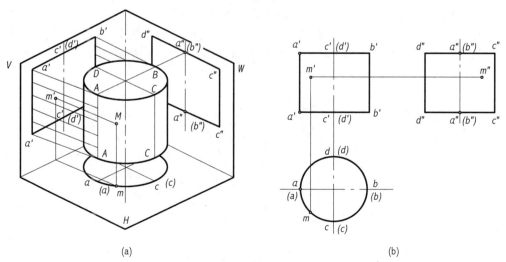

(a)   (b)

图6.9 圆柱的投影及表面上取点

分析：由于m'是可见的，因此点M必定在前半个圆柱面上。其水平投影m在圆柱具有积聚性的水平投影圆的前半个圆周上。由m'和m可求出m''。因点M在圆柱的左半部，故m''可见。

【例6.5】已知圆柱体表面上曲线 AE 的正面投影 $a'e'$，求其他两投影。如图6.10所示。

分析：曲线是由若干点组成，求作曲线的投影，可先在曲线已知的投影上选取一系列点（包括曲线与转向线的交点），求出其另外两投影，判断可见性，然后顺次光滑连接这些点的同面投影，可见部分用粗实线连接，不可见部分用虚线连接。

作图：

(1) 在 $a'e'$ 上选取若干点 a'、b'、c'、d'、e'；

(2) 利用积聚性求出 a、b、c、d、e；

(3) 根据正面投影和水平投影求出 a''、b''、c''、d''、e''；

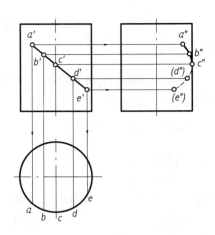

图6.10 圆柱体表面上取线

(4) 判断可见性并连线，点 C 为侧面转向线上的点，它的侧面投影 c'' 为曲线侧面投影可见与不可见部分的分界点，曲线 ABC 在圆柱面的左半部，其侧面投影 $a''b''c''$ 可见，用粗实线连接，曲线 CDE 在圆柱的右半部，其侧面投影 $c''d''e''$ 不可见，用虚线连接，c'' 是轮廓线和曲线投影的切点。曲线 AE 的水平投影与圆周重合。

二、圆锥

1. 圆锥的投影

直线（母线）绕与之相交的轴线旋转一周即形成圆锥面。由圆锥面和垂直其轴线的底圆平面所围成的立体称为圆锥。母线旋转的任意位置称为素线。如图6.11(a)所示，圆锥的轴线垂直于水平投影面，其水平投影为一圆，此圆即是整个圆锥面的水平投影，同时也是圆锥底面的投影。圆锥的正面投影和侧面投影是形状相同的等腰三角形。等腰三角形的底是圆锥底圆的投影，三角形的两个腰是对投影面的转向轮廓线。在正面投影上是它的最左、最右两条素线 SA 和 SB 的投影 $s'a'$ 和 $s'b'$，在侧面投影上是最前、最后两条素线 SC 和 SD 的投影 $s''c''$ 和 $s''d''$，如图6.11(b)所示。

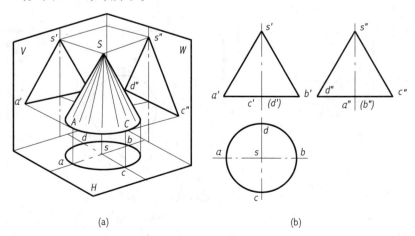

(a)   (b)

图6.11 圆锥的投影

对某一投影面的圆锥轮廓线把圆锥面分成两部分,是投影可见与不可见部分的分界线。

在正面投影中,SA、SB 把圆锥面分成前、后两部分,前半部分是可见的,后半部分是不可见的。同理,侧面投影中,SC 和 SD 把圆锥面分成左、右两部分,左半部分是可见的,右半部分是不可见的。

需强调的是,在水平投影中,圆锥面都是可见的,底面是不可见的。

2. 在圆锥表面上取点、线

如图 6.12 所示,已知圆锥表面上点 M 的正面投影 m',求 m 和 m″。因圆锥面的三个投影均无积聚性,故不能像圆柱面上那样利用积聚性求其表面上点的投影。可根据圆锥面形成特性,利用素线和纬线圆来作图。

素线法 过锥顶 S 和点 M 作一辅助线 SI。在投影图上分别作出 SI 的各个投影后,即可按线上取点的方法由 m'求出 m 和 m″,如图 6.12(a)所示。

纬圆法 过点 M 在圆锥面上作一与轴线垂直的水平辅助圆。该圆的正面投影为过 m'且垂直于轴线的直线段,它的水平投影为与底圆同心的圆,m 必在此圆周上,由 m'可求出 m,再由 m'和 m 求得 m″,如图 6.12(b)所示。

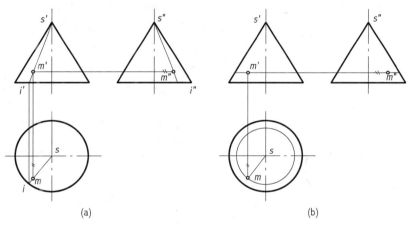

图 6.12 在圆锥表面上取点

【**例 6.6**】已知属于圆锥面曲线 AE 的正面投影 a'e',试求其他两投影。如图 6.13 所示。

分析:将曲线 AE 看成由若干点组成,在曲线已知投影上选取一系列点,然后求出它们的另外两投影,判断可见性,顺次光滑连接即可求出曲线的投影。

作图:

(1) a'e'上选取若干点,a'、b'、c'、d'、e';

(2) 利用纬圆,先求出各点的水平投影 a、b、c、d、e;

(3) 根据各点的正面投影和水平投影,利用各点与锥顶的 Y 坐标差,求出 a″、b″、c″、d″、

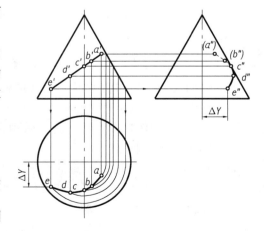

图 6.13 在圆锥体表面上取线

e'';

(4)判断可见性并光滑顺次连线,因为圆锥的锥面在底圆上边,所以 AE 曲线的水平投影都可见,曲线 AE 上的点 C 属于圆锥面的侧面转向轮廓线,点 C 把曲线分为两部分,其中 ABC 段在圆锥面的右半部分,其侧面投影 $a''b''c''$ 为不可见,画成虚线,CDE 段在圆锥面的左半部分,其侧面投影 $c''d''e''$ 为可见,画成粗实线。

三、圆球

1. 圆球的投影

圆球是由圆绕其直径所在轴线旋转所形成的。如图 6.14(a)所示,圆球的三个投影都是与球的直径相等的圆,它们分别是球面对三个投影面的转向轮廓线的投影。球的正面投影圆是球面上平行于 V 面的最大圆 A 的投影,它的水平投影积聚成一直线并与水平中心线重合;侧面投影与侧面圆的竖直中心线重合。正面投影圆把球面分成前、后两部分,前半球正面投影为可见,后半球正面投影为不可见,它是正面投影可见与不可见面的分界线。

球的水平投影圆是球面上平行于 H 面最大圆 B 的投影,它的正面投影积聚成一直线并重合在正面圆的水平中心线上;它的侧面投影重合在侧面圆的水平中心线上。水平投影圆把球面分成上、下两部分,上半球水平投影为可见,下半球水平投影为不可见,它是水平投影可见与不可见面的分界线。

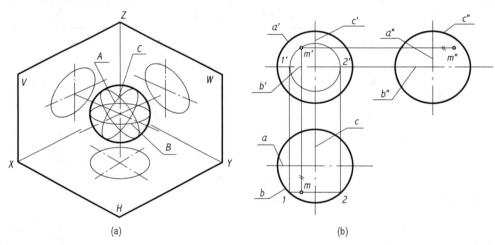

图 6.14 圆球的投影及表面上取点

球的侧面投影圆是球面平行于 W 面的最大圆 C 的投影,它的正面投影和水平投影分别重合于相应的投影圆的竖直中心线上。侧面投影圆把球面分成左、右两部分,左半球侧面投影为可见,右半球侧面投影为不可见,它是侧面投影可见与不可见面的分界线。

2. 在圆球表面上取点

如图 6.14(b)所示,已知圆球表面上点 M 的水平投影 m,求 m' 和 m''。因球面的投影均无积聚性,故采用在球面上作平行于投影面的圆为辅助线的方法作图。可过点 M 作一平行于 V 面的辅助圆,它的水平投影为过 m 且平行于 X 轴的线段 12,正面投影是以 $1'2'$ 为直径的圆,m' 必在该圆上,由 m 可求得 m',再由 m' 和 m 可求得 m''。由于点 M 位于前左半球,故正面投影 m' 和侧面投影 m'' 均是可见的。

当然，也可以过点 M 作平行于水平面或平行于侧面的辅助圆来作图，结果是一样的。

【例 6.7】 已知属于圆球面曲线 AD 的正面投影 $a'd'$，求 AD 的侧面投影和水平投影。如图 6.15 所示。

分析：可将曲线 AD 看成由一系列点构成，作图时可在 AD 上选若干点，求出各点的投影，判别可见性，然后同面投影顺次光滑连接，可见部分用粗实线画，不可见部分用虚线画，即可作出曲线的投影。但要注意，在曲线上选点时应包括曲线与圆球转向轮廓线的交点。

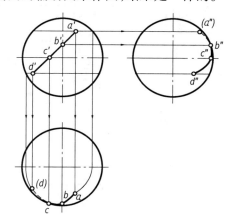

图 6.15 在圆球表面上取线

作图：

(1) 在 $a'd'$ 上先选若干点 a'、b'、c'、d'；

(2) 利用辅助圆求出各点的水平投影 a、b、c、d；

(3) 根据各点的正面投影、水平投影，利用各点与球心的 Y 坐标差，求出 a''、b''、c''、d''；

(4) 判断可见性并顺次光滑连线，AB 在右半球面上，其侧面投影 $a''b''$ 不可见，用虚线画出，BCD 在左半球面上，其侧面投影 $b''c''d''$ 可见，用粗实线画出，ABC 在上半球面上，其水平投影 abc 可见，用粗实线画出，CD 在下半球面上，其水平投影不可见，用虚线画出。

四、平面与曲面立体相交

1. 概述

平面与曲面立体相交，平面称为截平面。截平面与曲面立体表面交线称为截交线。与平面立体的截交线相同，曲面立体的截交线同样具有共有性和封闭性。

求曲面立体截交线的投影，可归结为作出截平面和曲面的一系列共有点的投影。截交线的空间形状，取决于曲面立体的表面性质和截平面与曲面立体的相对位置。例如，平面截切圆柱的交线有三种情况，即圆、矩形和椭圆，如表 6.1 所示。平面与圆锥相交时，截交线有五种情况，即圆、椭圆、抛物线、双曲线和三角形，如表 6.2 所示。平面与圆球相交时，无论截平面处于何种位置，其截交线都是圆。但由于截平面对投影面所处的位置不同，截交线圆的投影可能是圆、椭圆或直线，如表 6.3 所示。

在求平面与曲面立体表面的截交线时，为使其投影作图准确，首先要根据曲面立体的表面性质和截平面相对于曲面立体的位置，判断截交线的空间形状及投影特点。然后，先求出截交线上某些特殊位置点的投影，如最高、最低点，最左、最右点，最前、最后点；曲面立体投影轮廓线上点(可见性分界点)等。为使截交线连接光滑，还应求出截交线上一系列一般位置点的投影。最后，判别可见性，顺次光滑连接各点的同面投影，即得截交线的投影。

表 6.1 平面与圆柱、圆球截交线

截平面位置	平行于轴线	垂直于轴线	倾斜于轴线
截交线	直线	圆	椭圆
轴测图			
投影图			

2. 平面与圆柱相交

当截平面对投影面处于特殊位置(平行或垂直)时,求截交线的投影将得到简化。此时,截交线的一个投影必重影在截平面的积聚性投影上,可以直接确定。

【例 6.8】圆柱被正垂面 P 所截,求截交线的投影,如图 6.16 所示。

分析: 圆柱的轴线为铅垂线,截平面 P 为正垂面,与圆柱轴线斜交,截交线为一椭圆。其正面投影与截平面 P 的正面投影 P_V 重合,是一段直线;水平投影与圆柱面的水平投影——圆重合;它的侧面投影为不反映截交线实形的椭圆,需求出一系列点才能作出。

作图:

(1)求特殊位置点 根据上述分析,Ⅰ、Ⅱ两点是椭圆的最低和最高点,位于圆柱最左、最右两条素线上,也是最左、最右点。Ⅲ、Ⅳ是椭圆的最前和最后点,位于圆柱的最前、最后两条素线上。同时,Ⅰ、Ⅱ、Ⅲ、Ⅳ又是椭圆长、短轴的四个端点。这些点的正面投影是 1′、2′、3′、(4′);水平投影为 1、2、3、4。根据投影规律可求出它们的侧面投影 1″、2″、3″、4″。

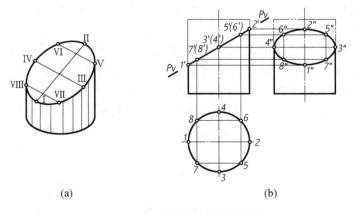

图 6.16 正垂面截圆柱的截交线

(2)求一般位置点 首先在正面投影和水平投影中取若干一般位置点的投影,如Ⅴ、Ⅵ、Ⅶ、Ⅷ点的投影5′、(6′)、7′、(8′)和5、6、7、8,然后,求出它们的侧面投影5″、6″、7″、8″,如图6.16(b)所示。

(3)连线 光滑连接所求各点的侧面投影,即得截交线的侧面投影——椭圆。

【例6.9】求作切口圆柱的水平投影,如图6.17所示。

分析:图中切口可看作由三个平面截切圆柱所形成的,即圆柱可看成被两个水平面和一个侧平面截切,分别用 P、Q、T 表示。

由于平面 P 为水平面,它的正面投影有积聚性,所以交线 AB、CD 的正面投影 $a'b'$ 和 $c'd'$ 与 P_V 重合。同时由于圆柱的轴线垂直于侧面,P 的侧面投影有积聚性,交线 AB、CD 的侧面投影 $a''(b'')$、$c''(d'')$ 分别积聚在圆周上的两个点。平面 Q 的情况与 P 相同,读者可自行分析。

平面 T 是一个侧平面,它的正面投影有积聚性,截交线 BEF 的正面投影 $b'e'f'$ 与 T_V 重合,侧面投影 $b''e''f''$ 与圆柱面的侧面投影重合。

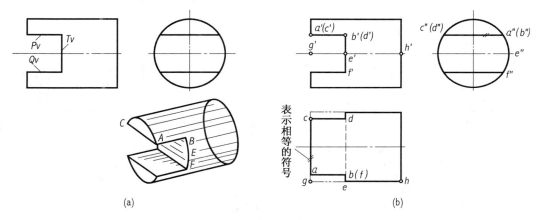

图6.17 切口圆柱的投影

作图:

(1)作出整个圆柱的水平投影。

(2)作出交线的水平投影。根据 $a'b'$、$a''b''$ 和 $c'd'$、$c''d''$ 作出线段 ab、cd。根据 $b'e'f'$ 和 $b''e''f''$ 作出线段 bef。由于该立体前后对称,所以水平投影的 d 后面的部分作法同 bef。必须指出,在水平投影中,圆柱面上对水平面的转向轮廓线被切去的部分,不应画出。

【例6.10】已知圆柱被水平面 P 及正垂面 Q 截切之后的正面投影,求圆柱被截切后的另两投影。如图6.18所示。

分析:圆柱轴线垂直 W 面,正垂面 Q 倾斜于圆柱轴线,与圆柱面的截交线是椭圆;水平面 P 平行于圆柱轴线,与圆柱面的交线为两平行圆柱轴线的直线,与左端面的交线为正垂线。两截平面 P、Q 的交线为正垂线。截交线的正面投影与 P_V、Q_V 重合,截交线的侧面投影与圆柱面的投影圆及 P_W 重合。故本题主要求截交线的水平投影。

作图:

(1)求出平面 Q 与圆柱的截交线。平面 Q 与圆柱的截交线为椭圆弧。特殊点有 A、B、C。点 A、C 为对 H 面的转向点;点 B 为正面转向点。点 D、E 是平面 P、Q 和圆柱面的共有点,见图6.18(c)。

(2) 求出平面 P 与圆柱的截交线。平面 P 与圆柱面的交线为平行于圆柱轴线的两平行线 EF、DG。水平投影可过 d、e 作圆柱轴线的平行线。平面 P 与圆柱的左端面的交线 FG 为正垂线，其侧面投影与 P_W 重合，水平投影与圆柱左端面有积聚性的投影重合。

(3) 整理轮廓线。画出两点 a、c 右方的圆柱 H 面投影轮廓线，还应画出平面 P 与平面 Q 交线 DE 的水平投影 de。完成三面投影，如图 6.18(d) 所示。

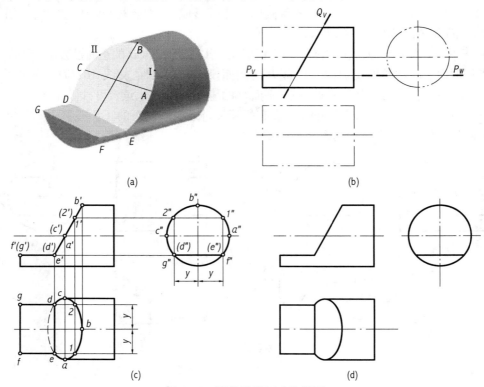

图 6.18　圆柱被截切后的投影

【例 6.11】求带槽圆柱筒的侧面投影，如图 6.19 所示。

分析：圆柱筒轴线垂直于水平投影面。可将圆柱筒看作两个同轴而直径不同的圆柱表面——圆柱筒外表面和内表面。圆柱筒上端所开通槽可以认为是被两个侧平面和一个水平面所截而成。三个截平面与圆柱筒的内、外表面均产生截交线。两个侧平面截圆柱筒的内、外表面及上端面均为直线，水平面截圆柱筒内、外表面为圆弧。截交线的正面投影重影为三段直线，水平投影重影为四段直线和四段圆弧，这四段圆弧都重影在圆柱筒的内、外表面的水平投影圆上。可以根据截交线的正面投影和水平投影，求得其侧面投影。

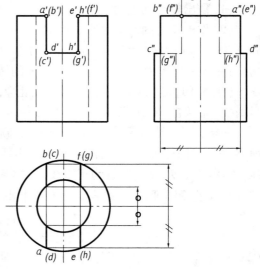

图 6.19　带槽圆筒的投影

作图：

(1) 根据圆柱筒外表面截交线上点的正面投影 a'、(b')、(c')、d'、e'、(f')、(g')、h' 和水平投影 a、b、(c)、(d)、e、f、(g)、(h)，利用投影规律求出侧面投影 a''、b''、c''、d''、(e'')、(f'')、(g'')、(h'')。

(2) 用相同的方法可以求得圆柱筒内表面截交线上各点的侧面投影。

(3) 依次连接截交线上各点的侧面投影。因圆柱筒内表面的侧面投影是不可见的，故截交线为虚线。另外，槽底的侧面投影大部分是不可见的，故有两段虚线。

由于开通槽缘故，圆柱筒内、外表面的最前、最后两条素线在开槽部分被截去一段，因此，在侧面投影中，槽口部分的轮廓不再是圆柱面的投影轮廓线。

3. 平面与圆锥相交

当平面与圆锥相交时，截平面与圆锥轴线或素线的相对位置不同，其截交线的性质和形状也不同。表6.2所示为圆锥截交线的五种情况。

由于锥面的投影没有积聚性，所以为了求解截交线的投影，可依据具体情况，采用点在素线上或纬圆上的方法求出截交线上的点；将共有点的同面投影光滑连成曲线，并判别可见性，整理图面完成作图。

表6.2 平面与圆锥的截交线

截平面位置	垂直于轴线	与轴线倾斜（不平行任一素线）	平行于一条素线	平行于轴线	过锥顶
截交线	圆	椭圆	抛物线	双曲线	两相交直线
轴测图	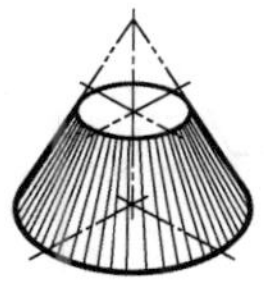	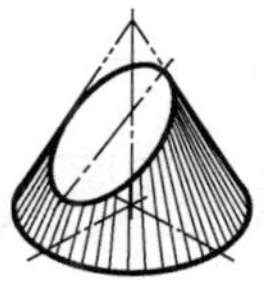	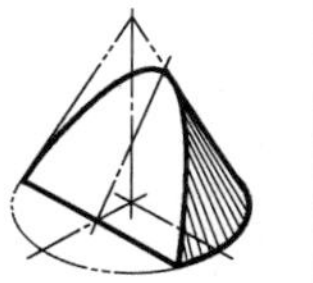		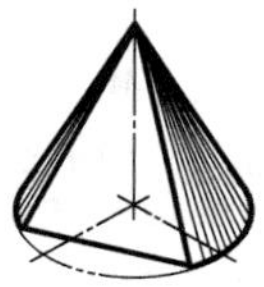
投影图	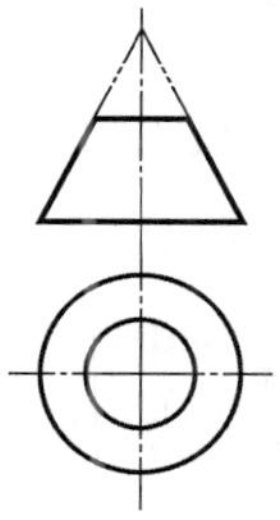	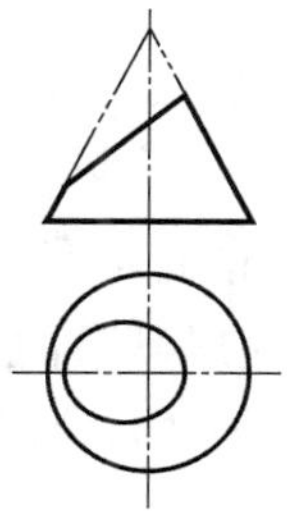	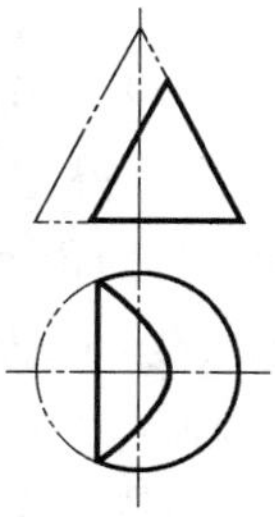	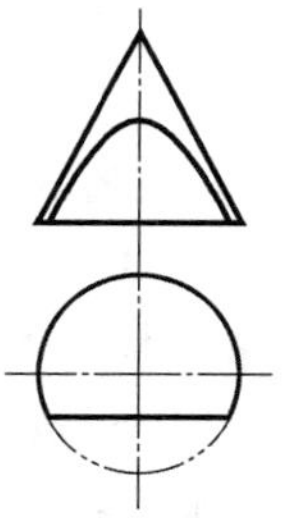	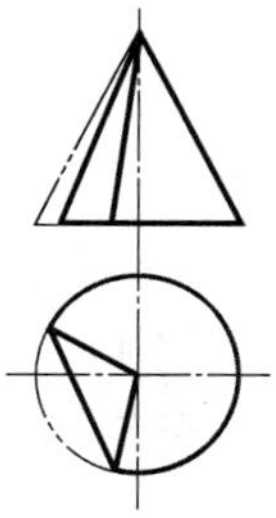

【例6.12】 已知一圆锥被正平面 P 截切，试完成其三面投影。如图6.20所示。

分析： 由于截平面 P 与圆锥的轴线平行，所以截交线为双曲线。又因截平面为正平面，故截交线的正面投影反映实形，水平投影和侧面投影分别积聚为一直线段。

作图：

先画出完整圆锥的三视图和截平面的积聚性投影，即先完成水平投影和侧面投影，再根据下列步骤求截交线的正面投影。

(1) 求特殊点 截交线上的Ⅰ、Ⅴ点是截平面与圆锥底圆的交点，Ⅲ是截平面与圆锥最前轮廓素线的交点，故可作出Ⅰ、Ⅴ、Ⅲ的正面投影 $1'$、$5'$、$3'$。

(2) 求一般点 在水平投影中作一辅助圆与截交线的水平投影相交于2、4两点，从2、4

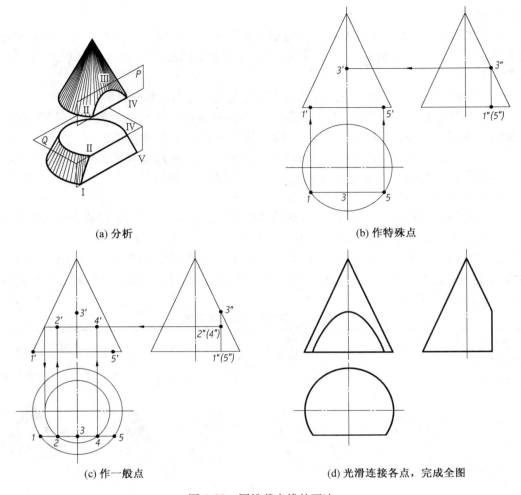

(a) 分析　　　　　　　　　　　　(b) 作特殊点

(c) 作一般点　　　　　　　　　　(d) 光滑连接各点，完成全图

图 6.20　圆锥截交线的画法

两点作投影连线到辅助圆的正面投影上得 $2'、4'$。

（3）依次光滑连接 $1'、2'、3'、4'、5'$，即得截交线的正面投影（双曲线）。

【例 6.13】 已知被截切后的圆锥的正面投影，完成其余两投影。如图 6.21(a) 所示。

分析： 截平面 P 为倾斜于圆锥轴线（$\theta > \alpha$）的正垂面，所以截交线为椭圆，正面投影积聚在 P_V 上。截交线的水平投影和侧面投影均为椭圆。

作图： 如图 6.21(b) 所示

（1）求特殊点　圆锥正面投影轮廓线上的点 $a'、b'$，为椭圆长轴两端点 $A、B$ 的正面投影，也是截交线的最高点和最低点的正面投影。其水平投影 $a、b$ 和侧面投影 $a''、b''$，可由 $a'、b'$ 直接作出。正面投影的中点 $c'、(d')$，是椭圆短轴端点 $C、D$ 的正面投影，其水平投影 $c、d$ 和侧面投影 $c''、d''$，可用纬圆法求得。$e'、(f')$ 是截交线侧面投影轮廓线上的点 $E、F$ 的正面投影。其侧面投影 $e''、f''$ 在圆锥侧面投影轮廓线上可直接找到。

（2）求一般点　在正面投影上以 $g'、(h')$ 为例，用纬圆法，求得 $g、h$ 和 $g''、h''$。

（3）连线　依次光滑连接各点的同面投影，即得椭圆的水平投影和侧面投影，均为可见。

（4）加粗描深图线，完成全图　侧面投影的轮廓线应加粗到 e'' 和 f'' 处为止。

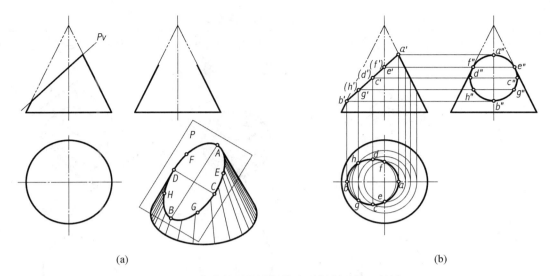

图 6.21 求截切后的圆锥的水平投影和侧面投影

【例 6.14】已知切口圆锥的正面投影,补出其余两投影。如图 6.22 所示。

分析:圆锥被两个平面截切。过锥顶的正垂面,与圆锥面的截交线为两段直线;另一截平面为垂直轴线的水平面,与圆锥面的截交线为一段圆弧;两截平面的交线为一条正垂线。

作图:如图 6.22(b)所示,先求出一段圆弧的截交线,再求出两段为直线的截交线。两截平面的交线Ⅱ Ⅲ为正垂线,其水平投影为虚线,应注意画出。

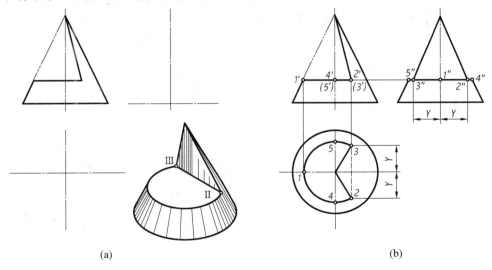

图 6.22 切口圆锥的投影

4. 平面与圆球相交

平面与圆球相交,不论截平面与球的轴线相对位置如何,其截交线均为圆。当截平面与圆球相交,且截平面为投影面的平行面时,截交线在截平面所平行的投影面上的投影反映实形;当截平面是投影面的垂直面时,截交线在截平面所垂直的投影面上的投影为直线,另两投影为椭圆,如表 6.3 所示。

表 6.3 平面与圆球截交线

截平面的位置	截平面为正平面	截平面为水平面	截平面为正垂面
立体图			
投影图			

【例 6.15】已知正垂面所截切球的正面投影,求其余两面投影。如图 6.23 所示。

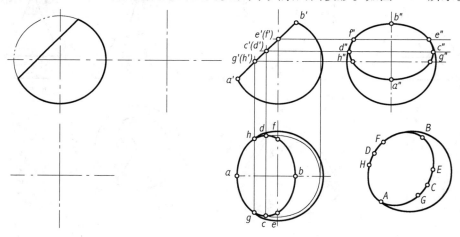

图 6.23 正垂面截切球的投影

分析:因圆球是被正垂面截切,所以截交线的正面投影积聚为直线,其水平投影和侧面投影均为椭圆。

作图:

(1)作特殊点,即椭圆长、短轴的四个端点 作最低点 A 和最高点 B 的投影,它们同时也是最左点和最右点。由正面投影 a'、b'可求出水平投影 a、b 和侧面投影 a''、b''。椭圆的另两个端点 C、D 的正面投影 c'、(d') 位于截交线正面投影的中点上。可利用辅助圆法作出另外两面投影。G、H 是水平转向轮廓线上的点,E、F 是侧面转向轮廓线上的点,可直接获得它们的水平投影和侧面投影。

(2)作一般点　如果用上述八个点作椭圆还不够光滑、准确,可在截交线的有积聚性的正面投影上找几个一般点,采用辅助圆法分别求出它们的其余两投影。

(3)连线　依次光滑连接各点,将被截去的圆球轮廓线擦去。

【例6.16】已知开槽半球的正面投影,求其水平投影和侧面投影。如图 6.24 所示。

分析：开槽由两个侧平面和一个水平面截切而成。两个侧平面截切圆球,各得一段平行 W 面的圆弧,其正面投影和水平投影均积聚成直线,侧面投影反映实形；而水平面截取圆球得前后各一段水平的圆弧,其正面投影和侧面投影均积聚成直线,水平投影反映实形。

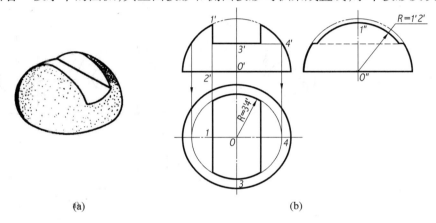

图 6.24　求开槽半圆球的投影

作图：

(1)延长侧平面在 V 面上的投影,得截交线圆弧半径实长 $1'2'$,由此作出截交线圆弧的 W 面和 H 面投影。

(2)求出水平面与球的截交线——圆弧的水平投影半径为 $3'4'$,再作出 W 面投影。

(3)整理轮廓线。注意侧面投影中的虚线的起止位置。

【例6.17】已知连杆头被两正平面前后对称截切,试完成其三面投影。如图 6.25 所示。

分析：

(1)连杆头是由轴线为侧垂线的同轴回转体(小圆柱体、圆锥体、大圆柱体和圆球)被两个前后对称的正平面切去两部分而形成。

(2)截平面只与圆锥体、大圆柱体和圆球相交,所以截交线是由平面曲线、直线和圆弧三部分组成。

(3)截平面为正平面,其水平投影与侧面投影均积聚成直线,截交线的水平投影与侧面投影应与截断面的投影重影,即为已知,要求的只是截交线的正面投影。因截平面前、后对称,前后截交线的投影必定重合,且反映实形。

作图：

(1)求特殊位置点　三段截交线——直线和圆弧的分界点为Ⅰ、Ⅱ；直线与平面曲线的分界点为Ⅲ、Ⅳ；平面曲线的最左点为Ⅴ。

(2)求一般位置点Ⅵ和Ⅶ　在侧面投影中作一辅助圆与截平面的侧面投影相交于 $6''$、

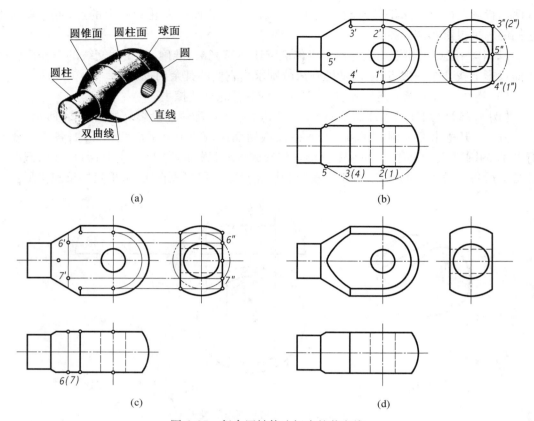

图 6.25 复合回转体连杆头的截交线

7″两点,从 6″、7″两点作投影连线到辅助圆的正面投影上得 6′、7′,由此可以求得 6、7。

(3)判别可见性光滑连接 3′、4′、5′、6′、7′各点,直线 2′3′、1′4′和圆弧 1′2′,即为所求截交线的正面投影。擦去多余图线,加深加粗,完成全图,见图 6.25(d)。

第7章　立体与立体相交

两个立体相交产生的交线称相贯线,根据立体的几何性质不同可分为:
(1)平面立体与平面立体相交,如图7.1(a)。
(2)平面立体与曲面立体相交,如图7.1(b)。
(3)曲面立体与曲面立体相交,如图7.1(c)。

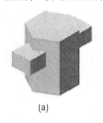 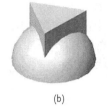 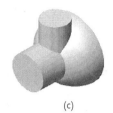

(a)　　　　　　　　　(b)　　　　　　　　　(c)

图7.1　立体表面的交线

两平面立体相交可归结为平面与平面立体相交,直线与平面立体相交的问题,对这些问题可用前一章的知识解决,在此不做讨论。本章重点讨论平面立体与曲面立体相交及曲面立体与曲面立体相交的问题。

一、平面立体与曲面立体相交

平面立体与曲面立体相交,其交线是若干段平面曲线或直线所围成的封闭曲线。每一段平面曲线是平面立体上相应棱面与曲面的交线。每两段平面曲线的交点是平面立体的棱线对曲面立体的交点。因此,求平面立体与曲面立体的交线可归结为求平面与曲面立体的交线和直线与曲面立体的交点的问题。

【例7.1】求三棱柱与半球的交线,如图7.1(b)及图7.2所示。

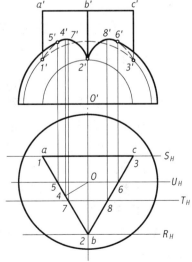

图7.2　三棱柱与半球相交

分析:三棱柱与半球体相交,交线由三部分组成:棱面 AB、BC、CA 与球相交产生的三条圆弧截交线。棱面 CA 是正平面,它与球面相交所得的圆弧形截交线在正面投影中反映实形,其余两棱面为铅垂面,它们与球面相交所得的圆弧形截交线的投影为椭圆的一部分。

作图:① 求各棱线与球面的交点。

包含棱线 B 作辅助正平面 R,在正面 2′ 即是棱线 B 对球面交点的正面投影。同理包含棱线 A、C 作辅助正平面 S,求得棱线 A、C 对球面的交点的正面投影 1′、3′;

② 求各棱面对球面的截交线,并判别可见性。棱面 AC 的截交线就是辅助平面 S 与球面相交所得的半圆弧上从 Ⅰ 到 Ⅲ 的一段,它的正面投影 1′3′ 不可见。棱面 AB、

BC 的截交线也分别是一段圆弧,其水平投影重影成两段直线 ab 和 bc,而正面投影均成椭圆弧,它可以采用在球面上取点的方法,求出椭圆弧的一系列点,然后依次光滑连接而成。如为了求 $7'$、$8'$,可包含 7、8 两点作正平面 T 为辅助面,T 与球面相交于一半圆,画出这个圆弧的正面投影并与由点 7、8 引的竖直投影连线相交,即得点 $7'$、$8'$,采用同样的方法,可求得两椭圆弧上的若干点。

两椭圆弧可见与不可见部分的分界点分别是 $5'$、$6'$。5 和 6 分别是球面的正面转向轮廓线与棱面 AB 和 BC 的交点。只有当交线同时位于两个立体的可见表面上,其投影才可见。所以棱面 AB 上的椭圆弧只有 $5'2'$ 部分可见,而棱面 BC 上的椭圆弧只有 $2'6'$ 部分可见;

③ 画出轮廓线并判别可见性:两立体相交后成一体。在正面投影上,球的正面转向轮廓线在 $5'$ 和 $6'$ 两点之间不存在,其余部分可见。棱线 A、B、C 在正面投影图上,只能分别画至交点 $1'$、$2'$、$3'$,并且棱线 A、C 被球体正面转向轮廓线挡住的部分应画成虚线。

如图 7.3(a)、(b) 所示圆柱、圆筒穿孔,都可以认为是平面立体(空心)与曲面立体相贯,是工程中常见的结构,其交线求法请读者自行分析。

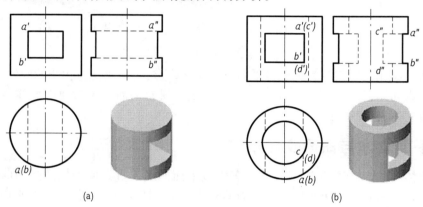

图 7.3　圆柱、圆筒穿孔

二、曲面立体与曲面立体相交

1. 相贯线的特性

由于组成相贯体的立体形状及相对位置的不同,相贯线的表现形式也有所不同,但任何两曲面立体的相贯线都具有下列两个基本特性:

(1) 相贯线是两曲面立体表面的共有线,相贯线上的每一点都是两曲面立体表面的公共点;同时相贯线是两曲面立体的分界线。

(2) 两曲面立体的相贯线,一般情况下是空间曲线,特殊情况下可能是平面曲线(椭圆、圆等)或直线。

2. 相贯线的作图方法

既然相贯线是两曲面立体表面的共有线,那么求相贯线的实质是求两曲面立体表面的一系列共有点,然后依次光滑连线。为了更确切表示相贯线,必须求出其上的特殊点(极限位置点、转向点等)和若干一般点的投影位置,最后将两曲面立体看做一个整体,按投影关系整理轮廓线,即完成全图。

求共有点的方法有：表面取点法、辅助平面法、辅助球面法。

（1）利用表面取点法求相贯线

当参与相贯的两立体表面的某一投影具有积聚性时，相贯线的一个投影必积聚在这个有积聚性的投影上。因此，相贯线的另外投影便可通过投影关系或采用在立体表面取点的方法求出。

【例7.2】求作轴线垂直相交的两圆柱的相贯线，如图7.4所示。

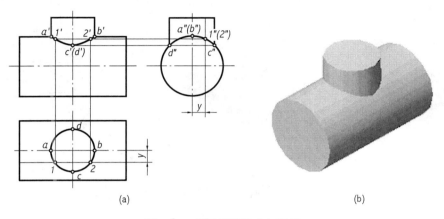

图7.4　利用积聚性求相贯线

分析：由于两圆柱轴线垂直相交，轴线为铅垂线的圆柱水平投影有积聚性，轴线为侧垂线的圆柱侧面投影有积聚性，相贯线的水平投影和侧面投影分别落在这两个有积聚性的圆上，因此，根据两面投影即可求出相贯线的正面投影。因相贯线前后、左右对称，所以相贯线前后部分的正面投影重合。

作图：① 求特殊点。由于两圆柱轴线相交，且同时平行于正面，故两圆柱面的正视转向线位于同一正平面内。因此，它们的正面投影的交点 a'、b' 就是相贯线上的最高点（且点 A、B 分别是最左、最右点）的投影；相贯线上最低点（也是最前、最后点）的正面投影 c'、(d') 可自侧面投影按投影关系得出；

② 求一般点。在相贯线的水平投影上任取一般点 1、2，求出相应的侧面投影 $1''$、$(2'')$ 后，可求出其正面投影 $1'$、$2'$；

③ 连线并判别可见性。将求出的各点按顺序光滑地连接起来，由于相贯线前后对称且正面投影可见与不可见部分重合，故只画出实线即可。

判别可见性的原则：只有当相贯线上的点同时属于两立体的可见部分时才可见。

两立体可能相交在它们的外表面，也可能相交在内表面。在两圆柱相交中，就会出现图7.5所示的两外表面相交、外表面与内表面相交、两内表面相交三种形式。但其相贯线的形状和求作方法都是相同的。

当相交两圆柱轴线的相对位置变动时，其相贯线的形状也发生变化。图7.6所示为两圆柱直径不变，而轴线的相对位置由正交变为交叉时相贯线的几种情况。

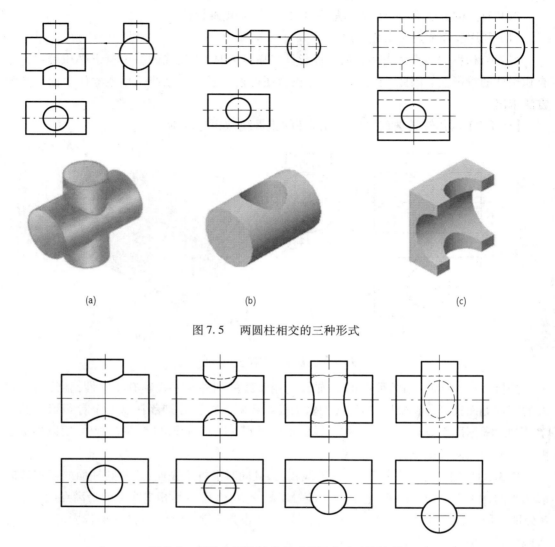

图 7.5　两圆柱相交的三种形式

图 7.6　圆柱与圆柱轴线相对位置变动时的情形

【例 7.3】 求轴线正交的圆柱和圆锥的相贯线,如图 7.7 所示。

分析: 圆柱与圆锥相交后的相贯线为封闭的空间曲线,前后具有对称性。由于圆柱面在侧面投影上有积聚性,所以相贯线的侧面投影与积聚圆重合为已知,所需求的是相贯线的正面投影和水平投影。

作图: ① 求特殊点。全部圆柱参与相贯,其俯视转向线和正视转向线上各有两个点属于相贯线上的特殊点,分别是Ⅲ、Ⅳ、Ⅰ、Ⅱ。在侧面投影图中是 3″、4″、1″、2″。因为相贯线上的点是两曲面共有点,所以,Ⅲ、Ⅳ、Ⅰ、Ⅱ点也在圆锥面上。其中Ⅰ、Ⅱ两点在圆锥的正视转向线上,在正面投影图中求出 1′、2′,根据投影规律求得水平投影 1、2。而Ⅲ、Ⅳ两点在锥面中的同一个纬圆上,确定纬圆半径,先求出水平投影 3、4,再求得正面投影 3′、4′,如图 7.7(a);

② 求一般点。在Ⅰ、Ⅱ之间可求若干一般点,在相贯线上取前后对称的一对点Ⅴ、Ⅵ,侧面投影为 5″、6″。两点在同一纬圆上,确定纬圆半径求出水平投影 5、6 及正面投影 5′、6′如

图7.7(b)。或用点在素线上的方法,取素线 SA,相贯线上的点 Ⅶ、Ⅷ 在 SA 上,利用"点在线上,点的投影属于线的同面投影"的规律,求得 7、8 和 7′、8′,如图 7.7(c);

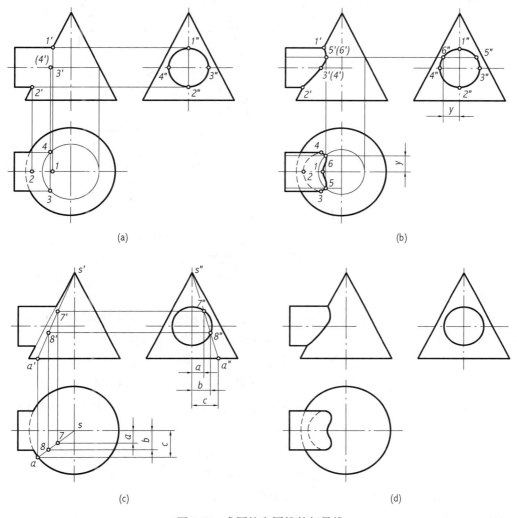

图 7.7 求圆柱和圆锥的相贯线

③ 依次光滑连线并判别可见性。相贯体前后对称,正面投影前后重合,水平投影中圆柱下半部分上的点为不可见;3、4 为分界点,线 314 可见;线 324 为不可见,画成虚线;

④ 整理轮廓线。相贯体为一整体,将各转向线的投影绘制到相应位置,如水平投影中圆柱的俯视转向线的投影应画到 3、4 两点,圆锥底圆被圆柱遮挡的部分也应补画成虚线,正面投影中在圆柱正视转向线投影之间不画圆锥正视转向线的投影。完成三面投影,如图 7.7(d)。

【例 7.4】 作圆柱与半圆球的相贯线,如图 7.8(a)。

分析:圆柱轴线垂直于侧面,因此相贯线的侧面投影与圆柱的侧面投影重合,只需求正面投影和水平投影。相贯体前后对称,所以正面投影前后重合,只求前半部分即可,且都可见。

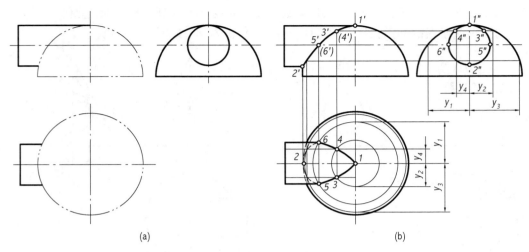

图7.8 圆柱与半圆球相交

作图：① 求特殊点。圆柱全部参与相贯，圆柱正视和俯视转向线上的点为特殊点，Ⅰ、Ⅱ 也是最高和最低点，Ⅴ、Ⅵ 为最前和最后点。根据侧面投影 1″、2″ 得正面投影 1′、2′ 和水平投影 1、2。利用点在纬圆上的投影规律，由 5″、6″ 确定所在纬圆的半径，求出水平投影 5、6 和正面投影 5′、6′；

② 求一般点。在 Ⅰ、Ⅱ 之间可求一系列一般点。取相贯线上前后对称两点 Ⅲ 和 Ⅳ，根据侧面投影确定 Ⅲ、Ⅳ 两点所在纬圆半径，求出水平投影 3、4 和侧面投影 3′、4′；

③ 依次光滑连线并判别可见性。相贯线水平投影在圆柱上半部分的点可见，而下半部分上的点不可见，以俯视转向线投影上的 5、6 分界。线 53146 可见，线 625 不可见画虚线；

④ 整理轮廓线。正面投影 1′2′ 之间不画球面正视转向线的投影，圆柱的俯视转向线的投影画到 5、6 点处。位于圆柱下面的线不可见，画成虚线，如图 7.8(b)。

【例 7.5】 求两轴线斜交圆柱的相贯线，如图 7.9 所示。

分析：由于图示水平圆柱的侧面投影有积聚性，故相贯线的侧面投影为已知，不必另求，只需用表面取点的方法求相贯线的正面投影和水平投影。

作图：① 求特殊点。如图 7.9(b) 所示，由于两圆柱的轴线相交，且位于同一正平面内，则两圆柱的正视转向线的交点 A 和 B 为相贯线的最高点也是最左、最右点。由两点的侧面和正面投影得出水平投影 a、b。斜置圆柱的俯视转向线上的点 C、D 也是最低点，求出侧面投影 c″、d″ 后再求出水平投影 c、d；

② 求一般点。在斜置的圆柱上取侧面投影重影的两条素线 EⅠ、FⅡ，如图 7.9(b)。侧面投影 e″1″、f″2″ 相贯线上的点为 1″、(2″)。由 1″、(2″) 求出正面投影 1′、2′ 和水平投影 1、2；

③ 依次光滑连接曲线并判别可见性。相贯线前后对称，正面投影可见与不可见部分重合，水平投影是一封闭的曲线，以斜圆柱俯视转向线投影上的点 c、d 为分界点，右边部分不可见画虚线，左边部分可见画实线；

④ 整理轮廓线。水平投影斜置圆的俯视转向线投影画至 c、d 点处。

此题目 EⅠ 和 FⅡ 两素线的三面投影位置可用辅助平面法准确求得。

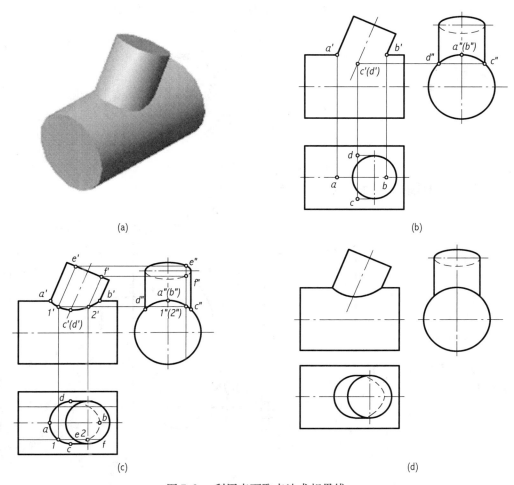

图 7.9　利用表面取点法求相贯线

（2）利用辅助平面法求相贯线

用辅助平面法求相贯线的投影的基本原理是：作一辅助截平面，使辅助截平面与两回转体都相交。求出辅助截平面与两回转体的截交线，再求出两截交线的交点，两截交线的交点为两回转体表面的共有点。该共有点既在截平面上，又在两回转体表面上，是上述三个表面所共有的点，所以辅助平面法又称三面共点法，所求的共有点即是相贯线上的点，将这样一系列的共有点分别求出，判别可见性，依次光滑连线后，即可求得相贯线的投影。

为了简化作图，所选择的辅助截平面与两相交立体表面所产生的截交线的投影，应该是便于作图的圆或直线。如图 7.10(a) 所示，圆柱与圆锥相贯，如求其相贯线，可选水平面 P 为辅助面（图 7.10(b)）。水平面 P 与圆柱及圆锥的轴线都垂直，因此截圆柱面和圆锥面的截交线都是纬线（圆），它们在水平投影面上的投影反映截交线的实形。两纬线（圆）的交点 Ⅰ、Ⅱ 就是相贯线上的点，在水平投影上可直接求得。此外还可以看出，由于圆柱面和圆锥面都是直线面，故可采用过锥顶的铅垂面 Q 为辅助面，如图 7.10(c) 所示，由于铅垂面 Q 平行于圆柱体的轴线（铅垂线），且过圆锥体锥顶，因此截圆锥体锥面为素线 SL，截圆柱体柱面为素线 MK，在正面投影图中可定出这两条线来，从而求出交点的投影。

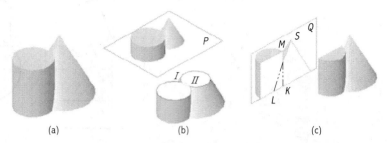

图 7.10　以水平面及铅垂面为辅助面

【例 7.6】用辅助平面法求部分圆球与圆台的相贯线，如图 7.11。

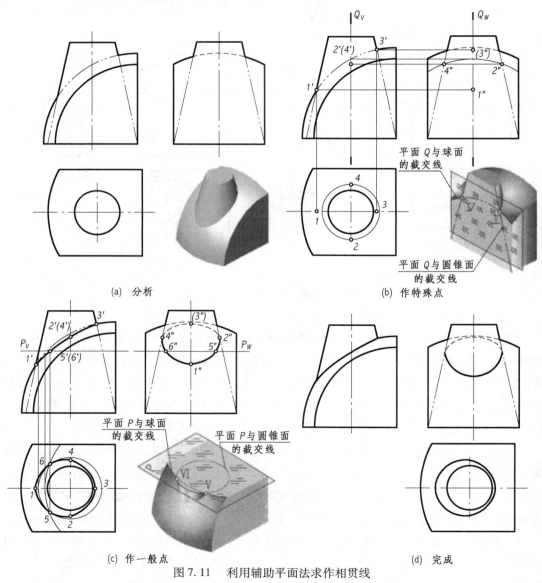

图 7.11　利用辅助平面法求作相贯线

分析：部分圆球与圆台相交，其相贯线为封闭的空间曲线。因球面和圆台面的各投影都没有积聚性，所以选用辅助平面法求相贯线的三面投影，如图 7.11(a)。

作图：① 求特殊点。圆台面上的素线全部参与相贯，相贯体前后对称，所以，圆台面的正视转向线上的 Ⅰ、Ⅲ 和侧视转向线上的点 Ⅱ、Ⅳ 为特殊点。Ⅰ、Ⅲ 两点是圆球正视转向线上的点，也是相贯线的最高点和最低点，其正面投影可直接求出 1′、3′，根据点的投影规律求得水平投影 1、3 和侧面投影 1″、3″。Ⅱ、Ⅳ 两点为锥面侧面转向线上的点，必须包含两条转向线作辅助平面，所以，用侧平面截切相贯体，截圆台面为两侧视转向线，截球为侧面投影反映实形的圆，确定圆的半径求出 Ⅱ、Ⅳ 的侧面投影 2″、4″，然后再求出 2、4 和 2′、4′，如图 7.11(b)；

② 求一般点。在 Ⅰ、Ⅲ 点之间取一系列水平面作辅助平面，水平面截两相贯体得截交线为圆，正视和侧视投影是积聚的直线，水平投影反映圆。作辅助平面 P，确定截面与相贯体相交后所得圆的半径，在水平投影绘制圆弧得相贯线上的点 Ⅴ、Ⅵ 的水平投影 5、6，根据点的投影规律求出 5′、6′ 和 5″、6″，如图 7.11(c)；

③ 依次光滑连接各同面投影并判别可见性。相贯线前后对称，正面投影可见与不可见部分重合。水平投影相贯线上的点均可见。侧面投影以侧视转向线上的点分为界点，曲线 2″5″1″6″4″ 可见，曲线 2″3″4″ 为不可见，画虚线。完成三面投影，如图 7.11(d)。

圆柱与圆柱、圆锥、圆球相贯时，在符合条件的情况下也可以采用辅助平面法求解相贯线。

3. 影响相贯线变化趋势的因素是两相贯体的几何形状、尺寸大小以及相对位置

表 7.1 表示圆柱与圆柱、圆柱与圆锥轴线正交时，两相贯体之一的尺寸大小发生变化，相贯线形状的变化情况；表 7.2 表示圆柱与圆柱、圆柱与圆锥轴线正交、斜交和交叉三种情况下，相贯线形状的变化情况。

表 7.1　轴线正交时表面性质相同而尺寸不同对相贯线形状的影响

表面性质	水平圆柱的直径变化时		
柱柱相贯	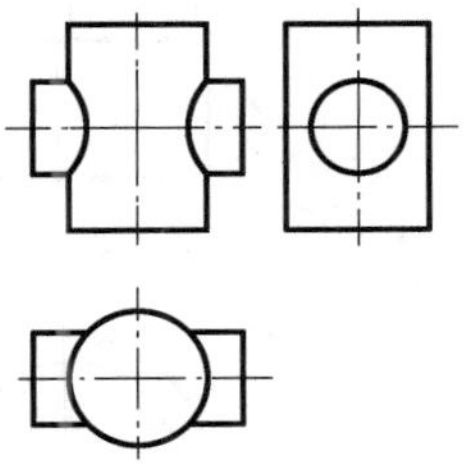	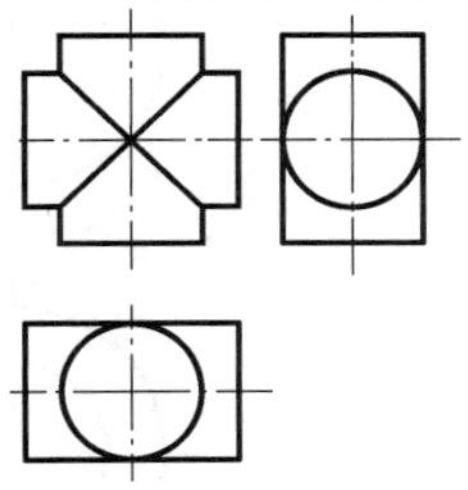	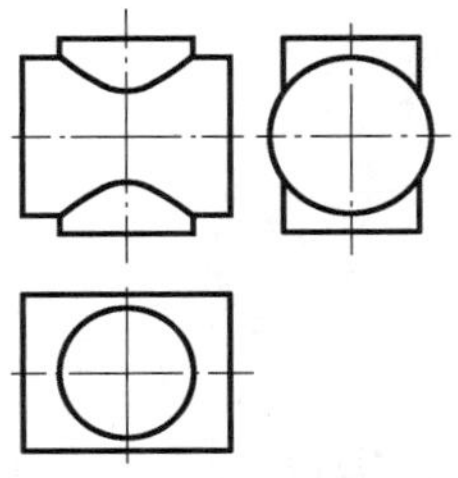
锥柱相贯	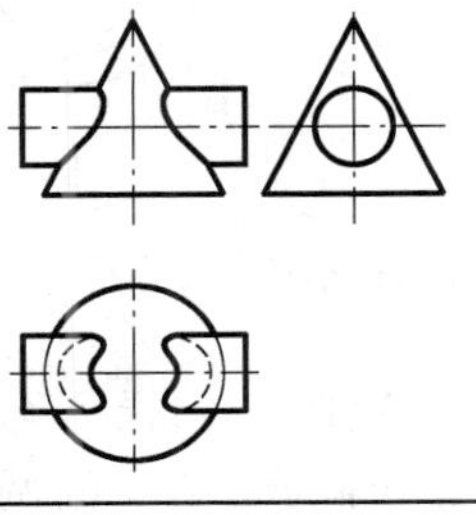	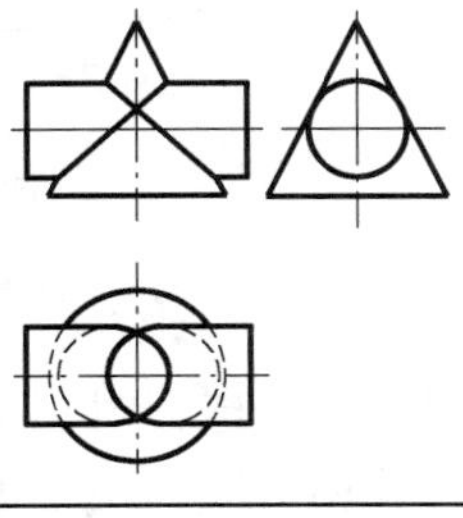	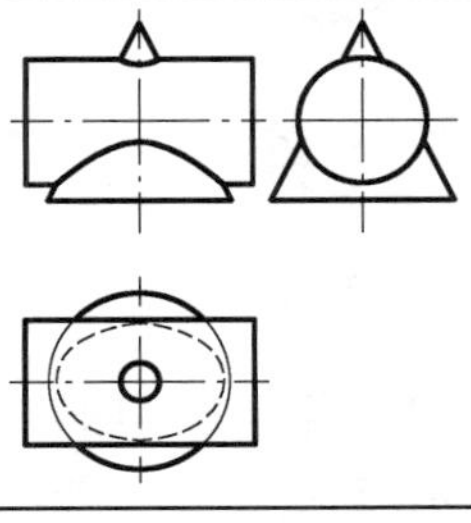

表7.2 表面性质和相对位置对相贯线的影响

表面性质 \ 相对位置	轴线正交	轴线斜交	轴线交叉
柱柱相贯	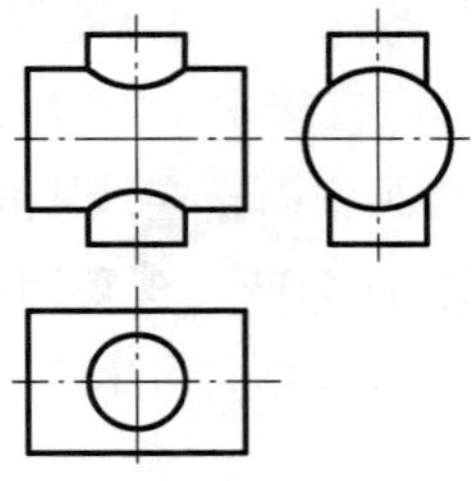	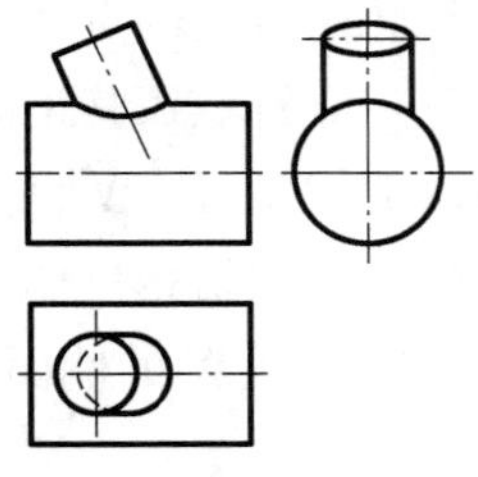	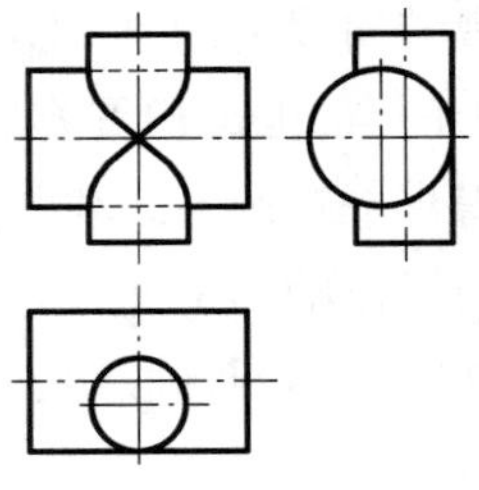
锥柱相贯	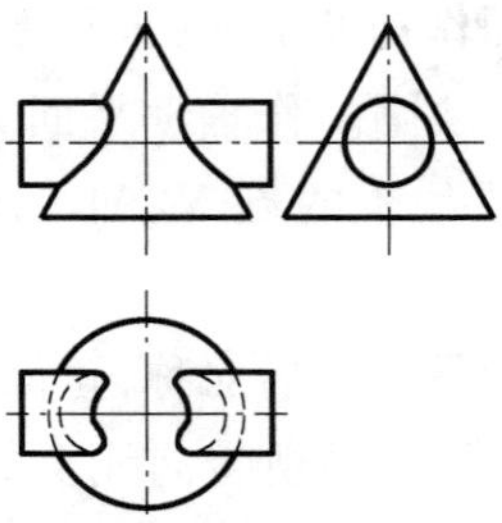	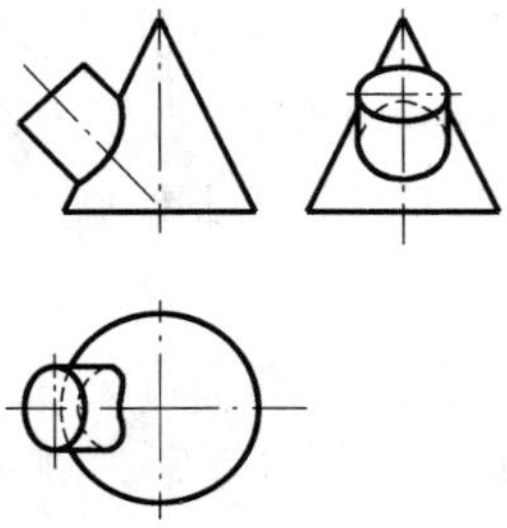	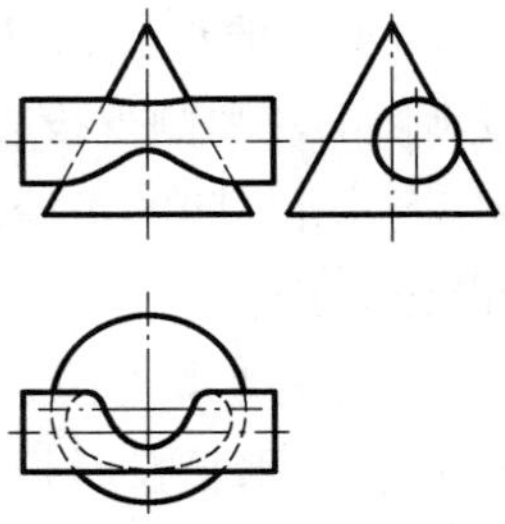

4. 相贯线的特殊情况

两回转体相交其相贯线一般为空间曲线,但在特殊情况下也可能是平面曲线或直线段。

(1) 同轴的两回转体表面相交,相贯线是圆。图7.12为回转体与球同轴,其相贯线是垂直于轴线的圆,当轴线垂直于水平面时,该圆的水平投影为实形,而正面投影为直线。如图7.13。

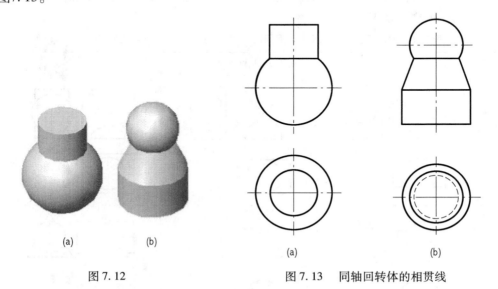

图7.12

图7.13 同轴回转体的相贯线

(2) 当相交两回转体同时切于一个球面时,其相贯线为椭圆。见表7.3,两直径相等的圆柱正交,它们公切于一个球面,其相贯线为两个大小相等的椭圆;斜交的两个圆柱公切于一球面，其相贯线为大小不等的两个椭圆。以上两种情况中，椭圆的水平投影与圆柱面有积聚性的投影——水平投影（圆）重合，正面投影为二直线。轴线正交的圆锥和圆柱公切于一球面，相贯线为两个大小相等的椭圆；斜交的圆锥与圆柱公切于一球面，相贯线为两段大小不等的椭圆。以上两种情况中，椭圆的水平投影仍为椭圆，而正面投影为直线。

表 7.3　公切于球时柱与柱和柱与锥的相贯线为一对相交的椭圆

表面性质 相对位置 条件	柱柱相贯		锥柱相贯	
	轴线正交	轴线斜交	轴线正交	轴线斜交
公切于一圆球				

（3）轴线相互平行的两圆柱相交，其相贯线是两条平行轴线的直线，如图 7.14 所示。两共锥顶锥体相交，其相贯线为相交两直线，如图 7.15 所示。

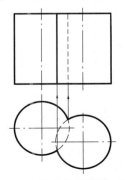
图 7.14　相贯线为平行二直线

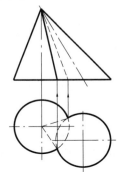
图 7.15　相贯线为相交二直线

5．复合相贯线的求法

三个或三个以上曲面立体的表面汇交时，所形成的交线总和称为复合相贯线。复合相贯线由若干相贯线复合组成，各段相贯线间的交点称为结合点。结合点是各个曲面立体表面的共有点，也是各条相贯线的分界点。求复合相贯线时，除注意求出各部分相贯线的特殊点及一般点外，还应注意求出结合点。

【例 7.7】求出半球与两个圆柱的复合相贯线，如图 7.16 所示。

分析：本题是半球与小圆柱、大圆柱的复合相贯。由图 7.16 可看出小圆柱的轴线是铅垂线，小圆柱面的水平投影有积聚性。因此，小圆柱与大圆柱、小圆柱与球的相贯线水平投影重合在小圆柱面的水平投影——圆上。大圆柱的轴线是侧垂线，大圆柱面的侧面投影有积聚性，大圆柱面与小圆柱面、大圆柱面与球的相贯线侧面投影与大圆柱面有积聚性的侧面

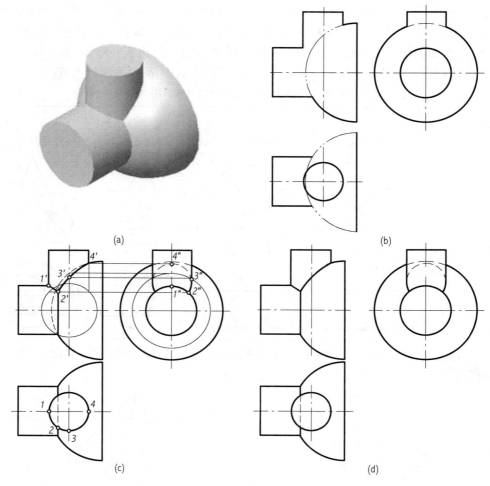

图 7.16 半球与两圆柱的复合相贯线

投影——圆重合。所需画出的是复合相贯线的正面投影、大圆柱与球的相贯线的水平投影、小圆柱与球的相贯线的侧面投影。由于此复合相贯体为前、后对称,因此可只分析前半部分相贯线的投影,后半部分相贯线的投影可按对称图形画出。

作图:① 大圆柱与球的相贯线为特殊情况的相贯线,即大圆柱的轴线通过球心,因此相贯线为圆(平面曲线),其正面投影和水平投影均为直线;

② 求出各部分相贯线的特殊点与结合点。由于大圆柱轴线通过球心并与小圆柱轴线相交,且两相交轴线所组成的平面平行于正面。所以,小圆柱与大圆柱的正视转向线的交点 $1'$ 及小圆柱与球的正视转向线的交点 $4'$ 可在正面投影上直接标出。按投影规律可求出另两投影 1、4 及 $1''$、$4''$。结合点 Ⅱ,可在正面投影上,以两圆柱轴线的交点为圆心,以 R 为半径,用辅助球面法求出,R 为圆心至大圆柱正视转向线与球的正视转向线交点间的距离,亦可通过水平投影点 2,按投影规律求出侧面投影及正面投影。点 Ⅲ 是小圆柱的侧视转向线与球的交点,可通过包含小圆柱的轴线作辅助侧平面 P 求得;

③ 求一般点及连接曲线。请读者自行分析(图 7.16 未标出一般点的投影);

④ 判别可见性。复合相贯线的正面投影为虚实重合。大圆柱与球的相贯线的下半部

分水平投影不可见，应画成虚线；小圆柱的右半部分与球的相贯线的侧面投影不可见，应画成虚线；左半部分与球的相贯线的侧面投影可见，应画成实线，即2″3″段及对称线段画成实线；

⑤ 整理轮廓线。小圆柱的侧视转向线的投影应画至3″及对称点为止。半球底圆的侧面投影被小圆柱遮住部分应画成虚线。

第8章 组合体

本章将在点、线、面、体投影的基础上,介绍如何运用形体分析法和线面分析法,进行组合体的画图、读图以及尺寸标注。

8.1 组合体的三视图

组合体是由若干几何形体按照一定方式叠加、或由一个几何形体挖切去若干几何形体后所形成的立体。图8.1(a)是一个组合体在H、V和W三面投影体系中的三个投影,根据国家标准《机械制图应用示例图册》的有关规定,组合体在H、V和W三个投影面上的投影称为组合体的三视图,组合体的正面投影称为主视图,组合体的水平投影称为俯视图,组合体的侧面投影称为左视图。图8.1(b)是图8.1(a)所示组合体的三视图。

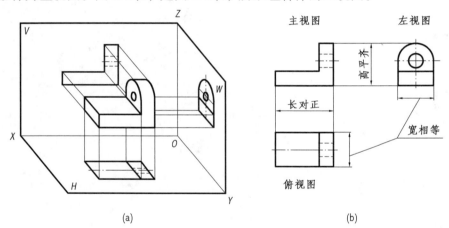

图8.1 组合体三视图的形成

画组合体三视图时必须遵守三视图间的投影规律:主、俯视图长对正;主、左视图高平齐;俯、左视图宽相等,即三等规律。

8.2 形体分析法与线面分析法

一、组合体的组合方式

根据组合体的结构特点,可将组合体的组合方式分为叠加和挖切两种。

(1)叠加。如图8.2所示的组合体,可以看成是由四个几何形体,按照一定方式叠加在一起形成的。这种组合体称为叠加式组合体。

(2)挖切。如图8.3所示的组合体,可以看成是由一个四棱柱逐步挖切去三个形体后得到的。这种组合体称为挖切式组合体。

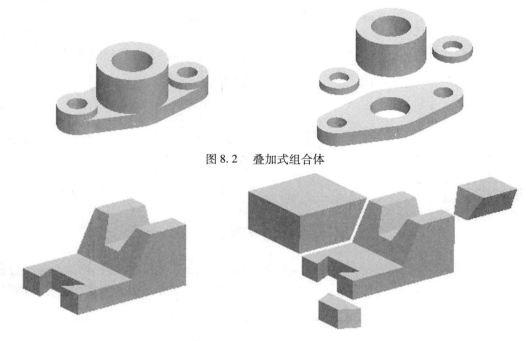

图 8.2 叠加式组合体

图 8.3 挖切式组合体

需要指出的是：有些组合体的组合方式并不是惟一和固定的，如图 8.4(a) 所示的组合体，既可以看成是由图 8.4(b) 所示的叠加方式形成的，也可以看成是由图 8.4(c) 所示的挖切方式形成的。

另外，把组合体分解为若干个形体，仅是一种假想的分析问题的方法，而实际组合体是一个完整体，因此在组合体内部各形体间不应画分界线。

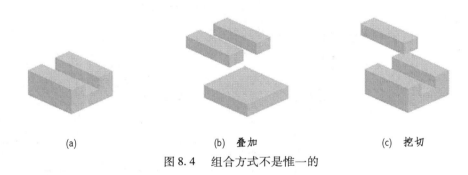

(a)　　　　　　　(b)　叠加　　　　　　　(c)　挖切

图 8.4 组合方式不是惟一的

二、形体分析法

形体分析法是用假想的方式将组合体分解为若干个几何形体，并进一步分析形体间的相对位置以及形体邻接表面之间关系的方法。图 8.2 所示的组合体就是用形体分析法将其分解为四部分的。在组合体画图、读图以及尺寸标注的过程中，都要运用形体分析法，因此必须认真掌握。

下面介绍用形体分析法分析形体邻接表面间的关系。组合体经叠加或挖切后，形体邻接表面间会产生共面、相切和相交三种情况。

1. 共面

共面是指两形体的邻接表面处于同一平面(或曲面)上,它们之间没有分界线,因此在视图上不可画出分界线。图8.5(a)为共平面的情况,图8.5(b)为共柱面的情况。

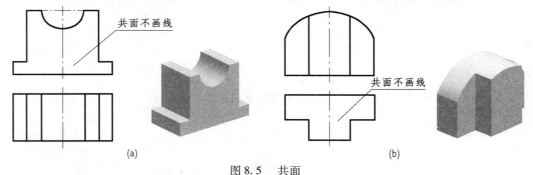

图 8.5 共面

2. 相切

相切是指两形体的邻接表面(平面与曲面或曲面与曲面)光滑过渡,相切处不存在分界线,在视图上一般不画出切线的投影。画图时要从反映相切关系的具有积聚性的视图画起,如图8.6(a)、(b)所示。

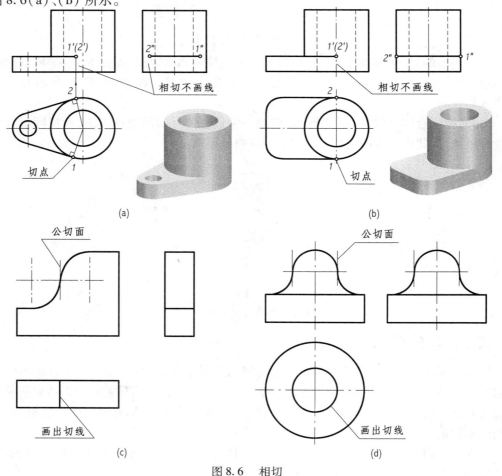

图 8.6 相切

但当两相切表面的公切面垂直于某一投影面时,在该投影面上必须画出切线的投影,如图 8.6(c)、(d) 所示。

3. 相交

相交是指两形体的邻接表面相交,所产生的交线(截交线或相贯线)在视图中一定要画出,如图 8.7 所示。求截交线或相贯线的方法在前面已经介绍过,这里不再重复。

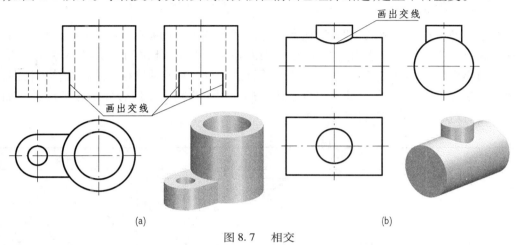

图 8.7　相交

三、恢复原形法

对于一个由挖切方式形成的组合体,当挖切掉的形体不完整时,组合体与挖切掉的形体间的交线很容易被忽略或画错,为了更好地分析和处理这类问题,就要应用恢复原形法。恢复原形法是将组合体中被挖切掉的不完整形体,先恢复还原成完整的实形体,然后求出该实

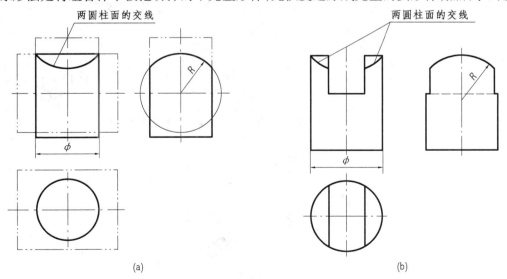

图 8.8　用恢复原形法求交线

形体与相邻形体表面交线的投影,最后在交线的投影中,取符合要求的部分。如图 8.8(a) 所示的组合体,可以看成是一个直径为 ϕ 的圆柱的上端被一个不完整的圆柱(半径为 R)面

切去了一部分,为了正确地画出这段不完整的圆柱面与直径为 ϕ 的圆柱面交线(即相贯线)的正面投影,可用恢复原形法。首先将半径为 R 的圆柱完整地画出来(图中双点画线所示),然后求出它与 ϕ 圆柱面交线的正面投影,最后在交线的投影中取符合要求的部分。如图8.8(b)也是用恢复原形法求 ϕ、R 两圆柱面交线的正面投影的例子。

四、线面分析法

在绘制或阅读组合体的视图时,通常在运用形体分析法的基础上,还要结合线、面的投影规律来进一步分析形体表面的形状、面与面的相对位置、形体之间的交线等等,以帮助表达或读懂组合体的形状,这种方法称为线面分析法。在绘制或阅读挖切式组合体的视图时,线面分析法显得尤为重要,因此必须很好地掌握。图8.9画出了组合体上各类位置平面的投影特性,仅供在线面分析时参考。

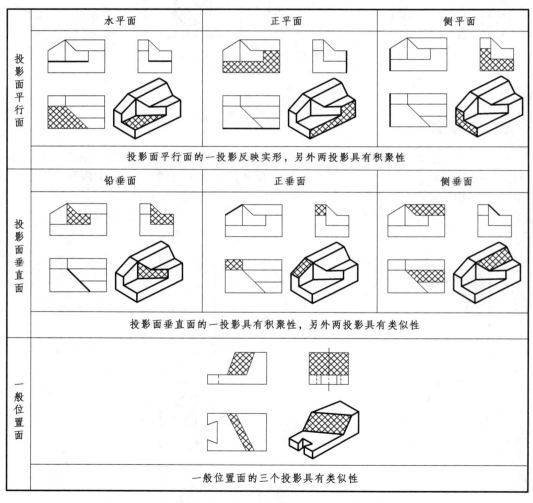

图8.9　组合体上各类位置面的投影特性

8.3 组合体三视图的画法

在画组合体的三视图之前,应首先明确组合体的组合方式、形体间的相对位置以及形体邻接表面间的关系(共面、相切或相交),然后逐步画出组合体的三视图。画组合体三视图的基本方法是形体分析法与线面分析法,有时还会用到恢复原形法。

一、画叠加式组合体三视图的方法和步骤

下面以图 8.10(a)所示的轴承座为例,说明画叠加式组合体三视图的方法和步骤。

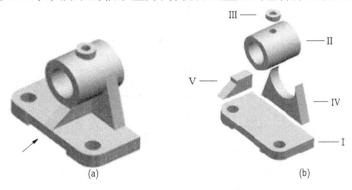

图 8.10 轴承座

1. 进行形体分析

在画轴承座三视图之前,首先运用形体分析法将轴承座分解成五个形体,即凸台 Ⅲ、圆筒 Ⅱ、支撑板 Ⅳ、肋板 Ⅴ 及底板 Ⅰ,如图 8.10(b),然后再分析各形体间的相对位置及邻接表面的关系。

形体间的相对位置:五个形体在长度方向具有公共对称面,支撑板的后表面与底板的后表面平齐,圆筒在上,底板在下等等。

形体邻接表面的关系:凸台的内外圆柱面与圆筒的内外圆柱面均相交;圆筒的外圆柱面既与支撑板的邻接表面相切和相交,又与肋板的邻接表面相交;底板与肋板及支撑板的邻接表面均相交等等。

2. 确定主视图

在组合体的三视图中,主视图是最重要的。在确定主视图时,要考虑主视图的投影方向和组合体如何放置两个问题。

主视图的投影方向:应选择最能反映组合体的形体特征及形体间相对位置、并使俯、左视图虚线较少的方向,作为主视图的投影方向,如图 8.10(a)中箭头所示。

组合体的放置位置:选择组合体的自然位置、或使组合体的表面尽可能多地处于投影面的平行面或垂直面的位置,作为组合体的放置位置,本例中选择轴承座的自然放置位置。

主视图确定后,俯、左视图则随之确定。

3. 确定比例和图幅

根据组合体的大小和复杂程度确定合适的作图比例,一般选用1∶1的比例,这样既便于直接估量组合体的大小,也便于画图。比例确定后,再根据组合体三个视图的大小,以及标

注尺寸应占用的空间,确定合适的图幅。

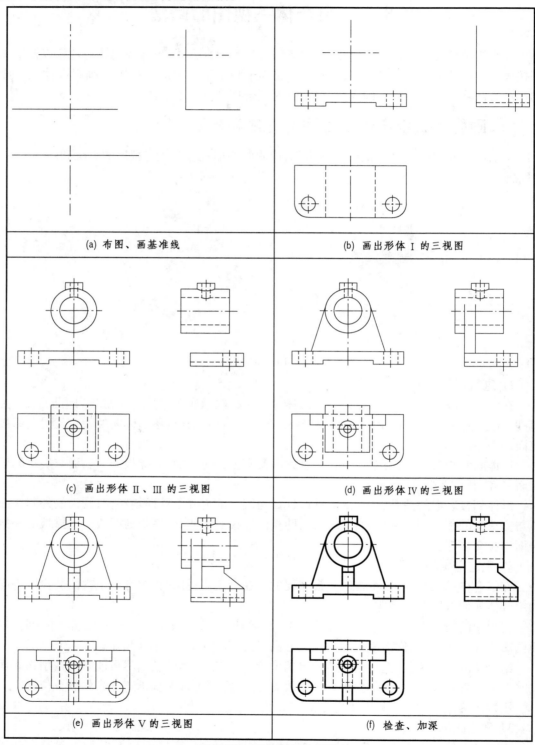

图 8.11　画轴承座的步骤

4. 布图

根据组合体每个视图的最大轮廓尺寸及视图间适当的间距,均匀地布置三个视图,画出每个视图的作图基准线。每个视图都有两个方向的基准线,常用做基准线的有:对称面、轴线和较大的平面等。本例中分别以四个形体的公共对称面、支撑板的后表面及底板的下表面作为长、宽、高三个方向的作图基准线,如图 8.11(a) 所示。

5. 画底稿

一般按先主后次、先大后小、先轮廓后细节的顺序,逐一画出每个形体的三视图。画每个形体时,要从反映其形体特征的视图画起,三个视图联系起来画。本例中是按底座、圆筒、凸台、支撑板、肋板的顺序画图的,如图 8.11(b)、(c)、(d)、(e) 所示。

6. 检查

底稿完成后,应仔细检查每个形体的三视图是否正确,各形体邻接表面处的共面、相切、相交情况画法是否正确,改正错误,补上漏线,擦去多余线。

7. 加深

检查无误后,则可以加深,如图 8.11(f) 所示。可见部分用粗实线,不可见部分用虚线,对称图形的对称中心线、回转体的轴线一定要用细点画线画出。当几种图线重合时,一般按粗实线、虚线、细点画线、细实线的顺序取舍。

二、画挖切式组合体三视图的方法和步骤

下面以图 8.12(a) 所示的组合体为例,说明画挖切式组合体三视图的方法和步骤。

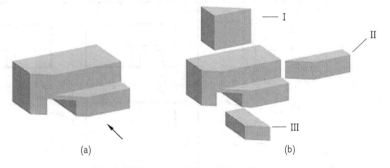

图 8.12　挖切式组合体

1. 进行形体分析

图 8.12(a) 所示的组合体可以看成是由一个四棱柱挖切去 I、II、III 三个形体后形成的,如图 8.12(b) 所示。

2. 确定主视图

选择图 8.12(a) 中箭头所指的方向为主视图投影方向,这个方向不仅最能反映组合体的形体特征,而且可使组合体的表面尽可能多地处于投影面的平行面或垂直面的位置。

3. 选比例和定图幅

按 1∶1 的比例确定图幅的尺寸。

4. 布图

画作图基准线,如图 8.13(a) 所示。

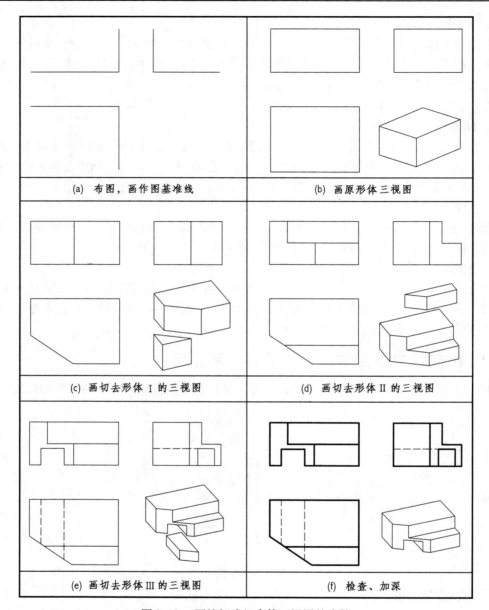

图 8.13 画挖切式组合体三视图的步骤

5. 画原始形体三视图
画出原始形体(四棱柱)的三视图,如图 8.13(b)所示。

6. 画切去形体 Ⅰ、Ⅱ、Ⅲ 后的三视图
逐一画出原始形体(四棱柱)被切去 Ⅰ、Ⅱ、Ⅲ 三个形体后的三视图,如图 8.13(c)、(d)、(e)所示。

7. 检查、加深
检查、加深,如图 8.13(f)所示。

8.4 组合体的尺寸标注

一、组合体尺寸标注的基本要求

组合体的视图仅能表达组合体的形状,而构成组合体的各形体的大小及其相对位置,只有通过标注尺寸方可确定。组合体尺寸标注的基本要求是正确、完整、清晰。

1. 尺寸标注要正确

所标注的尺寸应符合国家标准的有关规定,这在第 1 章中已介绍过,这里从略。

2. 尺寸标注要完整

所谓完整就是要标全组合体中各形体的定形尺寸、定位尺寸及组合体的总体尺寸。定形尺寸、定位尺寸及尺寸基准的概念在第 1 章中已叙述,下面仅针对组合体做一些补充。

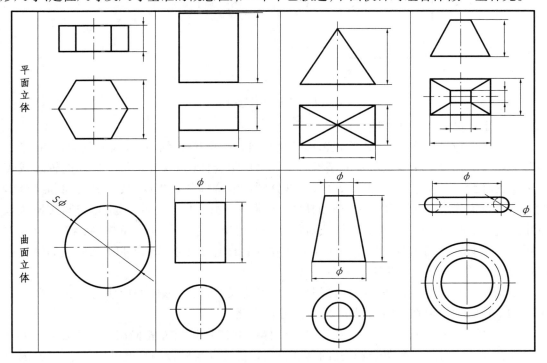

图 8.14　几种常见基本形体定形尺寸的标注方法

(1) 定形尺寸

确定组合体中各形体形状和大小的尺寸称为定形尺寸,一般包括长、宽、高三个方向的尺寸。图 8.14 给出了几种常见基本形体定形尺寸的标注方法。从图中可以看出,由于各基本形体的形状不同,其定形尺寸的数量也不同。另外当完整地标注出圆柱、圆锥、球和圆环的定形尺寸之后,不画它们的俯视图,同样能确定它们的形状和大小。

注意:当标注两个以上尺寸相同且分布有规律的结构时,只需标注出一个结构的定形尺寸,再写明数量即可,见图 8.15 中对称分布的两个直径为 $\phi 6$ 的圆柱孔的标注。但当标注同一形体上半径相同的若干个圆角时,尺寸数字前不注写圆角的数量,图 8.15 中标注的 $R6$ 前不能注写数字2。

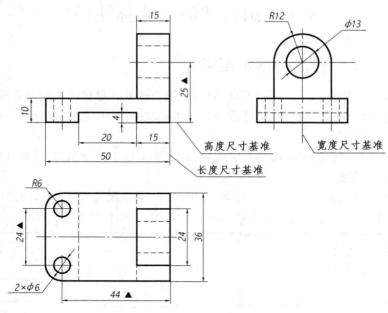

图8.15 组合体尺寸标注

（2）定位尺寸和尺寸基准

在标注定位尺寸之前，应该首先选择尺寸基准。尺寸基准是指标注尺寸的起点，在三维空间中有长、宽、高三个方向的尺寸基准。一般采用组合体的对称面、某一形体的轴线或较大的平面作为尺寸基准。在图8.15中，就是分别以组合体的右端面、较大的底面和组合体的前后对称面作为长、高、宽三个方向的尺寸基准。尺寸基准选定后，可直接或间接地从基准出发，注出每个形体上的回转轴线或对称面等的定位尺寸。在图8.15中，44和24分别为底板上两个圆柱孔的轴线在长度方向和宽度方向上的定位尺寸，25为ϕ13圆柱孔的轴线在高度方向上的定位尺寸（图中带▲的尺寸）。

定位尺寸是确定组合体的各形体间相对位置的尺寸，两个形体间应该有长、宽、高三个方向的定位尺寸。但在下面情况下，定位尺寸可省略。

① 当某一形体某向的定位尺寸与另一形体的同向定形尺寸相同时，该定位尺寸可省略。在图8.15中，底板上两个ϕ6孔的高度方向定位尺寸与底板的高度定形尺寸相同，因此省略不注。

② 当两形体有公共对称面时，两形体在与对称面垂直方向上的定位尺寸为零，可省略。在图8.15中，底板和竖板在宽度方向的定位尺寸为零。

③ 当两形体间某方向上的相邻表面共面时，该向的定位尺寸为零。在图8.15中，底板和竖板在长度方向的定位尺寸为零。

④ 同轴的几个回转体，其径向定位尺寸为零。

（3）总体尺寸

总体尺寸是指组合体的总长、总宽和总高。总体尺寸能够反映一个组合体的体积大小。当组合体的某一形体尺寸能够反映其总体尺寸时，不必再加注总体尺寸。在图8.16

中，底板的长和宽就是该组合体的总长和总宽，因此就不必再标注组合体的总长和总宽。如果必须标注总体尺寸，就要对已标注的尺寸作适当的调整。在图 8.16 中，若标注总高尺寸 38，则应减去该方向的一个尺寸 28（或 10），这样就不会出现由 38、28 和 10 组成的封闭尺寸链。

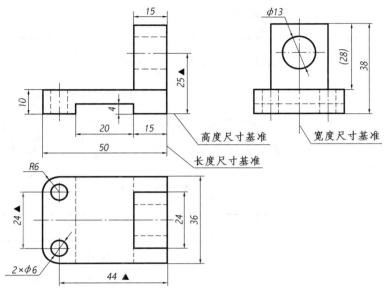

图 8.16 组合体尺寸标注

值得注意的是：当组合体的端部是回转面而不是平面时，一般不直接标注该方向的总体尺寸，而是由确定回转面轴线的定位尺寸和回转面的定形尺寸（直径或半径）来间接确定该方向的总体尺寸。图 8.15 所示的组合体，因为其顶部是回转面，所以没有直接标注出总高尺寸；而图 8.16 所示的组合体，因为其顶部是平面，所以直接标注出了总高尺寸。图 8.17 中的各图都是不直接标注总体尺寸的例子。

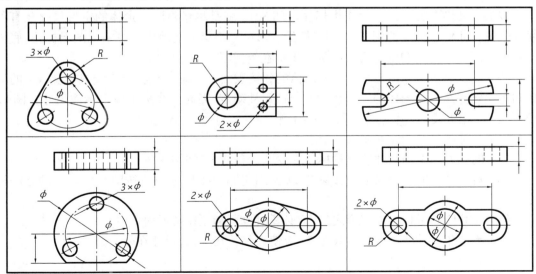

图 8.17 不直接标注总体尺寸的图例

3. 尺寸标注要清晰

标注尺寸时，除了要求正确、完整外，还要求标注的尺寸清晰，以便于读图。要使尺寸标注清晰，一般应做到以下几点。

（1）尽量将尺寸标注在形状特征明显的视图上。图 8.18 表明，直径应尽量标注在非圆的视图上，而半径应标注在反映圆弧的视图上。

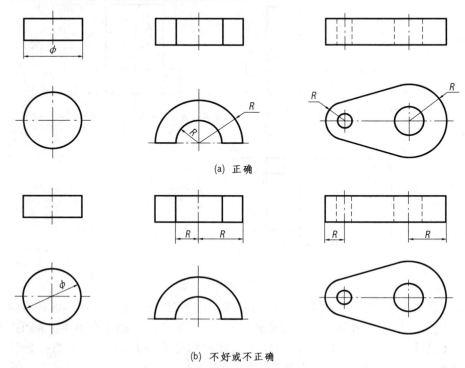

图 8.18　直径和半径的标注图例

（2）尽量将有关联的尺寸集中标注。图 8.15 就是尽量将同一形体的定形尺寸及有关联的定位尺寸集中标注的例子。 如底板的定形尺寸都尽可能地集中在主视图上标注，底板上两个小圆孔的定形和定位尺寸都尽量集中在俯视图上标注。

（3）交线上不应标注尺寸。当两形体的邻接表面相交时，交线（相贯线或截交线）的形状和大小已完全由两形体的定形尺寸和定位尺寸确定，因此交线上不应再标注尺寸。图 8.19 是交线（相贯线）上不应标注尺寸的图例。

（4）尽量将尺寸标注在实线图形上。

（5）同一方向上的尺寸应尽量标注在少数几条线上，如图 8.20。

（6）对称结构的定位尺寸应按图 8.21（a）的方法标注，而不应按图 8.21（b）的方法标注。

（7）尺寸应尽量标注在图形之外，但必要时也可标注在图形内。

（8）为避免尺寸线与尺寸界线相交，应使小尺寸在里，大尺寸在外。

第 8 章 组合体

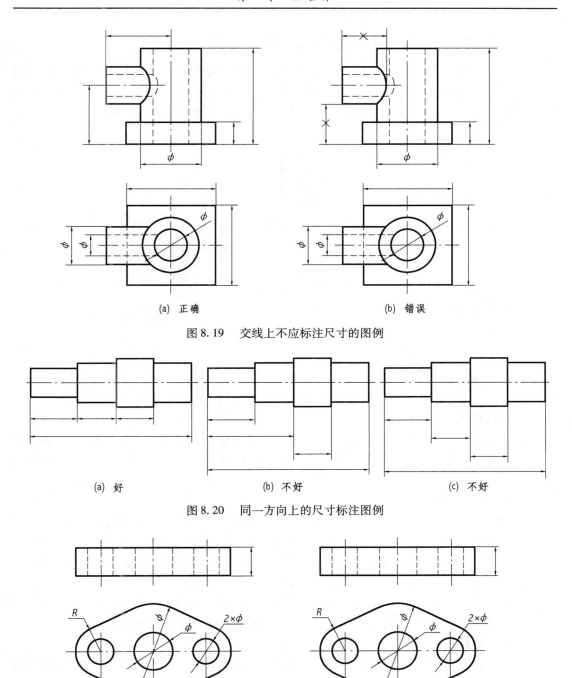

(a) 正确　　　　　　　　　　　(b) 错误

图 8.19　交线上不应标注尺寸的图例

(a) 好　　　　　　(b) 不好　　　　　　(c) 不好

图 8.20　同一方向上的尺寸标注图例

(a)　　　　　　　　　　　(b)

图 8.21　对称结构的定位尺寸标注图例

二、组合体尺寸标注的方法与步骤

标注组合体尺寸时,应首先对组合体进行形体分析,再选定长、宽、高三个方向的尺寸基准,然后逐一标出各形体的定形尺寸和定位尺寸,最后标出总体尺寸。

下面以图 8.22 所示的轴承座为例,说明标注组合体尺寸的方法与步骤。

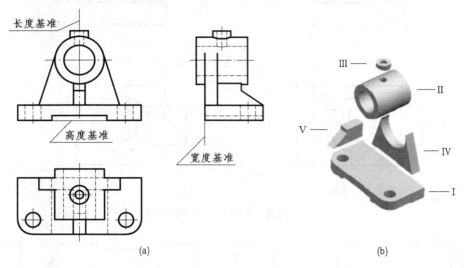

图 8.22 轴承座

1. 进行形体分析

将轴承座看作是由底板 Ⅰ、圆筒 Ⅱ、凸台 Ⅲ、支撑板 Ⅳ 及肋板 Ⅴ 五个形体以叠加方式形成的,标注尺寸时应根据每个形体的形状和相对位置,标注出它们的定形尺寸和定位尺寸。

2. 选定尺寸基准

组合体有长、宽、高三个方向的尺寸基准,常采用组合体的底面、端面、对称面及回转体的轴线等作为尺寸基准。本例中,选用轴承座的左右对称面作为长度方向的尺寸基准,选用支撑板 Ⅳ 的后表面作为宽度方向的尺寸基准,选用底板的底面作为高度方向的尺寸基准。

3. 逐一标注各形体的定形尺寸和定位尺寸

如图 8.23(a) ~ (e) 所示。底板 Ⅰ 上两个圆孔长度方向的定位尺寸是 50,宽度方向的定位尺寸是 28;圆筒 Ⅱ 轴线高度方向的定位尺寸是 40,宽度方向的定位尺寸是 6。

4. 调整总体尺寸

由于轴承座的总长即为底板 Ⅰ 的长度尺寸,总宽由底板 Ⅰ 的宽度尺寸加圆筒 Ⅱ 宽度方向的定位尺寸确定,总高由凸台 Ⅲ 高度方向的定位尺寸确定,因此轴承座的总体尺寸不需再另加标注。

5. 检查

按标注尺寸的顺序逐一检查每个形体的定形尺寸和定位尺寸以及总体尺寸,保证尺寸标注的正确性、完整性和清晰性。

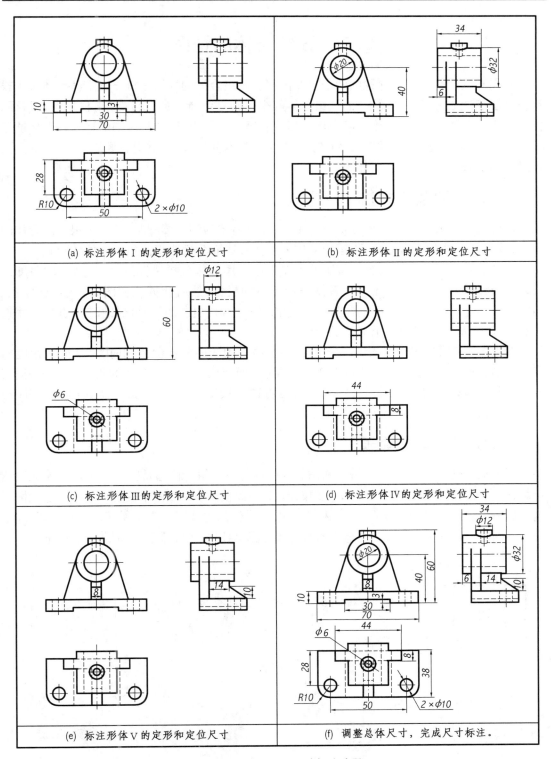

图 8.23 轴承座的尺寸标注步骤

8.5 读组合体的视图

画图和读图是学习本课程的两个主要内容。画组合体的视图是将三维空间形体按正投影的方法表达成二维平面图形，而读组合体的视图则是由所给的二维图形，根据点、线、面、体的正投影规律，想像出三维空间形体的形状和结构。所以，读图是画图的逆过程。要能正确、迅速地读懂视图，必须掌握读图的基本方法和基本要领，培养空间想像能力和构思能力，通过不断实践，逐步提高读图能力。

一、读图的基本方法

读图的基本方法仍以形体分析法为主，线面分析法为辅。读图时，应首先根据组合体的视图，确定组合体的组合方式，再运用形体分析法和线面分析法想像出组合体的形状。

形体分析法是叠加式组合体读图的主要方法。用形体分析法读图时，是从体的角度出发，首先将视图中的一个封闭线框看做一个形体的投影，然后依据三视图的投影规律（主、俯视图长对正，主、左视图高平齐，俯、左视图宽相等），找出它的另外已知投影，再将这些投影联系起来，最后想像出这个形体的形状。

线面分析法是挖切式组合体读图的主要方法。用线面分析法读图时，是从面的角度出发，首先将视图中的一个封闭线框看作一个面（平面或曲面）或一个孔的投影，然后依据三视图的投影规律，找出它的另外已知投影，再将这些投影联系起来，最后想像出这个面（或孔）的形状。

二、读图的基本要领

（1）从主视图入手，将几个视图联系起来阅读。一个组合体通常需要几个视图才能表达清楚，每个视图只能反映组合体一个方向的形状，因此仅由一个或两个视图往往不一定能惟一地表达一个组合体的形状。在图8.24中，七个组合体的主视图完全相同，但它们的形状却是完全不同的。在图8.25中，四个组合体的主、俯视图均相同，但它们的形状也是不同的。

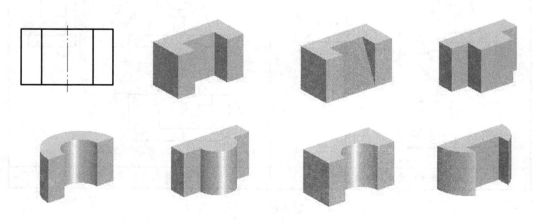

图8.24　一个视图不能惟一确定组合体的形状

因此，在读图时，要从主视图入手，将几个视图联系起来阅读、分析、构思，才能正确地想象出这组视图所表达的组合体的形状，切忌根据一个（或两个）视图就轻易下结论。

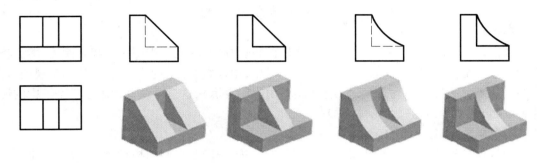

图 8.25　两个视图不能惟一确定组合体的形状

（2）认真分析视图中的线框和图线的含义，明确形体间的相对位置和形体邻接表面间的关系。对于叠加式组合体，视图中的一个线框通常表达的是一个形体的投影。对于挖切式组合体，视图中的一个线框通常表达的是组合体一个表面或一个孔的投影。视图中的图线则可能是一个面或两形体邻接表面间交线的投影。因此，必须将几个视图联系起来对照分析，才能明确视图中的线框和图线的含义，以及形体（或形体表面）间的相对位置（上下、前后和左右）和形体邻接表面间的关系。

如图 8.26(a) 所示，根据 A、B、D、E、F 五个线框的三面投影，可以读出它们代表了五个不同的平面，其中 A、B 面为正平面，正面投影反映实形，且 A 面在 B 面之后；D、E 和 F 面为水平面，水平投影反映实形，且 D 面在 F 面之上，E 面在 F 面之下。

（3）注意抓住特征明显的视图。在图 8.26(a) 中，A 面的主视图就是它的特征明显的视图，读图时要抓住这个视图，读出 A 面的形状。

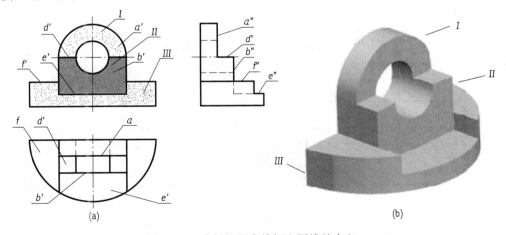

图 8.26　分析视图中线框和图线的含义

（4）将想像出的形体与给定的视图反复对照，以保证想像出的形体与给定的视图相符。

三、读图的步骤

读图时，一般应先大概地浏览一遍所给视图，明确视图间的投影关系，然后根据图形特点及投影联系,按线框将组合体划分为几部分,分别想像出它们的形状及相对位置,最后将各部分的形状及相对位置关系综合起来想像出组合体的整体形状。

现以图 8.26(a) 为例,说明读组合体视图的一般步骤。

(1) 看视图、分线框

读图时,首先从主视图入手,按照三视图的投影规律,将几个视图联系起来阅读,然后将组合体按线框大致分成几部分。在图 8.26(a) 中,根据组合体的主视图及另外两个视图,可将组合体划分为 Ⅰ 、Ⅱ 、Ⅲ 三个线框(图中用阴影表示),这三个线框代表了三个不同的形体,该组合体就是由这三个形体叠加在一起形成的。

(2) 识形体、定位置

根据每个形体的三视图分别想像出它们的形状,并确定它们的相对位置:Ⅰ 上、Ⅱ 中、Ⅲ 下。

(3) 综合起来想整体

每个形体的形状及相对位置关系确定后,再将其综合起来,想像出组合体的整体形状,如图 8.26(b) 所示。此时最好将想像出的组合体与给定三视图逐个形体、逐个视图再反复对照检查几遍,以保证所想像出的组合体的正确性。

四、叠加式组合体读图举例

【例 8.1】根据图 8.27(a) 给出的组合体的三视图,想像出该组合体的空间形状。

读图步骤:

(1) 看视图、分线框

首先从主视图入手,按照三视图的投影规律,将三个视图联系起来看,从而得出该组合体的组合方式为叠加式,然后将形体和位置特征都较明显的主视图按线框分成五部分,每一部分代表一个形体,如图 8.27(a) 所示。

(2) 识形体、定位置

如图 8.27(b) ~ (f) 所示,根据主视图中所分的线框及各形体的投影特点,对照俯、左视图,确定每个形体的空间形状以及它们之间的相对位置。

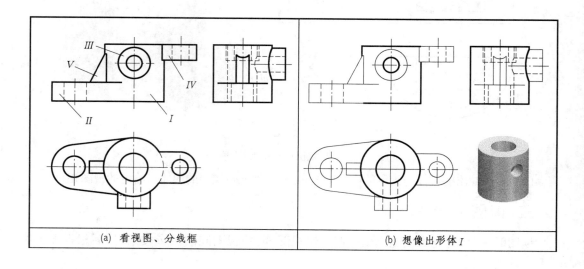

(a) 看视图、分线框　　　　　　　　(b) 想像出形体 Ⅰ

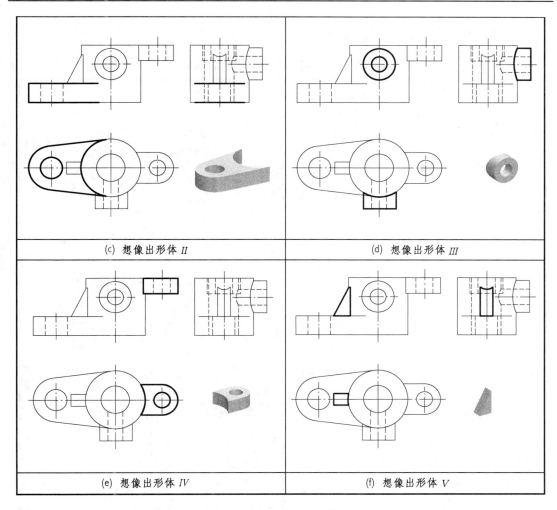

图 8.27　根据三视图想像出组合体各部分的形状

(3) 综合起来想整体

每个形体的空间形状以及它们之间的相对位置确定后,综合想像出该组合体的空间形状,如图 8.28 所示。最后,将想像出的组合体与给定三视图逐个形体、逐个视图再反复对照检查几遍,以保证所想像出的组合体的正确性。

图 8.28　综合起来想整体

五、挖切式组合体读图举例

【例8.2】根据图8.29(a)给定的主、左视图,想像出组合体的空间形状,补画出俯视图。

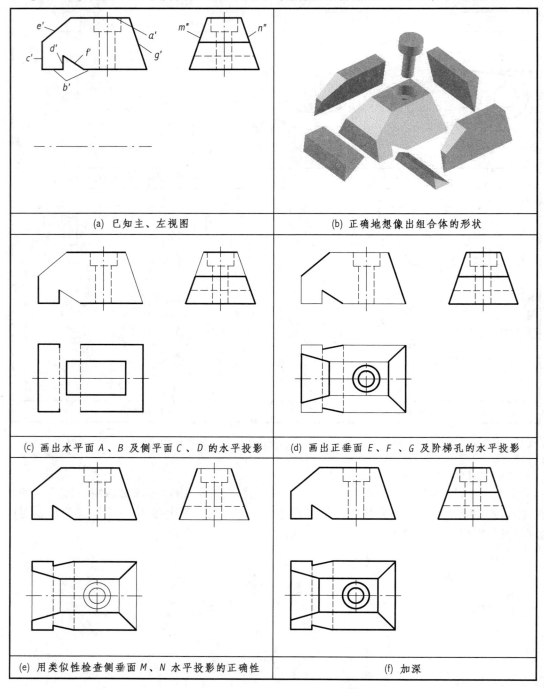

图8.29　已知主、左视图,画出俯视图

此例是读图和画图的综合题,也被称为"二求三"的问题。首先应按照读图步骤想像出组合体的空间形状,再按画图步骤,根据组合体相邻表面间的位置关系,按照三视图的投影规律,逐一画出各表面的俯视图,最后经检查无误后描深。具体步骤如下。

(1)看视图、分线框、识形状

根据图 8.29(a)中的主视图和左视图的轮廓线均为直线,可得出该组合体可能为一平面立体,再对照投影关系将主视图和左视图联系起来阅读,可想像出该组合体是由一个四棱柱被两个侧平面、三个正垂面、两个侧垂面和两个圆柱面挖切去六个形体后形成的,如图 8.29(b)所示。

(2)画出俯视图

步骤(1)已清楚地想像出组合体的空间形状,但要正确无误地画出组合体的俯视图,还要运用线面分析法及三视图间的投影规律。该组合体包括两个水平面 A、B,两个侧平面 C、D,三个正垂面 E、F、G,两个侧垂面 M、N 及两个铅垂圆柱面。先画两个水平面 A、B 及两个侧平面 C、D 的水平投影,因为三个水平面是矩形,所以水平投影也应为矩形;侧平面的水平投影应是一条具有积聚性的直线,如图 8.29(c)所示;再画正垂面 E、F、G 及阶梯孔的水平投影,因为三个正垂面的水平投影与侧面投影具有类似性,所以水平投影应为梯形,两个铅垂圆柱面的水平投影应积聚为圆,如图 8.29(d)所示;以上各面的水平投影画完后,两个侧垂面 M、N 的水平投影及各面间的交线已无需再画。

(3)检查

用投影面平行面的投影反映实形及投影面垂直面的投影具有类似性的特点,检查各面投影的正确性。图 8.29(e)是检查侧垂面 M、N 的水平投影是否正确,因其与正面投影相类似,都为八边形,且符合三视图的投影规律,所以正确。

(4)加深

检查无误后则可以加深,如图 8.29(f)所示。

8.6 利用 AutoCAD 绘制组合体视图

目的:
(1)熟悉三视图的绘制方法和技巧。
(2)熟悉相关图形的位置布置以及辅助线的使用技术。
(3)进一步练习部分绘图、编辑命令以及对象捕捉等辅助功能。
(4)掌握尺寸标注的设置和方法。

上机操作:绘制图 8.30 所示组合体。

分析:该组合体由底板、圆柱体、立板、肋板四部分组成。

作图:打开已设置好的绘图环境模板,新建一个图形文件,命名为"组合体.dwg"。

(1)布局

将当前层设定为点画线层,画出轴线及底平面位置(可以先画出构造线,确定好三视图的位置后,再删除掉),如图 8.31(a)所示。

(2)画底板

将当前层设定为粗实线层,用下面方法画出底版主视图,再用同样的方法画出另外两投影,如图 8.31(b)所示。

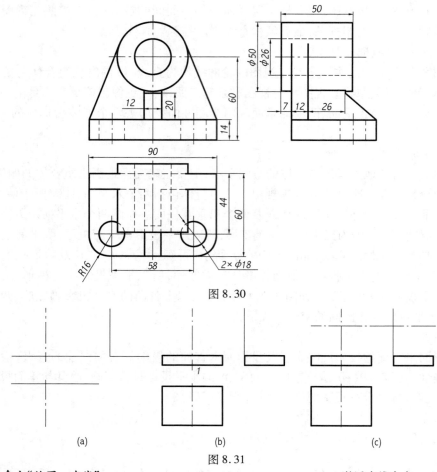

图 8.30

图 8.31

单击菜单命令"绘图→直线"　　　　　　　　　　　激活直线命令

命令：_line

指定第一点：捕捉交点 1；　　　　　　　　　　　用〈交点〉捕捉功能

指定下一点或［放弃(U)］:@45<0↙

指定下一点或［放弃(U)］:@14<90↙

指定下一点或［放弃(U)］:@90<180↙

指定下一点或［放弃(U)］:@14<270↙

指定下一点或［放弃(U)］:C↙

(3)画圆柱体

①单击菜单命令"修改→偏移"　　　　　　　　　　激活偏移命令

命令：_offset

指定偏移距离或［通过(T)］<通过>:60↙　　　　　确定偏移距离

选择要偏移的对象或<退出>:选择底板下方直线

指定点以确定偏移所在一侧:点击底板上方　　　　 画出圆心位置

并将中心线转换到点画线层，如图 8.31(c)所示。

②单击菜单命令"绘图→圆"　　　　　　　　　　　激活圆命令

命令：_circle

第 8 章 组合体 · 133 ·

指定圆的圆心或［三点(3P)/两点(2P)/相切、相切、半径(T)］:捕捉圆心　　点画线相交处
指定圆的半径或［直径(D)］:25↙　　　　　　　　　　　　　　　　　　画大圆
↙　　　　　　　　　　　　　　　　　　　　　　　　　　　　　　　　再次激活命令
命令：_circle
指定圆的圆心或［三点(3P)/两点(2P)/相切、相切、半径(T)］:捕捉圆心
指定圆的半径或［直径(D)］:13↙　　　　　　　　　　　　　　　　　　画小圆,如图8.32(a)所示
③单击菜单命令"绘图→直线"　　　　　　　　　　　　　　　　　　　　激活直线命令
命令：_line　　　　　　　　　　　　用〈象限点〉捕捉功能,画出圆柱轮廓线,如图8.32(a)所示

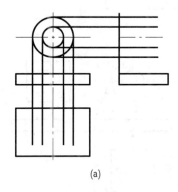 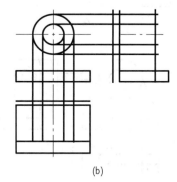

(a)　　　　　　　　　　　　　　　　　　(b)

图 8.32

④单击菜单命令"修改→偏移"　　　　　　　　　　　　　　　　　　　　激活偏移命令
命令：_offset　　　　　　　　　　　　　　　　　　　　　　　　　　　偏移圆柱前、后面轮廓线
指定偏移距离或［通过(T)］<通过>:7↙　　　　　　　　　　　　　　　指定偏移距离
选择要偏移的对象或<退出>:选择底板后轮廓线
指定点以确定偏移所在一侧:在底板后方、左方点击
↙　　　　　　　　　　　　　　　　　　　　　　　　　　　　　　　　再激活偏移命令
指定偏移距离或［通过(T)］<通过>:43↙　　　　　　　　　　　　　　指定偏移距离
选择要偏移的对象或<退出>:选择底板后轮廓线
指定点以确定偏移所在一侧:在底板前方、右方点击　　　　　　　　　　　如图8.32(b)所示
⑤单击菜单命令"修改→剪切"　　　　　　　　　　　　　　　　　　　　激活剪切命令
命令：_trim
选择剪切边…
选择对象:找到20个↙　　　　　　　　　　　　　　　　　　　　　　　结束剪切边对象选择
选择要修剪的对象,或［投影(P)/边(E)/放弃(U)］　　　　　　　　　　修剪去多余的线段
选择要修剪的对象,或［投影(P)/边(E)/放弃(U)］↙　　　　　　　　　结束剪切操作
　　将小圆柱孔轮廓线改为虚线,如图8.33(a)所示。
　　(4)画立板
①单击菜单命令"绘图→直线"　　　　　　　　　　　　　　　　　　　　激活直线命令
命令：_line　　　　　　　　　　　　　　　　　　　　　　　　　　　　用〈切点〉捕捉功能,画出立板轮廓线
②单击菜单命令"修改→偏移"　　　　　　　　　　　　　　　　　　　　激活偏移命令
命令：_offset　　　　　　　　　　　　　　　　　　　　　　　　　　　偏移立板前面轮廓线,如图8.33(b)所示
③单击菜单命令"绘图→直线"　　　　　　　　　　　　　　　　　　　　激活直线命令
命令：_line　　　　　　　　　　　　　　　　　　　　　　　　　　　　确定切点,如图8.34(a)所示
④单击菜单命令"修改→打断"　　　　　　　　　　　　　　　　　　　　激活打断命令

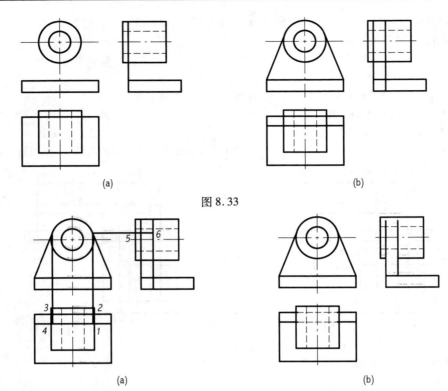

图 8.33

图 8.34

命令:_break   将立板在切点处打断
选择对象: 选择要打断的直线
指定第二个打断点 或 [第一点(F)]:捕捉 1 点   打开交点捕捉功能
指定第一个打断点:@↙   将直线在 1 点处打断

用同样的方法,将 2、3、4、点处打断。将中间线段改为虚线,如图 8.34(b)所示。

⑤单击菜单命令"修改→剪切"   激活剪切命令

命令:_trim   修剪多余线段,如图 8.34(b)所示

(5)画肋板

①单击菜单命令"修改→偏移"   激活偏移命令

命令:_offset   偏移肋板两面轮廓线,如图 8.35(a)所示

②单击菜单命令"绘图→直线"   激活直线命令

命令:_line

由交点画出直线,确定出交线,并画出斜线,如图 8.35(b)所示。

③单击菜单命令"修改→剪切"   激活剪切命令

命令:_trim   修剪多余线段

用打断命令将肋板轮廓线在 1、2 处打断,并将不可见处改为虚线,将肋板轮廓线改为粗实线,如图 8.30 所示。

(6)尺寸标注设置

菜单命令"格式→标注样式",打开"标注样式管理器",选择修改按钮,设置如下:

①在"直线和箭头"选项卡中,箭头选择实心箭头,大小确定为"5",如图 8.36 所示;

②在"文字"选项卡中,文字样式选择"斜体",字体高度为"5",如图 8.37 所示;

第 8 章 组合体

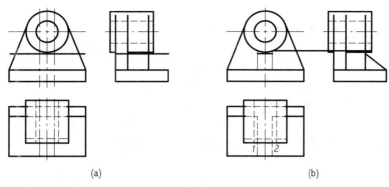

图 8.35

③在"调整"选项卡中,使用全局比例,如图 8.38 所示;

④在"主单位"选项卡中,精度选择"0",如图 8.39 所示。

设置完成,点击确定按钮,关闭对话框。

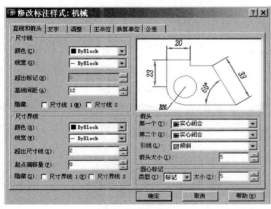

图 8.36 直线和箭头

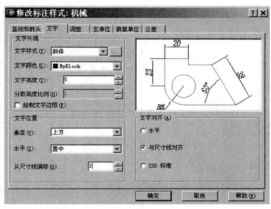

图 8.37 文字

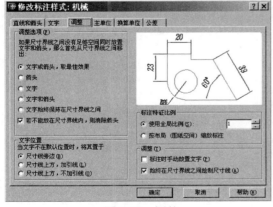

图 8.38 调整

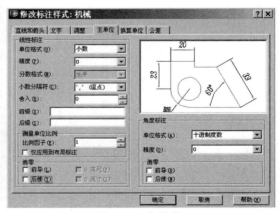

图 8.39 主单位

(7)标注尺寸

切换到尺寸图层。

①标注线性尺寸

单击菜单命令"标注→线性"　　　　　　　　　　　激活标注命令

命令：_dimlinear
指定第一条尺寸界线原点或 <选择对象>：点取尺寸 90 的
直线的一个端点   打开捕捉功能
指定第二条尺寸界线原点：点取尺寸 90 的直线的另一个端点
指定尺寸线位置或[多行文字(M)/文字(T)/角度(A)/水平(H)/
垂直(V)/旋转(R)]：点取尺寸摆放位置
标注文字 = 90

  用同样的方法标注其他尺寸 50、60、14、44、58 等的线性尺寸。

②标注直径尺寸

单击菜单命令"标注→线性"   激活标注命令
命令：_dimlinear
指定第一条尺寸界线原点或 <选择对象>：↙
选择标注对象：
指定尺寸线位置或[多行文字(M)/文字(T)/角度(A)/水平(H)/
垂直(V)/旋转(R)]：t↙   修改文字
输入标注文字 <50>：%%c⟨⟩   增加直径符号，⟨⟩为测量值
指定尺寸线位置或[多行文字(M)/文字(T)/角度(A)/水平(H)/
垂直(V)/旋转(R)]：点取尺寸摆放位置
标注文字 = 50   标注出 ϕ50 的尺寸

  用同样的方法标注其他尺寸 ϕ26 的直径尺寸。俯视图直径和半径尺寸直接点击命令进行标注。

  完成组合体三视图的绘制和尺寸标注。

  (8) 保存文件

  点击保存按钮保存该文件。

第 9 章 轴 测 图

工程上最常用的图样是多面正投影图,它可以准确地表达出物体的形状和大小,且度量性好、作图方便,但立体感不强,缺乏读图基础的人很难读懂。若采用轴测图来表达同一物体,就易于读懂(如图 9.1)。轴测图能同时反映物体长、宽、高三个方向的形状,立体感强,但作图较正投影图复杂,因此,在工程上一般作为辅助图样。

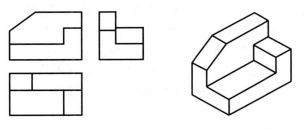

图 9.1 多面正投影图与轴测图的比较

9.1 基本知识

一、轴测图的形成

将物体连同其直角坐标系,沿不平行于任一坐标平面的方向,用平行投影法将其投射到选定的单一投影面(如 P 面)上所得的图形称为轴测投影,简称轴测图,如图 9.2 所示。其中,S 为选定的投射方向,P 面称为轴测投影面。空间直角坐标轴 OX、OY、OZ 在轴测投影面上的投影 O_1X_1、O_1Y_1、O_1Z_1,称为轴测投影轴,简称轴测轴;两轴测轴之间的夹角 $\angle X_1O_1Y_1$、$\angle Y_1O_1Z_1$、$\angle Z_1O_1X_1$,称为轴间角;轴测轴上的单位长度与空间直角坐标轴上对应单位长度的比值, 称为轴向伸缩系数。OX、OY、OZ 轴的轴向伸缩系数分别为 $p=O_1A_1/OA$、$q=O_1B_1/OB$、$r=O_1C_1/OC$。

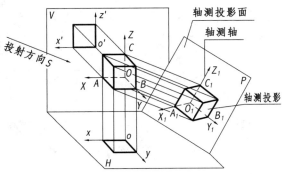

图 9.2 轴测图的形成

二、轴测图的基本性质

由于轴测投影属于平行投影，因此它具有平行投影的基本性质：
（1）物体上与坐标轴平行的线段，在轴测图中必定平行于相应的轴测轴。
（2）物体上互相平行的线段，在轴测图中仍然互相平行。

三、轴测图的种类

根据投射线方向相对轴测投影面的位置不同，轴测投影可分为两类：投射线方向垂直于轴测投影面称为正轴测投影，投射线方向倾斜于轴测投影面称为斜轴测投影。

这两类轴测投影又根据各轴向伸缩系数的不同，分为以下三种：
（1）正（或斜）等轴测投影，简称正（或斜）等测 $p=q=r$。
（2）正（或斜）二轴测投影，简称正（或斜）二测 $p=q\neq r$ 或 $p\neq q=r$ 或 $p=r\neq q$。
（3）正（或斜）三轴测投影，简称正（或斜）三测 $p\neq q\neq r$。

工程上最常用的是正等测、正二测和斜二测投影图。必要时允许采用其他轴测图。本章只介绍正等测和斜二测的画法。

9.2 正等轴测图

一、正等轴测图轴间角和轴向伸缩系数

在正等轴测图中轴间角互为 $120°$，如图 9.3 所示。轴向伸缩系数 $p=q=r\approx 0.82$，为方便作图，通常采用简化伸缩系数 $p=q=r=1$。用简化伸缩系数画出来的轴测图比实物放大了 $1/0.82\approx 1.22$ 倍，但形状不变。

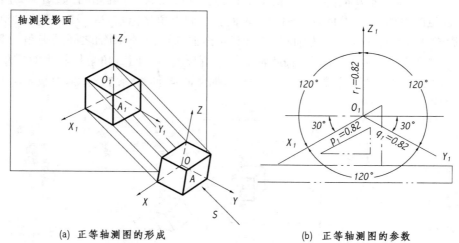

(a) 正等轴测图的形成　　(b) 正等轴测图的参数

图 9.3　正等轴测图的形成及参数

二、平面立体正等轴测图的画法

1. 坐标法

根据立体表面上各顶点或其对称中心的坐标,分别画出它们的轴测投影,然后依次连接成立体表面的轮廓线。

【例 9.1】 作出图 9.4(a) 所示三棱锥的正等轴测图。

作图: ① 在三棱锥的视图上定出坐标轴,取原点在右边底角,如图 9.4(a) 所示;

② 画轴测图,定出底面各角点和锥顶 S_1 在底面的投影 S,如图 9.4(b) 所示;

③ 根据锥顶 S_1 的高度定出轴测图上的投影 S,如图 9.4(c) 所示;

④ 连接各顶点,整理描深,完成全图,如图 9.4(d) 所示。

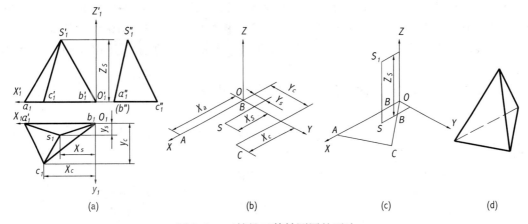

图 9.4　三棱锥正等轴测图的画法

【例 9.2】 作出图 9.5(a) 所示正六棱柱的正等轴测图。

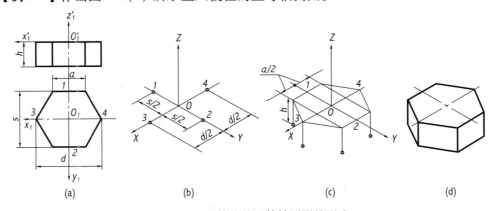

图 9.5　正六棱柱的正等轴测图的画法

作图: ① 在视图上定出坐标轴和原点 O_1,取顶平面对称中心为原点 O,如图 9.5(a) 所示;

② 画轴测轴,按尺寸定出 1、2、3、4 各点,其中 3、4 为顶平面的两个顶点,如图 9.5(b) 所示;

③ 过 1、2 作直线平行 OX,分别以 1、2 为中点向两边截取 $a/2$ 得顶平面的另外四个顶点,

连接各顶点,得顶面投影,过各顶点向下作 Z 轴平行线并截得棱线长度 h,得底面各顶点,如图 9.5(c) 所示;

④ 连接上述各顶点,完成底平面(不可见线可不画),整理描深,完成全图,如图 9.5(d) 所示。

2. 切割法

根据长方体的特点,选择其中一个顶角作为空间坐标原点,并以过该角顶的三条棱线为坐标轴。先画出轴测轴,然后用各顶点的坐标分别定出长方体八个顶点的轴测投影,依次连接各顶点,即得长方体的正等轴测图,然后逐步画出各个切口部分。

【例 9.3】作出图 9.6(a) 所示立体的正等轴测图。

作图:① 在三视图上确定坐标轴和坐标原点,如图 9.6(a) 所示;

② 画轴测轴,沿相应的轴量出 a、b、h 的长度,作出未切割的四棱柱,再根据三视图中的尺寸 c 和 d 画出四棱柱左上角被正垂面切去一个三棱柱后的正等轴测图,如图 9.6(b) 所示;

③ 根据三视图中的尺寸 e 和 f 画出左前角被一个铅垂面切去三棱柱后的正等轴测图,如图 9.6(c) 所示;

④ 擦去作图线,整理描深,完成全图,如图 9.6(d) 所示。

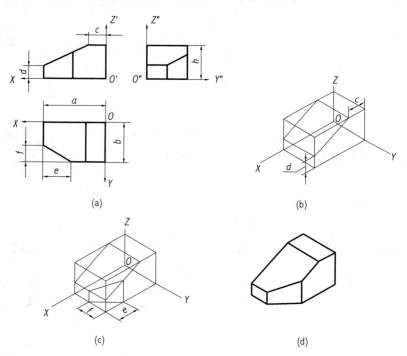

图 9.6 切割法画立体的正等轴测图

三、曲面立体正等测的画法

1. 圆的正等轴测投影的画法

绘制曲面立体的正等测,关键是要掌握圆的正等测画法。一般情况下,圆的正等测是椭圆。这种椭圆有两种画法:一种是坐标法,即用坐标法作出圆上一系列点的轴测投影,然后顺次光滑地连接起来,即得到圆的轴测投影图(椭圆);另一种是四心法,这种方法,快捷、方便、美观,但精确度不如坐标法。

【例9.4】 如图9.7(a)所示,用坐标法画圆的正等轴测图。

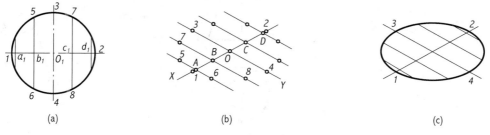

图9.7 坐标法画椭圆

作图:① 确定坐标轴,在圆的视图上作适当数量的平行于 O_1X_1 轴的弦,如图9.7(a)所示;

② 画轴测轴,定出圆直径的端点1、2、3、4;然后用坐标法找出各弦长的轴测投影5、6、7、8…,如图9.7(b)所示;

③ 用光滑曲线顺次连接各点,即得该圆的正等测投影,如图9.7(c)所示。

【例9.5】 如图9.8(a)所示,用四心法画圆的正等轴测图。

作图:① 过圆心 O 作坐标轴和圆的外切正方形,切点为1、2、3、4,如图9.8(a)所示;

② 作轴测轴和切点 1_1、2_1、3_1、4_1,过这些点作外切正方形的正等轴测图菱形,并作对角线,如图9.8(b)所示;

③ 过 1_1、2_1、3_1、4_1 作各边的垂线,得交点 A_1、B_1、C_1、D_1 点。A_1、B_1 即短对角线的顶点,C_1、D_1 在长对角线上,如图9.8(c)所示;

④ 分别以 A_1、B_1 为圆心,以 A_11_1、B_13_1 为半径,作 1_12_1 弧、3_14_1 弧;再分别以 C_1、D_1 为圆心,以 C_11_1、D_13_1 为半径,作 1_14_1 弧、3_12_1 弧,连成近似椭圆,如图9.8(d)所示。

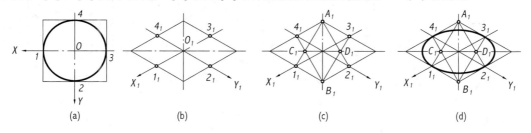

图9.8 四心法画椭圆

2. 平行于各坐标面的圆的正等测投影的画法

平行于坐标面的圆的轴测投影为椭圆,平行于 XOY 面的圆的轴测投影(椭圆)长轴垂直于 Z 轴,短轴平行于 Z 轴;平行于 XOZ 面的圆的轴测投影(椭圆)长轴垂直于 Y 轴,短轴平行于 Y 轴;平行于 YOZ 面的圆的轴测投影(椭圆)长轴垂直于 X 轴,短轴平行于 X 轴。用各轴向简化伸缩系数画出的正等轴测图椭圆,其长轴约等于 $1.22d$(d 为圆的直径),短轴约等于 $0.7d$,如图9.9所示。

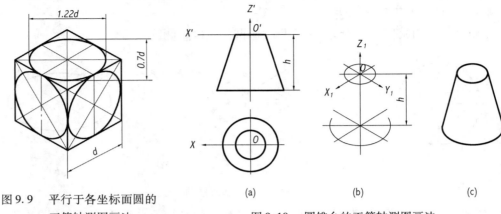

图 9.9　平行于各坐标面圆的
正等轴测图画法

图 9.10　圆锥台的正等轴测图画法

3. 曲面立体正等轴测图的画法举例

【例 9.6】 如图 9.10 所示,绘制圆锥台的正等轴测图。

作图:① 确定原点和坐标,如图 9.10(a) 所示;

② 据圆锥台上、下底圆的直径和高度,先画出上、下底的椭圆,如图 9.10(b) 所示;

③ 作两椭圆公切线,擦去多余图线,整理描深,如图 9.10(c) 所示。

【例 9.7】 如图 9.11(a) 所示绘制立体的正等轴测图。

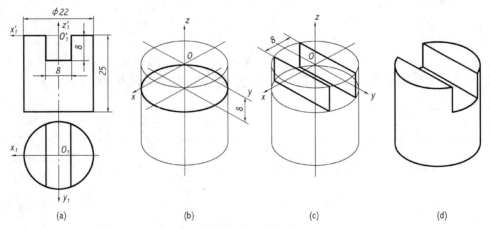

图 9.11　切割圆柱正等轴测图的画法

作图:① 在俯视图上定出坐标原点和坐标轴,如图 9.11(a) 所示;

② 画轴测轴,作出完整圆柱的轴测图,根据尺寸 8 作出水平面所在的椭圆,如图 9.11(b) 所示;

③ 根据尺寸 8 作出两侧平面,如图 9.11(c) 所示;

④ 擦去多余线,整理描深,得圆柱切割体的正等轴测图,如图 9.11(d) 所示。

四、组合体正等测的画法

【例 9.8】 画带圆角的底板的正等轴测图。

分析：从图 9.9 所示椭圆的近似画法中可以看出：菱形的钝角与圆的大圆弧相对应，菱形的锐角与椭圆的小圆角相对应，菱形相邻两边的中垂线的交点就是圆心，由此可以直接画出平板上圆角的正等轴测图，如图 9.12 所示。

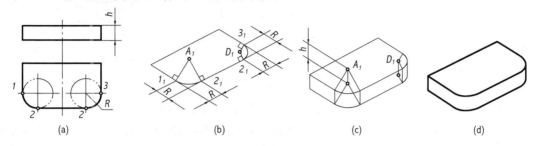

图 9.12　圆角正等轴测图的近似画法

作图：① 画出完整的底板正等轴测图，如图 9.12(a) 所示；

② 在作圆角的边上量取圆角半径 R，交得 1_1、2_1、3_1 点，再分别过 1_1、2_1、3_1 点作所在边的垂线，然后以两垂线交点 A_1、D_1 为圆心，垂线长为半径画弧，得带圆角底板的顶面正等测，如图 9.12(b) 所示；

③ 将圆心下移高度 h，画出底面圆角及其他可见部分，如图 9.12(c) 所示；

④ 整理描深，完成全图，如图 9.12(d) 所示。

【例 9.9】 绘制图 9.13(a) 所示的组合体的正等测。

作图：① 进行形体分析后，选定底板上表面的后方中点为坐标原点，画出轴测轴，按完整的长方体画出底板的轴测图，如图 9.13(a) 所示；

② 按整体的长方体画出支撑板的轴测图，如图 9.13(b) 所示；

③ 画支撑板上部的半圆柱面，先按四心法画出前表面的半个椭圆，再向 y 轴方向平移圆心，画出后表面的半个椭圆，并作出两椭圆右侧的公切线，如图 9.13(c) 所示；

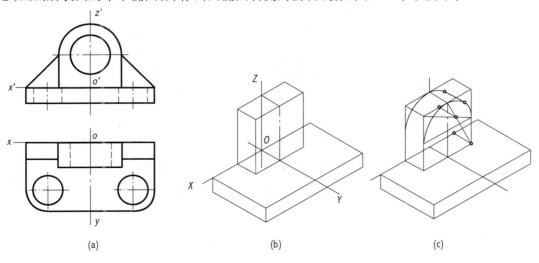

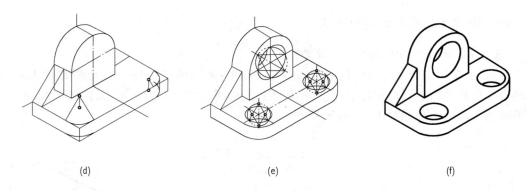

图 9.13 组合体正等轴测图的画法

④ 画三角形肋板及底板圆角的轴测图,如图 9.13(d)所示;

⑤ 画三个圆孔的轴测图,因椭圆短轴的长度大于厚度,故应画出底面(后面)椭圆的可见部分,如图 9.13(e)所示;

⑥ 擦去多余线,整理描深,得立体的正等轴测图,如图 9.12(f)所示。

9.3 斜二轴测图

一、斜二轴测图的形成及参数

如图 9.14(a),如果物体上的 XOY 坐标面平行于轴测投影面时,采用平行斜投影法,也能得到具有立体感的轴测投影图。当所选择的投影方向使 O_1Y_1 轴与 O_1X_1 轴之间的夹角为 135°,并使 $O_1Z_1 \perp O_1X_1$ 轴,O_1Y_1 的轴向伸缩系数为 0.5 时,这种轴测图就称为斜二轴测图,简称斜二测。

斜二轴测图的轴测轴、轴间角及轴向伸缩系数如图 9.14(b)所示。

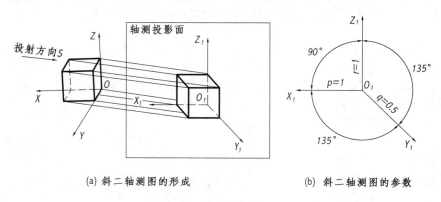

(a) 斜二轴测图的形成　　(b) 斜二轴测图的参数

图 9.14 斜二轴测图的形成及参数

二、斜二轴测图的画法

1. 平行坐标面的圆的画法

图 9.15 为平行坐标面的圆的斜二轴测图。平行于 $X_1O_1Z_1$ 面上的圆的斜二测投影还是圆。平行于 $X_1O_1Y_1$ 和 $Z_1O_1Y_1$ 面上的圆的斜二测投影都是椭圆，且形状相同。它们的长轴与圆所在坐标面上的一根轴测轴成约 7° 的夹角。

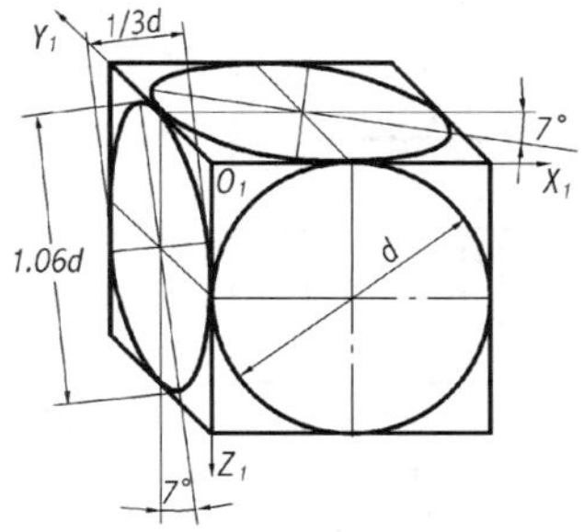

2. 斜二轴测图的画法

斜二轴测图在作图方法上与正等轴测图基本相同，也可采用坐标法、切割法等作图方法。由于斜二轴测图 Y 轴的轴向伸缩系数为 0.5，因此在画图时，沿 Y 轴只取实长的一半，沿 X 轴 Z 轴按实长量取。

图 9.15　三坐标面上圆的斜二轴测图

在确定坐标轴和原点时，应将形状复杂的平面或圆等放在与 XOZ 面平行的位置上，同时，为减少不必要的作图线，应从前向后依次画出各部分结构，一些被挡住的线可省去不画。

【例 9.10】绘制空心圆锥台的斜二轴测图，如图 9.16(a) 所示。

作图：① 在视图上确定坐标轴和坐标原点，如图 9.16(a) 所示；

② 画轴测轴，根据尺寸 y 在轴上截取 y/2 长度，确定圆锥台后端面的圆心位置，如图 9.16(b) 所示；

③ 画圆锥台前后两端面的圆，并画出两圆的公切线，然后画出内孔，如图 9.16(c) 所示；

④ 擦去多余线，整理描深，得此立体的斜二轴测图，如图 9.16(d) 所示。

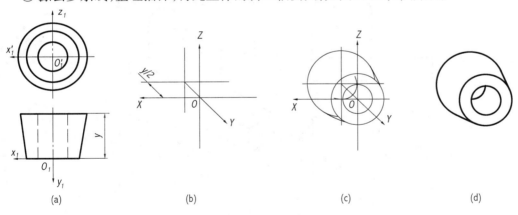

图 9.16　空心圆锥台的斜二轴测图

【例 9.11】绘制组合体的斜二轴测图，如图 9.17 所示。

作图：① 进行行体分析后在视图上确定坐标轴和坐标原点，如图 9.17(a) 所示；

② 画轴测轴，并画出立体前表面的轴测图，如图 9.17(b) 所示；

③ 根据尺寸 L/2 沿 Y 轴处取一点作为圆心，重复上一步做法，画出立体后表面的轴测图，并画出立体上部两半圆右侧的公垂线及 Y 向的轮廓线，如图 9.17(c) 所示；

④ 擦去多余线，整理描深，得此立体的斜二轴测图，如图 9.17(d) 所示。

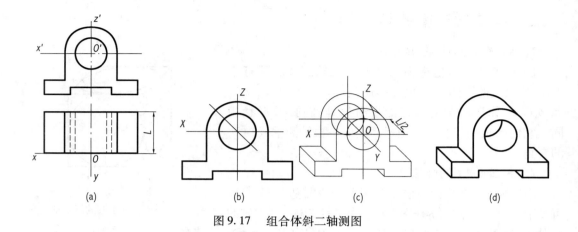

(a)　　　　　　　(b)　　　　　　　(c)　　　　　　　(d)

图 9.17　组合体斜二轴测图

9.4　利用 AutoCAD 绘制轴测图

目的：

(1) 了解使用 AutoCAD 绘制轴测图的一般过程。
(2) 掌握修改栅格捕捉方式。
(3) 掌握绘制等轴测圆的方法。

上机操作： 根据图 9.18 所示的零件图，绘制正等轴测图。

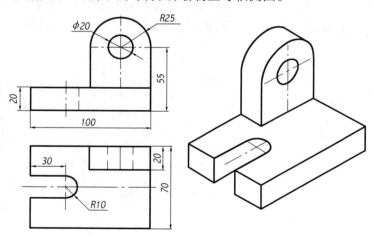

图 9.18　实例——零件图

分析： 图 9.18 所示的零件，可以分成两个部分。首先绘制底板，再绘制立板。
作图： 打开已创建好的模板，新建一个图形文件，命名为"正等轴测图.dwg"。

(1) 设置栅格捕捉方式

命令：SNAP　　　　　　　　　　　　　　　　　　　　设置栅格捕捉方式
指定捕捉间距或 [开(ON)/关(OFF)/纵横向间距(A)/旋转(R)/
样式(S)/类型(T)] <A>：S↙
输入捕捉栅格类型 [标准(S)/等轴测(I)] <S>：I↙　　　　选择正等轴测图模式

指定垂直间距 <10.0000>：1↵　　　　　　　　　捕捉间距设为1
命令：GRID
指定栅格间距（X）或［开(ON)/关(OFF)/捕捉(S)］<10.0000>：1↵　栅格间距设为1

注意：当栅格过于密集时，屏幕上不会显示出栅格，局部放大时可以看到。

图 9.19(a)是我们所熟悉的栅格的标准正交模式，设置后的屏幕和光标样式如图 9.19(b)、(c)、(d)所示。

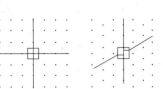
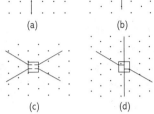

这 3 种模式可以用快捷键【Ctrl+E】来切换。打开正交模式后，在执行绘制直线等有方向性要求的命令时，将只能沿着光标两条直线的方向进行。

AutoCAD 中的 ellipse 命令提供了等轴测圆(I)选项，专门用于辅助正等轴测圆的绘制，绘制过程和使用 circle 命令一样，但是绘制出的却是圆的正等轴测圆——椭圆。只有在当前栅格捕捉模式处于正等轴测方式下，ellipse 命令中才会有该选项。

图 9.19　正等轴测的栅格和光标

光标样式不同，绘制的椭圆也不同，绘制图形如图 9.20 所示。

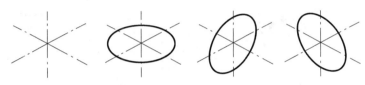

图 9.20　绘制椭圆的图形

（2）绘制底板部分

① 单击菜单命令"绘图→直线"　　　　　　　　　激活直线命令
命令：_line
指定第一点：　　　　　　　　　　　　　　　　　点击 1 点
指定下一点或［放弃(U)］：@100<30↵　　　　　　画直线 12
指定下一点或［放弃(U)］：@70<150↵　　　　　　画直线 23
指定下一点或［放弃(U)］：@100<210↵　　　　　画直线 34
指定下一点或［放弃(U)］：c↵　　　　　　　　　画直线 41，如图 9.21(a)所示

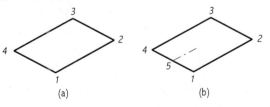

图 9.21　画底板

绘制中心线，打开捕捉开关，选用〈中点〉对象捕捉，并将图层转换为点画线层。

② 单击菜单命令"绘图→直线"　　　　　　　　　激活直线命令
命令：_line
指定第一点：　　　　　　　　　　　　　　　　　点击 5 点
指定下一点或［放弃(U)］：@40<30↵　　　　　　画直线 5，如图 9.21(b)所示

③单击菜单命令"修改→复制"　　　　　　　　　　　激活复制命令
命令：_copy　　　　　　　　　　　　　　　　　　复制直线6、7
选择对象：找到 1 个　　　　　　　　　　　　　　选择直线 5
指定基点或位移：捕捉 5 点　　　　　　　　　　　选择 5 点
指定基点或位移：指定位移的第二点或 <用第一点作位移>：@10<330↙
指定基点或位移：指定位移的第二点或 <用第一点作位移>：@10<150↙　如图9.21(c)所示
　　　绘制椭圆，将图层转换到粗实线层。
④单击菜单命令"修改→复制"　　　　　　　　　　　激活复制命令
命令：_copy　　　　　　　　　　　　　　　　　　复制直线 8
选择对象：找到 1 个　　　　　　　　　　　　　　选择直线 14
指定基点或位移：捕捉 5 点　　　　　　　　　　　选择 5 点
指定基点或位移：指定位移的第二点或 <用第一点作位移>：@30<30↙　　如图9.22(a)所示
⑤单击菜单命令"绘图→椭圆"　　　　　　　　　　　激活椭圆命令
命令：_ellipse　　　　　　　　　　　　　　　　　画椭圆，注意光标的方向
指定椭圆轴的端点或 [圆弧(A)／中心点(C)／等轴测圆(I)]：I↙　　选择等轴测圆
指定等轴测圆的圆心：　　　　　　　　　　　　　　捕捉圆心
指定等轴测圆的半径或 [直径(D)]：10↙　　　　　　绘制椭圆，如图9.22(b)所示
⑥单击菜单命令"修改→剪切"　　　　　　　　　　　激活剪切命令
命令：_trim　　　　　　　　　　　　　　　　　　修剪多余的边
当前设置：投影=UCS,边=无
选择剪切边...
选择对象：指定对角点：找到 9 个
选择要修剪的对象，或 [投影(P)／边(E)／放弃(U)]：点击要修剪的边
　　　并将圆的中心线转换到点画线层上，如图9.22(c)所示。

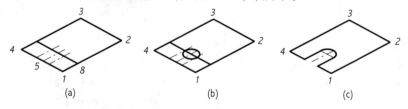

图 9.22　画圆

⑦单击菜单命令"修改→复制"　　　　　　　　　　　激活复制命令
命令：_copy　　　　　　　　　　　　　　　　　　复制底平面
选择对象：找到 10 个　　　　　　　　　　　　　　选择底平面
指定基点或位移：捕捉 1 点　　　　　　　　　　　选择 1 点
指定基点或位移：指定位移的第二点或 <用第一点作位移>：@20<90↙　如图9.23(a)所示
　　　选择〈端点〉捕捉模式，画出垂直方向直线，再修剪多余线形，完成底板绘制，如图9.23
(b)、(c)所示。
　　　(3)绘制立板
①命令：line　　　　　　　　　　　　　　　　　　激活直线命令
指定第一点：捕捉 9 点　　　　　　　　　　　　　捕捉 9 点
指定下一点或 [放弃(U)]：@35<90↙　　　　　　　画直线 9 10

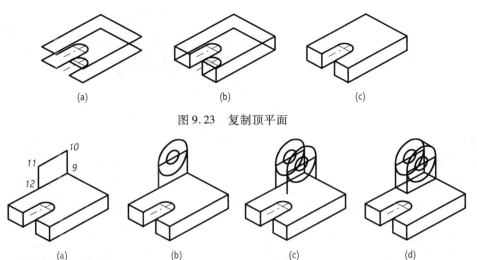

图 9.23　复制顶平面

图 9.24　画立板

指定下一点或［放弃(U)］：@50<210↙	画直线 10 11
指定下一点或［放弃(U)］：@35<270↙	画直线 11 12，如图 9.24(a)所示
按快捷键【Ctrl+E】切换光标	
②单击菜单命令"绘图→椭圆"	激活椭圆命令
命令：_ellipse	画椭圆
指定椭圆轴的端点或［圆弧(A)/中心点(C)/等轴测圆(I)］：I↙	选择等轴测圆
指定等轴测圆的圆心：	捕捉 10 11 中点
指定等轴测圆的半径或［直径(D)］：25↙	画大圆，如图 9.24(b)所示

用同样的方法画 φ20 的小圆。

③命令：copy	复制立板后平面
选择对象：找到 5 个	选择立板后平面
指定基点或位移：捕捉 9 点	选择 9 点
指定基点或位移：指定位移的第二点或 <用第一点作位移>：@20<330↙	如图 9.24(c)所示

画轮廓线，修剪多余线，并将圆中心线转换到点画线层，完成轴测图绘制，如图 9.18 所示。

上机操作：根据图 9.25 所示的零件图，绘制斜二轴测图。

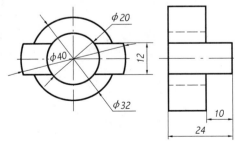

图 9.25

分析：该图共有 7 个圆，3 个圆心。Y 轴伸缩系数 $q=0.5$。

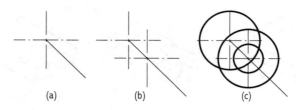

图 9.26

作图:
①画轴测轴;　　　　　　　　　　　　　　如图 9.26(a)所示
②复制轴测轴;　　　　　　　　　　　　　　注意距离,如图 9.26(b)所示
③画 $\phi 20$ 圆和 $\phi 40$ 圆;　　　　　　　　　如图 9.26(c)所示

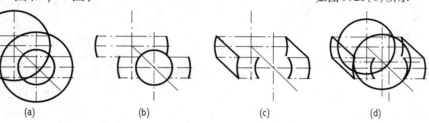

图 9.27

④偏移中心线;　　　　　　　　　　　　　　如图 9.27(a)所示
⑤修剪多余线;　　　　　　　　　　　　　　如图 9.27(b)所示
⑥画轮廓线;　　　　　　　　　　　　　　　如图 9.27(c)所示
⑦画 $\phi 32$ 圆;　　　　　　　　　　　　　　如图 9.27(d)所示

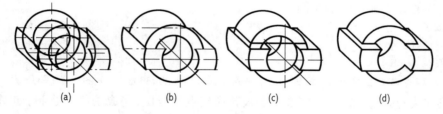

图 9.28

⑧画 $\phi 20$ 圆;　　　　　　　　　　　　　　如图 9.28(a)所示
⑨修剪多余线;　　　　　　　　　　　　　　如图 9.28(b)所示
⑩画轮廓线;　　　　　　　　　　　　　　　如图 9.28(c)所示
⑪完成斜二测轴测图。　　　　　　　　　　　如图 9.28(d)所示

第 10 章　机件的表达方法

在生产中,机件(包括零件、部件和机器)的结构形状多种多样。为了满足各种机件表达的需求,国家标准《技术制图》与《机械制图》规定了表达机件的各种方法,即视图、剖视图、断面图、简化画法等。在绘制技术图样时,应首先考虑读图方便,再根据机件的结构特点,选用适当的表达方法。在完整、清晰地表达机件形状结构的前提下,力求制图简便。

10.1　视　　图

视图(GB/T17451—1998)主要用于表达机件的外部结构形状,通常有基本视图、向视图、局部视图和斜视图。

一、基本视图

基本视图是将机件向基本投影面投影所得的视图。

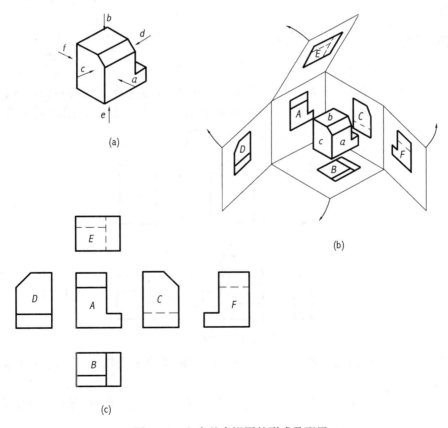

图 10.1　六个基本视图的形成及配置

基本投影面是在原来三个投影面的基础上，再增加三个投影面所组成的。这六个面在空间构成一正六面体，基本投影面就是正六面体表面。如图10.1(a)所示，一个机件有六个基本投影方向。机件分别向六个基本投影面投影，再按图10.1(b)规定的方法展开，即正投影面不动，其余各投影面按箭头所指的方向旋转展开，与正投影面成一个平面，即得到六个基本视图，如图10.1(c)所示。

六个基本视图的名称和投射方向如下：

主视图(A)——由前向后(a方向)投影所得的视图；
俯视图(B)——由上向下(b方向)投影所得的视图；
左视图(C)——由左向右(c方向)投影所得的视图；
右视图(D)——由右向左(d方向)投影所得的视图；
仰视图(E)——由下向上(e方向)投影所得的视图；
后视图(F)——由后向前(f方向)投影所得的视图。

六个基本视图一般应按图10.1(c)所示的位置关系配置。按规定位置配置的基本视图一律不标注视图的名称，并且各视图间仍保持"长对正、高平齐、宽相等"的"三等"投影关系，即

主、俯视图，长对正；
主、左视图，高平齐；
俯、左视图，宽相等。

二、向视图

向视图是可自由配置的基本视图。

有时为了合理利用图幅，各基本视图不能按规定的位置关系配置时可自由配置，但应在视图上方用大写字母(如A、B、…、F)标注出该视图的名称，并在相应视图附近用箭头指明投影方向，注上相同的字母，如图10.2所示。

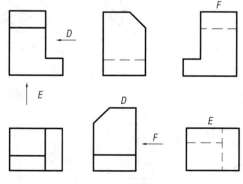

图10.2 向视图

实际绘图时，不是任何机件都需要画六个基本视图，而是根据机件的结构特点和复杂程度，选用必要的基本视图。

值得注意的是：六个基本视图中，一般优先选用主、俯、左三个视图，任何机件的表达，都必须有主视图。

三、局部视图

局部视图是将机件的某一部分向基本投影面投影所得的视图。局部视图是一个不完整的基本视图,利用局部视图可以减少基本视图的数量,补充表达基本视图尚未表达清楚的部分。如图 10.3 所示的机件,当采用了主、俯两个视图表达后,只有两侧凸台部分尚未表达清楚。为此,采用了 A、B 两个局部视图加以补充。这样就可省去左视图和右视图,既简化了作图,又使其表达简单、清楚、明了。

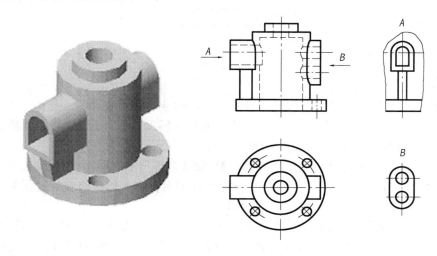

图 10.3 局部视图

局部视图的断裂边界用波浪线或双折线表示,如图 10.3 中的局部视图 A,但当所表示的局部结构是完整的且外形轮廓封闭时,波浪线可省略不画,如图 10.3 中的局部视图 B。

局部视图应尽量配置在箭头所指的方向,并与视图保持投影关系,如图 10.3 中的 A。有时,为了合理布置图面,也可将局部视图配置在其他适当位置,如图 10.3 中的 B。

在不致引起误解的前提下,对称构件的视图可只画一半或四分之一,并在对称中心线的两端画出两条与其垂直的平行细实线,如图 10.4 所示。

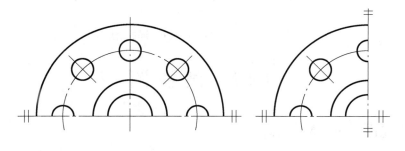

图 10.4 局部视图

四、斜视图

斜视图是将机件向不平行于任何基本投影面的平面投影所得的视图,如图 10.5 所示。

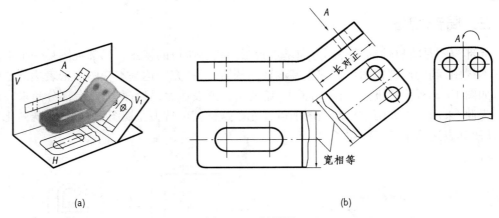

图 10.5　斜视图

斜视图通常只用于表达机件倾斜部分的实形和标注真实尺寸,因此,选择一个新的辅助投影面 V_1 与机件倾斜部分平行,将该部分结构形状向辅助投影面投影,然后此投影面向外旋转到与基本投影面重合位置,如图 10.5(a) 所示。

因斜视图只用于表达该机倾斜部分的实形,故其余部分不必画出,而用波浪线或双折线断开。画斜视图时,必须在视图上方用字母标出视图名称,如 A,在相应的视图附近用箭头指明投影方向,并注上同样字母,如图 10.5(b)。

必要时,允许将斜视图旋转配置。表示该图名的字母应靠近旋转符号的箭头端,如图 10.6(b) 中 A。箭头方向为旋转方向,如图 10.6(a) 所示。图 10.6(c) 为旋转符号的画法。

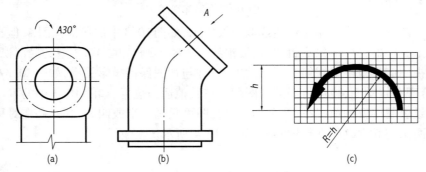

图 10.6　斜视图中旋转符号的画法

10.2　剖　视　图

一、剖视图的基本概念

假想用剖切面剖开机件,将处在观察者和剖切面之间的部分移去而将其余部分向投影面投影所得的图形称为剖视图(简称剖视),如图 10.7 所示。

剖切面与机件接触的部分(截断面)规定要画出剖面符号,为了区别被剖机件材料,GB/T17453—1998 中规定的各种材料的剖面符号的画法(表 10.1)。当不需在剖面区域中表示材料的类别时,所有材料的剖面符号均可采用与金属材料相同的通用剖面线表示,通用剖面线应画成与水平方向成45°或135°的平行细实线。要注意,同一机件的不同剖视图上,其剖面线的间隔相等,倾斜方向应相同。

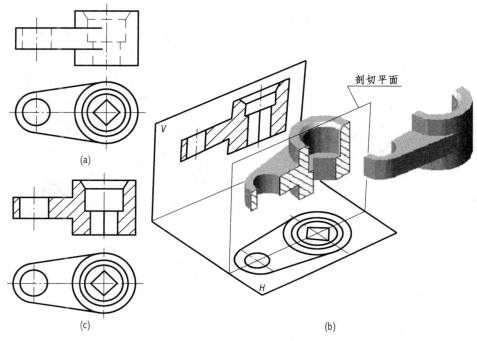

图 10.7　剖视图的基本概念

表 10.1　部分特定的剖面符号(GB/T17453—1998,GB/T4457.5—1984)

金属材料/普通砖			线圈绕组元件		混凝土	
非金属材料 (除普通砖外)			转子、电枢、变压器和电抗器等的叠钢片		钢筋混凝土	
木材	纵剖面		型砂、填砂、砂轮、陶瓷及硬质合金刀片、粉末冶金		固体材料	
	横剖面		液体		基础周围的泥土	
玻璃及供观察用的其他透明材料			胶合板(不分层数)		格网(筛网、过滤网等)	

二、剖视图的画法及标注

1. 剖视图的画法

(1)确定剖切平面位置。剖切平面一般与基本投影面平行,剖切平面位置一般应通过机件的对称面或回转轴线,如图 10.7(b)所示。

（2）画出剖切平面后面所有可见部分的投影，如图10.7(c)所示。

注意：不要出现如图10.8所示图形中的错误。

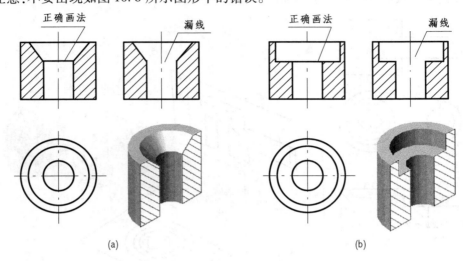

图 10.8　画剖视图时易漏的图线

（3）画出剖面符号。画出与剖切平面接触的实体部分（称剖切区域）的剖面线，如图10.7(c)所示。

2. 剖视图的标注及配置

画剖视图时，一般应在剖视图上方用大写字母标注剖视图的名称"×—×"，在相应的视图上用剖切符号（线宽$1b \sim 1.5b$，长约$5 \sim 10$ mm的两段粗实线）表示剖切平面的位置，在剖切符号外端画出与剖切符号相垂直的箭头表示投影方向，在剖切符号与箭头外侧注出同样的字母，字母一律水平书写，如图10.9(d)所示。

为了不影响图形的清晰，剖切符号应避免与图形轮廓线相交。

当剖视图按投影关系配置，而中间又没有其他图形隔开时，可以省略箭头，如图10.10中的A—A。

当单一剖切平面通过机件的对称平面或基本对称的平面，且按剖视图投影关系配置，中间又没有其他图形隔开时，可省略标注，如图10.11所示。

3. 画剖视图应注意的事项

（1）剖切平面一般应通过机件的对称面或内部孔等结构的轴线，以便反映结构的实形，如图10.7。

（2）剖切面是假想的，实际上并没有把机件剖开。因此，当机件的某一个视图画成剖视图以后，其他视图仍按完整的机件画出，如图10.7中的俯视图。

（3）在剖视图中，剖切面后方的可见轮廓线应全部画出，不能遗漏。一般不画不可见轮廓线，只有当不足以表达清楚机件的结构时，才画出必要的虚线，如图10.11所示。

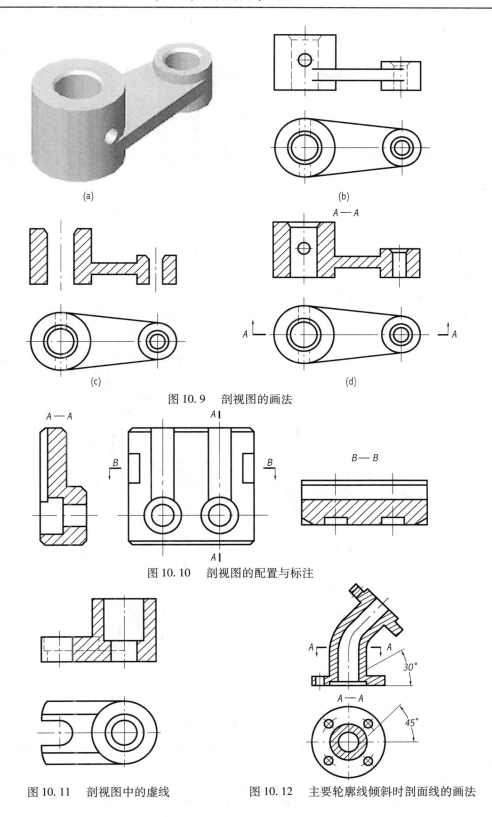

图 10.9　剖视图的画法

图 10.10　剖视图的配置与标注

图 10.11　剖视图中的虚线

图 10.12　主要轮廓线倾斜时剖面线的画法

三、剖视图的分类

剖视图根据所得剖切范围不同分为全剖视图、半剖视图和局部剖视图三种。

1. 全剖视图

用剖切面完全地剖开机件所得的剖视图称为全剖视图。

全剖视图用于表达内部形状复杂又不对称的机件,如图 10.12 所示。对于外形简单,且具有对称平面的机件,也常采用全剖视图,如图 10.13 所示。

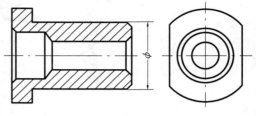

图 10.13　全剖视图

2. 半剖视图

当机件具有对称平面时,在垂直于对称平面的投影面上投影所得的图形,应以对称中心线为界,一半画成剖视图,另一半画成视图,这种组合的图形称为半剖视图,如图 10.14 所示。

当机件的形状接近于对称,且不对称部分已另有图形表达清楚时,也可以画成半剖视图,如图 10.15 所示。

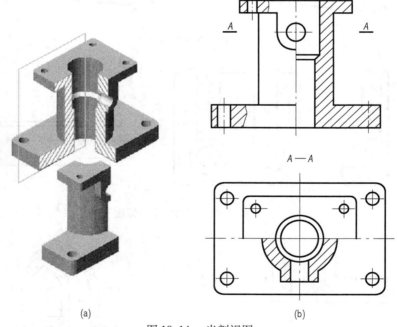

图 10.14　半剖视图

画半剖视图时应注意:

(1) 视图与剖视图分界线是点画线,不要画成粗实线。

(2) 由于图形对称,零件的内部形状已在半个剖视图中表达清楚,所以在表达外形的半个视图中,虚线可以省略不画。

3. 局部剖视图

用剖切平面局部剖开机件所得的剖视图称为局部剖视图,如图 10.16 所示。

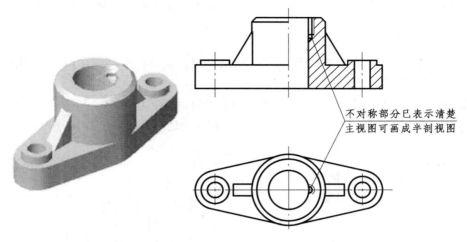

图 10.15　局部不对称也可画成半剖视图

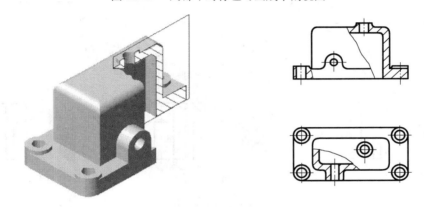

图 10.16　局部剖视图

局部剖视图与视图的分界线是波浪线或双折线；波浪线不要与图形重合，也不要画在其他图线的延长线上，如图 10.17 为错误画法。

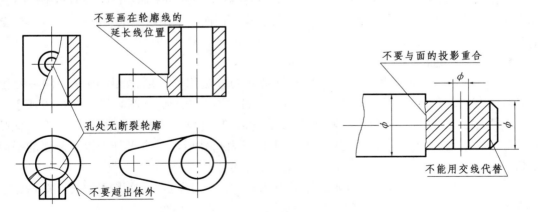

图 10.17　存在几个错误画法的局部剖视图

当被剖结构为回转体时允许将该结构的中心线作为视图与局部剖视图的分界线,如图10.18(a)所示。

局部剖视一般用于下列情况:

(1)机件上有部分内部结构形状需要表示,但又没必要作全剖视或内、外结构形状都兼顾时,如图10.16所示。

(2)实心零件上有孔、凹坑和键槽等需要表示时,如图10.18(b)所示。

(3)机件虽然对称,但不宜采用半剖视(分界线处是粗实线)如图10.19所示。

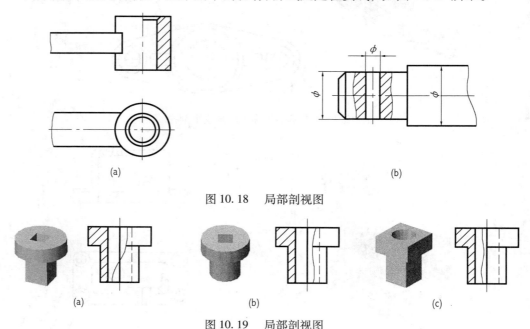

图10.18　局部剖视图

图10.19　局部剖视图

四、剖切面的分类

画剖视图时,按照机件的结构形状特点,可以选择单一剖切平面、几个平行的剖切平面、几个相交的剖切平面(交线垂直于某一投影面)等剖切面。采用这些剖切方法,都可得到全剖视图、半剖视图和局部剖视图。

1. 单一剖切面

用一个平行于基本投影面的平面将机件剖开的方法称单一剖,如图10.7、图10.9、图10.13、图10.15所示。也可用柱面剖切机件,剖视图按展开绘制,如图10.20中B—B所示。

当机件上倾斜部分的内部结构形状需要表达时,与斜视图一样,可以先选择一个与该倾斜部分平行的辅助投影面(不平行于任何基本投影面),然后用一个平行于该投影面的平面剖切机件,这种方法可称为斜剖,如图10.21所示。

采用这种方法画剖视图的标注形式如图10.21(a)中A—A所示。剖视图可按投影关系配置,也可在不致引起误解时,可将图形转正,这时应标"⌒×-×",如图10.21(b)所示。

2. 几个平行的剖切平面

当机件上有较多的内部结构形状,而这些内部结构的层次又不同一平面内,这时用几个

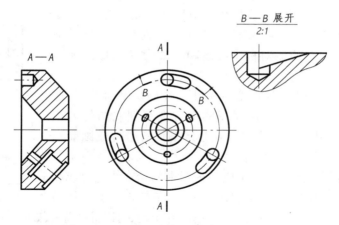

图 10.20　用柱面剖切机件获得的剖视图

平行于基本投影面的剖切平面剖开机件,这种剖切方法可称为阶梯剖,如图 10.22 所示机件用了两个平行剖切平面。

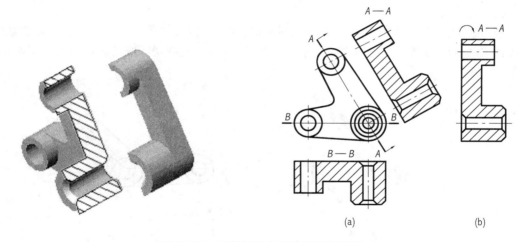

图 10.21　用斜剖的方法获得的剖视图

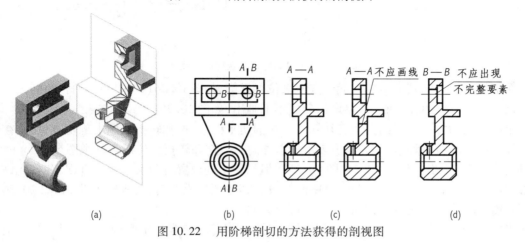

图 10.22　用阶梯剖切的方法获得的剖视图

用阶梯剖方法画剖视图时,在图内不应出现不完整的要素,如图 10.22(d);只有当两个要素的图形上具有公共对称中心线或轴线时,可各画一半,此时应以对称中心线和轴线为界,如图 10.23 所示。

用阶梯剖的方法画剖视图时必须标注。在剖切平面的起、迄和转折处应画出剖切符号,在剖视图的上方注写剖视图的名称"×—×",各处应采用同样的字母。在起迄剖切符号外端画箭头(垂直于剖切符号)表示投影方向。

剖切平面转折处的剖切符号不应与视图中的轮廓线重合或相交。当转折处的位置有限且不会引起误解时,允许省略字母,视图与剖视图按投影关系配置,且中间又没有其他图形隔开时,可以省略箭头,如图 10.22 所示。

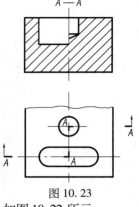

图 10.23

3. 几个相交的剖切面

当机件的内部结构形状用一个剖切平面剖切不能表达完全,且这个机件在整体上又有回转轴时,可用两个相交的剖切平面(交线垂直于某一基本投影面)剖开机件,这种剖切方法一般又称为旋转剖。

采用这种方法画剖视图时,先假想按剖切位置剖开机件,然后将被剖切平面剖开的结构及其有关部分旋转到与选定的投影面平行后再进行投影,使剖视图既反映实形又便于画图,如图 10.24 所示。

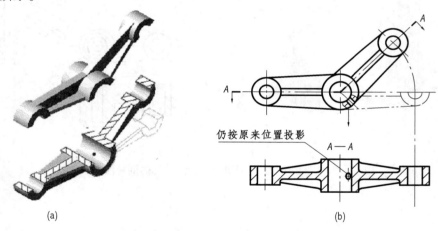

图 10.24　用旋转剖切方法获得的剖视图

在剖切平面后的其他结构一般仍按原来位置投影,如图 10.24(b) 中的小油孔的画法。当剖切后产生不完整要素时,应将该部分按不剖画出,如图 10.25。

用旋转剖的方法获得剖视图必须标注。在剖切平面起、迄和转折处画出剖切符号,并在起迄外端画出箭头(垂直剖切符号)表示投影方向,起、迄和转折处应用与剖视图名称"×—×"同样的字母标出。如图 10.24、图 10.25。但当转折处位置有限又不致引起误解时,允许省略字母,剖视图按投影关系配置,且中间又没有其他图形隔开时,可省略箭头,如图 10.26 所示。箭头所指方向是投影方向,而不是旋转方向。

当机件的内部结构形状较复杂,用旋转剖、阶梯剖仍不能表达清楚时,可以用组合的剖切平面剖开机件,这种剖切方法可称为复合剖,如图 10.27 所示。

用这种方法画剖视图时,可采用展开画法,如图10.27(b)。

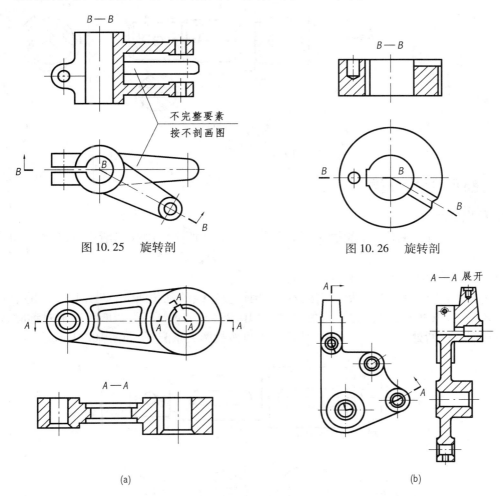

图10.25 旋转剖　　　　　图10.26 旋转剖

图10.27 用复合剖的方法获得的剖视图

10.3 断面图

断面图主要是用来表达机件上某一部分的断面形状。

一、基本概念

要想用剖切平面将机件的某处切断,仅画出该剖切面与机件接触部分的图形,此图形称为断面图(简称断面),如图10.28所示。

画断面图时,应特别注意断面图与剖视图的区别:断面图仅画出几个被切断处的断面形状,而剖视图除了画出断面形状外,还必须画出剖切面以后的可见轮廓线,如图10.28(b)、(c)所示。

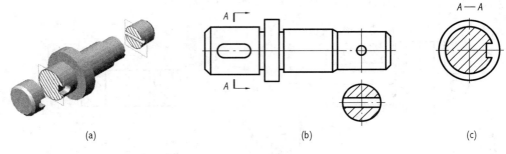

图 10.28　断面图

二、断面图的分类

1. 移出断面

画在视图以外的断面图,称为移出断面,如图 10.29 所示。画移出断面时,应注意如下几点:

(1)移出断面的轮廓线用粗实线绘制。

(2)为了看图方便,移出断面应尽量画在剖切位置线的延长线上,如图 10.29(b)、(c)所示。必要时,也可配置在其他适当位置,如图 10.29(a)、(d)所示,当断面图形对称时,还可画在视图的中断处,如图 10.30(a)所示。也可按投影关系配置,如图 10.31 所示。

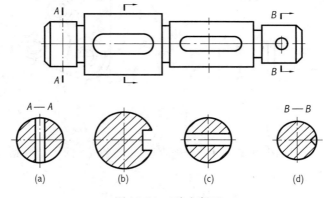

图 10.29　移出断面

(3)剖切平面一般应垂直于被剖切部分的主要轮廓线。当遇到如图 10.30(b)所示的结构时,可用两个相交的剖切面,分别垂直于左、右肋板进行剖切,这样画出的断面图,中间应用波浪线断开。

(4)当剖切平面通过回转面形成孔(如图 10.31)、凹坑(如图 10.29(d)中的 $B—B$ 断面),或当剖切平面通过非圆孔,会导致出现完全分离的两个或多个部分时这些结构应按剖视绘制,如图 10.32 中的 $A—A$ 断面。

移出断面的标注,应注意以下几点:

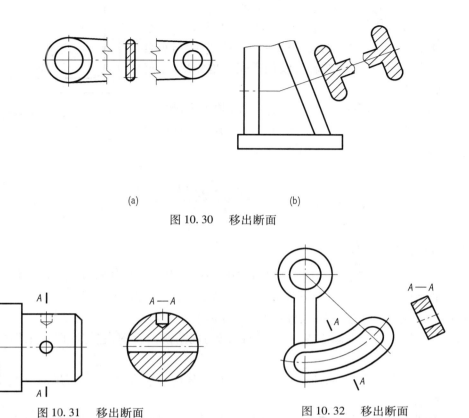

图 10.30　移出断面

图 10.31　移出断面　　　　　图 10.32　移出断面

（1）配置在剖切线延长线上的不对称移出断面，须用两处粗短线表示剖切面位置，在粗短线两端用箭头表示投影方向，省略字母，如图 10.29(b) 所示，如果断面图是对称图形，画出剖切线，其余省略，如图 10.29(c) 所示。

（2）没有配置在剖切线延长线上的移出断面，无论断面图是否对称，都应画出剖切面位置符号，用字母标出断面图名称"×—×"，如图 10.29(a) 所示。如果断面图不对称，还须用箭头表示投影方向，如图 10.29(d) 所示。

（3）按投影关系配置的移出断面，可省略箭头，如图 10.32 所示。

2. 重合断面

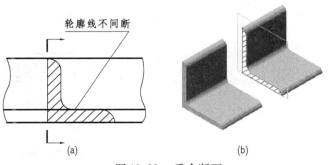

图 10.33　重合断面

画在视图之内的断面图,称为重合断面。

(1)重合断面的画法,重合断面的轮廓线用细实线绘制,如图10.33、图10.34所示。当视图中的轮廓线与重合断面的图形重叠时,视图中的轮廓线仍需完整地画出,不能间断,如图10.33所示。

(2)重合断面的标注,不对称重合断面,须画出剖切面位置符号和箭头,可省略字母,如图10.33所示。对称的重合断面,可省略全部标注,如图10.34所示。

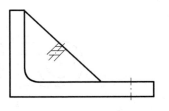

图10.34 重合断面

10.4 其他表达方法

一、局部放大图

当机件上某些局部细小结构在视图上表达不够清楚或不便于标注尺寸时可将该部分结构用大于原图的比例画出,这种图形称为局部放大图,如图10.35所示。

画局部放大图时应注意的问题如图10.35所示。

(1)局部放大图可以画成视图也可以画成剖视图或断面图,它与原图所采用的表达方式无关。

(2)绘制局部放大图时,应在被放大处用细实线圈出放大部位,并将局部放大图配置在被放大部位的附近。

(3)当同一机件上同时有几处放大部位时,需用罗马数字顺序注明,并在局部放大图上方标出相应的罗马数字及所采用的比例。

当机件上被放大的部位仅有一处时,局部放大图的上方只需注明所采用的比例,如图10.36所示。

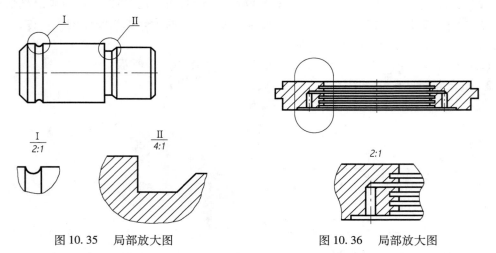

图10.35 局部放大图　　　　图10.36 局部放大图

(4)局部放大图中标注的比例为放大图尺寸与实物尺寸之比,而与原图所采用的比例无关。

二、有关表达方法

（1）对于机件上的肋、轮辐和薄壁等结构，当剖切平面沿纵向（即过轮辐、肋等的轴线或对称平面）剖切时，规定在这些结构的截断面上不画剖面符号，但必须用粗实线将它与邻接部分分开，如图 10.37 左视图中的肋和图 10.39 主视图中的轮辐。但当剖切平面沿横向（垂直于结构轴线或对称面）剖切时，仍需画出剖面符号，如图 10.37 的俯视图。

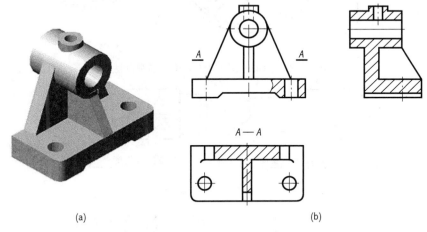

图 10.37　肋的画法

（2）当机件上的平面在视图中不能充分表达时，可采用平面符号（两条相交的细实线）表示，如图 10.38 所示。

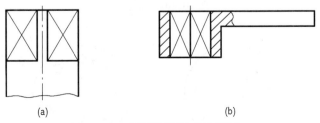

图 10.38　用平面符号表示平面

三、简化画法

（1）当回转体机件上均匀分布的肋、轮辐、孔等结构不处于剖切平面时，可将这些结构假想旋转到剖切平面上画出，如图 10.39 所示。

（2）对于较长的机件（如轴、杆或型材等），当沿长度方向的形状一致或按一定规律变化时，可将其断开缩短绘出，但尺寸仍要按机件的实际长度标注，如图 10.40 所示。

（3）若干形状相同且有规律分布的孔，可以仅画出一个或几个孔，其余只需用细点画线表示其中心位置，并标注孔的总数，如图 10.41 所示。

（4）若干形状相同且有规律分布的齿、槽等结构，可以仅画出一个或几个完整结构的图形，其余用细实线连接，但必须在机件图中注明该结构的总数，如图 10.42 所示。

（5）圆柱上的孔、键槽等较小结构产生的表面交线允许简化成直线，如图 10.43 所示。

（6）网状物、编织物或机件的滚花部分，可在轮廓线附近用实线画出一部分，也可省略

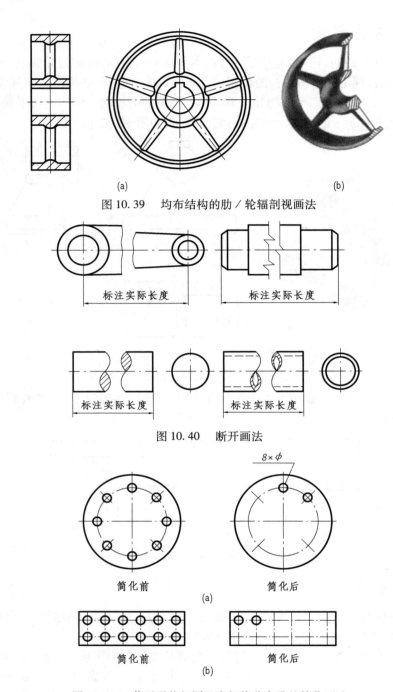

图 10.39　均布结构的肋／轮辐剖视画法

图 10.40　断开画法

图 10.41　若干形状相同且有规律分布孔的简化画法

不画，并在适当位置注明这些结构的具体要求，如图 10.44 所示。

（7）圆柱形法兰盘和类似机件均匀分布的孔，可按图 10.45 所示的方法绘制。

（8）与投影面倾斜角度小于或等于 30°的圆或圆弧，其投影可以用圆弧代替，如图 10.46 所示。

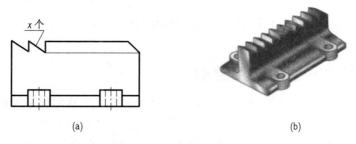

图 10.42　若干形状相同且有规律分布的齿、槽等结构的简化画法

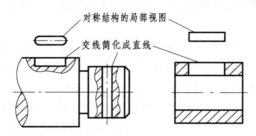

图 10.43　圆柱上的孔、槽等较小结构产生表面交线的简化画法

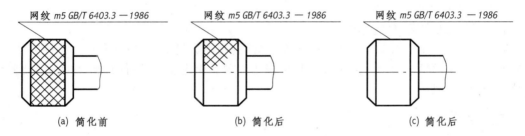

(a) 简化前　　　　　　(b) 简化后　　　　　　(c) 简化后

图 10.44　网状物、编织物或机件滚花的简化画法

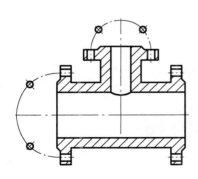

图 10.45　圆柱法兰盘上均匀分布的孔的简化画法

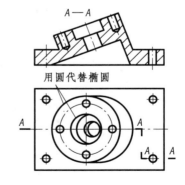

图 10.46　与投影面倾斜角度小于或等于 30°的圆或圆弧的简化画法

10.5 综合应用举例

一、机件表达方法的选用原则

本章介绍了表达机件的各种方法,如视图、剖视图、断面图及各种规定画法和简化画法等。在绘制图样时,确定机件表达方案的原则是:在完整、清晰地表达机件各部分内外结构形状及相对位置的前提下,力求看图方便,绘图简单。因此,在绘制图样时,应针对机件的形状、结构特点,合理、灵活地选择表达方法,并进行综合分析、比较、确定出最佳的表达方案。

1. 视图数量应适当

在看图方便的前提下,完整、清晰地表达机件,其视图的数量要尽量减少,但也不是越少越好,如果由于视图数量的减少而增加了看图的难度,则应适当补充视图。

2. 合理地综合运用各种表达方法

视图的数量与选用的表达方案有关,因此,在确定表达方案时,既要注意使每个视图、剖视图和断面图等具有明确的表达内容,又要注意它们之间的相互联系及侧重,以达到表达完整、清晰的目的,在选择表达方案时,应首先考虑主体结构和整体的表达,然后针对次要结构及细小部位进行修改和补充。

3. 比较表达方案,择优选用

同一机件,往往可以采用多种表达方案,不同的视图数量、表达方法和尺寸标注方法,可以构成多种不同的表达方案,同机件的几种表达方案互相比较,可能各有优、缺点,因此要认真分析,择优选用。

二、举例

下面以支架为例(图 10.47)提出几种表达方案并进行比较。

图 10.47 支架

方案一

如图 10.48 所示,采用主视图、俯视图,并在俯视图上采用了 $A—A$ 全剖视表达支架的内部结构,十字肋的形状是用虚线表示的。

方案二

如图 10.49 所示,采用了主、俯、左三个视图,主视图上作局部剖视,表达安装孔;左视图采用全剖视,表达支架的内部结构形状;俯视采用了 A—A 全剖视,表达了左端圆锥台内的螺孔与中间大孔的关系及底板的形状。为了清楚地表达十字肋的形状,增加了一个 B—B 移出断面图。

方案三

如图 10.50 所示,主视图和左视图作了局部剖视,使支架上部内、外结构形状表达得比较清楚,俯视图采用了 B—B 全剖视表达十字肋与底板的相对位置及实形。

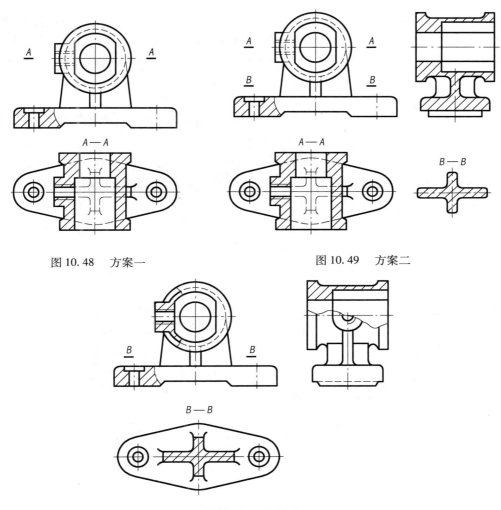

图 10.48　方案一　　　　　　图 10.49　方案二

图 10.50　方案三

以上三个表达方案中,方案一虽然视图数量较少,但因虚线较多图形不够清晰,各部分的相对位置表达不够明显,给读图带来一定困难,所以方案一不可取。方案二和方案三,都能相对较好地表达支架的内部结构形状。方案二的俯、左视图均为全剖视图,表达支架的内部结构,方案三在主、左视图均为局部剖,不仅把支架的内部结构表达清楚了,而且还保留了部分外部结构,使得外部形状及其相对应位置的表达优于方案二,再比较俯视图,两方案对底板形状均已表达清楚。但因剖切平面的位置不同,方案二的 A—A 剖视仍在表达支架内部结构和螺孔,方案三 B—B 剖切位置是十字肋,使俯视图突出表现了十字肋与底板的形状及两者的位置关系,从而避免重复表达支架的内部结构,并省去一个断面图。

综合以上分析:方案三的各视图表达意图清楚,剖切位置合理,支架内外形状表达基本完整,层次清晰且图形数量适当,便于读图和绘图。因此,方案三是一个较好的表达方案。

10.6　第三角投影法简介

用正投影法绘制工程图样时,有第一角投影法和第三角投影法两种画法,国际标准 ISO 规定这两种画法具有同等效力。我国采用第一角投影绘制图样。而有些国家则采用第三角投影法(如美国、日本等)。为了便于进行国际间的技术交流和发展国际贸易,了解第三角投影是必要的,为此,现将第三角投影法简述如下。

1. 第三角投影体系的建立

图 10.51 所示为三个相互垂直的投影面 H、V、W,将 W 面左侧的空间分成四个角,其编号如图 10.51 所示。我国规定采用的第一角投影法,即将物体放在第一角内进行投影,这时物体处在观察者和投影面之间。第三角投影法是将物体放在第三角内进行投影,这时投影面处在观察者与物体之间,把投影面假设看成是透明的。这样得到的投影图称为第三角投影,这种画法称为第三角投影法或第三角画法。

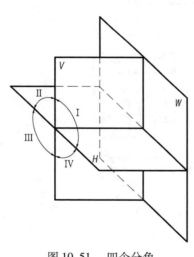
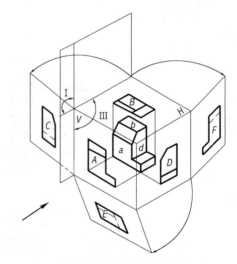

图 10.51　四个分角　　　　　图 10.52　第三角投影法

2. 第三角画法的视图配置

第三角画法,投影面展开时,正面保持不动,其六个投影面的展开方法如图 10.52 所示。视图的配置:以主视图为基准,俯视图配置在主视图上方;左视图配置在主视图的左方;右视图配置在主视图的右方;仰视图配置在主视图的下方;后视图配置在右视图的右方(图 10.53)。

在同一张图纸内按图 10.53 配置视图时,一律不注视图名称。

当采用第三角画法时,必须在图样中画出第三角投影的识别符号,如图 10.54 所示。

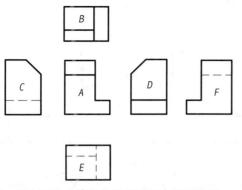

图 10.53 第三角投影法基本视图配置

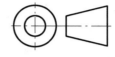

图 10.54 第三角投影法标志

10.7 利用 AutoCAD 画剖视图

目的：
(1)掌握图案填充的应用；
(2)掌握绘图的方法和技巧；
(3)掌握波浪线的画法；
(4)掌握修改对象特性方法。

上机操作： 将图 10.55 所示图形画成剖视图。

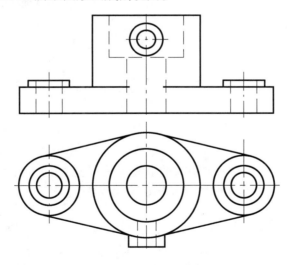

图 10.55 先画出视图

分析： 该组合体图形对称,外部结构有凸台,主视图采用半剖视图表达,俯视图采用局部剖视图表达。

作图：
(1)打开已设置好的绘图环境模板,新建一个图形文件,命名为"剖视图.dwg"。

(2)先画出组合体视图,方法同前,如图10.55所示。

(3)打断虚线、画出波浪线、修剪轮廓线。

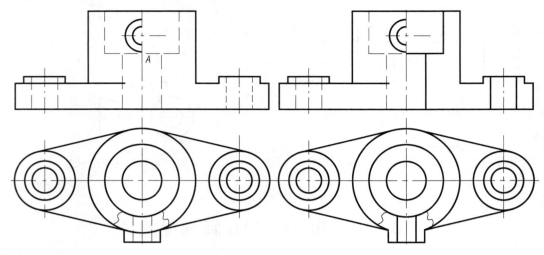

图 10.56 画出波浪线、修剪轮廓线　　　　图 10.57 将虚线改为实线

① 单击菜单命令"修改→打断"　　　　　　　　　　　激活命令
命令:_break　　　　　　　　　　　　　　　　　　　将虚线打断
选择对象:选择要打断的虚线
指定第二个打断点 或 [第一点(F)]:捕捉 A 点　　　打开〈交点〉捕捉功能
指定第一个打断点:@↙　　　　　　　　　　　　　将虚线在 A 点处打断
② 单击菜单命令"绘图→样条曲线"　　　　　　　　　激活样条曲线命令
命令:_spline
指定第一个点或 [对象(O)]:　　　　　　　　　　　画出波浪线,如图10.56所示
③ 单击菜单命令"修改→剪切"　　　　　　　　　　　激活命令
命令:_trim
当前设置:投影=UCS,边=无
选择剪切边…
选择对象:指定对角点:找到 17 个　　　　　　　　　用窗选方式选择要剪切的对象
选择对象:　　　　　　　　　　　　　　　　　　　剪切圆柱体和底板轮廓线,如图10.56所示

(4)将虚线改为实线。选择所要更改的虚线线段,点击图层工具条中"图层"下拉按钮,选择粗实线层选项。虚线改为实线段,如图10.57所示。

(5)画出剖面符号。

单击菜单命令"绘图→图案填充"

打开"图案填充"对话框,如图10.58所示。在"图案填充"对话框中,选择图案"ANSI31",比例定为1,点取拾取点按钮,回到绘图区域,在要填充的区域中点击,回车,在对话框中单击确定按钮,完成图案填充。

命令:_bhatch
选择内部点:正在选择所有对象…　　　　　　　　　选择要填充的区域
正在选择所有可见对象…
正在分析所选数据…

正在分析内部孤岛...　　　　　　　　　　　　　填充所要填充的区域,如图 10.59 所示
完成剖视图的绘制,如图 10.59 所示。对文件进行保存。

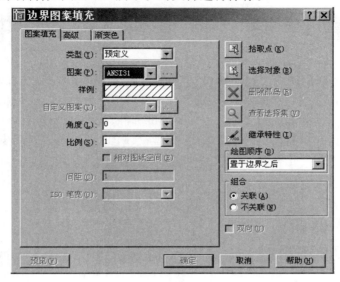

图 10.58　图案填充对话框

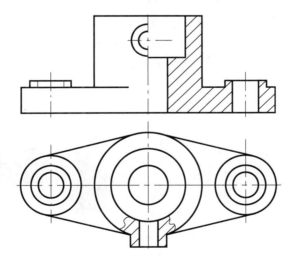

图 10.59　填充图案

第11章 标准件及常用件

各种机器设备上大量使用螺栓、螺钉、螺母、垫圈、键、销和滚动轴承等,为了提高产品的质量,缩短产品设计周期和降低成本,这些零件和部件的结构、尺寸、表面质量和表示方法已全部标准化,这些零件和部件称为标准零件和标准部件,简称标准件。

还有一些零件,在机器设备中也常使用,如齿轮、蜗轮、蜗杆等。这些零件的结构也基本定型,零件上的某些尺寸也有统一标准,习惯上称这些零件为常用件。

11.1 螺纹及螺纹紧固件

一、螺纹的基本知识

1. 螺纹的形成

螺纹就是在圆柱或圆锥内、外表面上,沿着螺旋线所形成的具有相同断面的连续凸起和沟槽的结构。圆柱外表面上的螺纹称为外螺纹;圆孔内表面上的螺纹称为内螺纹。图11.1(a)和(b)为在车床上加工外螺纹和内螺纹的情况;图11.1(c)为大量生产螺纹紧固件时,碾压螺纹的原理图;图11.1(d)为手工加工螺纹用的丝锥和板牙,丝锥用于加工内螺纹,板牙用于加工外螺纹。

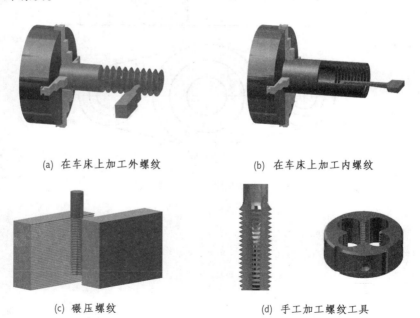

(a) 在车床上加工外螺纹　　(b) 在车床上加工内螺纹

(c) 碾压螺纹　　(d) 手工加工螺纹工具

图11.1 螺纹的加工

2. 螺纹的要素

螺纹的结构和尺寸是由牙型、大径和小径、螺距和导程、线数、旋向等要素确定的。当内外螺纹相互旋合时,两者的要素必须相同。

(1)螺纹牙型

在通过螺纹轴线的剖面上,螺纹的轮廓形状称为螺纹牙型。不同的螺纹牙型,有不同的用途,并由不同的代号表示。常用的螺纹牙型有三角形、梯形和锯齿形等,见表 11.1。

(2)公称直径

螺纹的直径有大径(d、D)、小径(d_1、D_1)和中径(d_2、D_2)。与外螺纹牙顶或内螺纹牙底相重合的假想圆柱面的直径称为大径。与外螺纹牙底或内螺纹牙顶相重合的假想圆柱面的直径称为小径。在大径与小径之间,即螺纹牙型的中部,可以找一个凸起和沟槽轴向宽度相等的位置,该位置对应的螺纹直径称中径。

外螺纹的大径、小径和中径用符号 d、d_1、d_2 表示;内螺纹的大径、小径和中径用符号 D、D_1、D_2 表示。螺纹公称直径通常是指螺纹的大径,它代表了螺纹的直径尺寸,如图 11.2 所示。

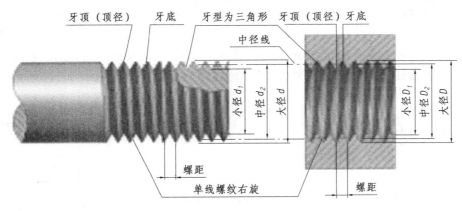

图 11.2 螺纹的要素

(3)线数

螺纹有单线螺纹和多线螺纹之分。沿一条螺旋线形成的螺纹称为单线螺纹,沿两条或两条以上在轴向等距分布的螺旋线所形成的螺纹称为多线螺纹,用 n 表示螺纹的线数,如图 11.3 所示。

(4)螺距和导程

相邻两牙在中径线上对应两点间的轴向距离称为螺距,用 P 表示。

同一条螺纹上的相邻两牙在中径线上对应两点间的轴向距离称为导程,用 P_h 表示,如图 11.3 所示。

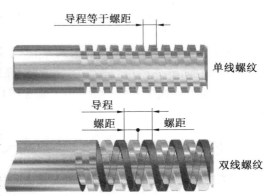

图 11.3 螺纹线数、螺距及导程

螺距与导程的关系为:螺距=导程/线数,即:$P = P_h/n$。

(5) 旋向

螺纹按旋进的方向分为右旋螺纹和左旋螺纹。符合右手定则的螺纹称为右旋螺纹；符合左手定则的螺纹称为左旋螺纹，如图 11.4 所示。

3. 螺纹的种类

螺纹的牙型、公称直径和螺距等符合标准规定的称为标准螺纹，只有牙型符合标准的称为特殊螺纹，牙型不符合标准的称为非标准螺纹。

螺纹按用途可分为连接螺纹和传动螺纹，见表 11.1。

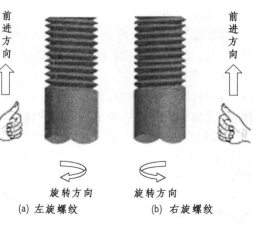

图 11.4　螺纹的旋向

(1) 连接螺纹

连接螺纹用于两个零件之间的连接，有以下几种：

①粗牙普通螺纹　牙型为三角型，牙顶和牙底稍许削平，牙型角为 600，特征代号为 M。

②细牙普通螺纹　它与粗牙普通螺纹的区别是在相同的大径条件下螺距较小，特征代号也是 M，见附表 1.1。

③管螺纹　牙型为三角形，牙顶和牙底成圆弧形，牙型角为 55°，主要用于管件的连接，非螺纹密封的圆柱管螺纹特征代号为 G，用螺纹密封的圆柱管螺纹特征代号为 R_P，见附表 1.2。

(2) 传动螺纹

传动螺纹用于传递运动和动力，常用的传动螺纹有：

①梯形螺纹　牙型为梯形，牙型角为 30°，特征代号为 Tr，见附表 1.3。

②锯齿形螺纹　牙型为不等腰三角形，牙型两侧面与轴线垂直线夹角分别为 3°和 30°，特征代号为 B。

③矩形螺纹　牙型为矩形，矩形螺纹为非标准螺纹，无特征代号，各部分的尺寸根据设计确定，如图 11.5 所示。

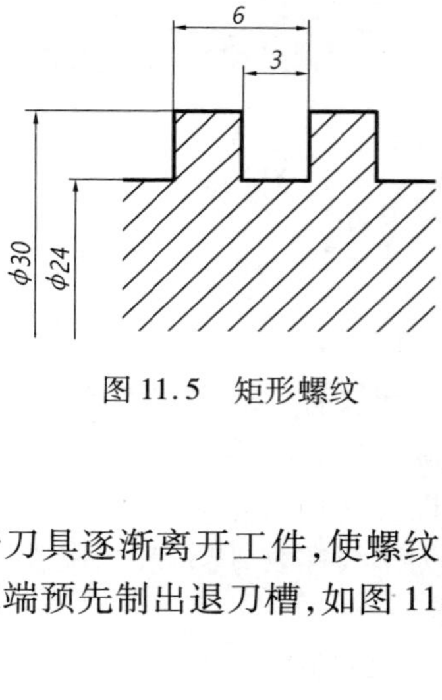

图 11.5　矩形螺纹

4. 螺纹的结构

为了便于内、外螺纹的装配，通常在螺纹的起始端加工成 90°的锥面，称为倒角。在车削螺纹时，在螺纹的尾部由于刀具逐渐离开工件，使螺纹尾部牙型不完整，称为螺尾。有时为了避免出现螺尾，在螺纹末端预先制出退刀槽，如图 11.6 所示。

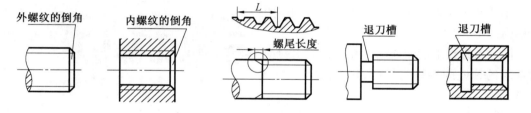

图 11.6　螺纹的结构

表 11.1 常见螺纹的特征代号和标注事例

螺纹分类		牙型图	特征代号	标注示例	图例	注释
连接螺纹	粗牙普通螺纹	60°	M	M10-5g6g-S 短旋合长度 顶径公差带 中径公差带 大径 特征代号	M10-5g6g-S	粗牙螺纹不标注螺距 左旋螺纹标注"LH",右旋不标注
	细牙普通螺纹			M10×1LH 左旋 螺距 大径 特征代号	M10×1LH	
	非螺纹密封的圆柱管螺纹	55°	G	G1 尺寸代号 特征代号 G1/2A-LH 左旋 等级代号 尺寸代号 特征代号	G1 G1/2A-LH	左旋螺纹标注"-LH",右旋不标注 外螺纹中径公差分为A、B两级,内螺纹不标注公差等级
	用螺纹密封的圆柱管螺纹		R R_C R_P	R3/8 尺寸代号 特征代号	R3/8	内螺纹均只有一种公差带,故不标注公差带代号 R — 圆锥外螺纹 R_C — 圆锥内螺纹 R_P — 圆柱内螺纹
传动螺纹	梯形螺纹	30°	Tr	Tr40×14(P7)LH 左旋 螺距 导程 公称直径 特征代号	Tr40×14(P7)LH	左旋螺纹标注"LH"右旋不标注
	锯齿形螺纹	3° 30°	B	B40×14(P7)LH 左旋 螺距 导程 公称直径 特征代号	B40×14(P7)LH	左旋螺纹标注"LH"右旋不标注

二、螺蚊的规定画法

1. 外螺纹画法

外螺纹不论牙型如何,螺纹的大径 d(牙顶)和螺纹终止线用粗实线表示,螺纹的小径 d_1

(牙底)用细实线表示。在投影为圆的视图上,大径画粗实线圆,小径画约 3/4 的细实线圆,由倒角形成的粗实线圆省略不画。一般小径尺寸可按大径的 0.85 倍画出,如图 11.7 所示。

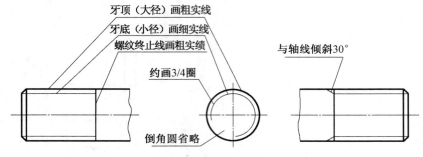

图 11.7　外螺纹的画法

2. 内螺纹画法

内螺纹不论牙型如何,在剖视图上,螺纹小径 D_1(牙顶)和螺纹终止线用粗实线表示,螺纹大径 D(牙底)用细实线表示。在剖视或断面图中剖面线都必须画到粗实线。在不剖的视图上,全用虚线表示。在投影为圆的视图上,大径画约 3/4 细实线圆,小径画粗实线圆,由倒角形成的圆不画,如图 11.8 所示。

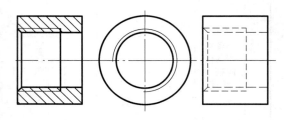

图 11.8　内螺纹的画法

对于不通孔的内螺纹,钻孔深度要大于螺纹部分的深度,如图 11.9 所示。钻孔底端锥顶角画成 120°。图 11.12 表示螺孔中有相贯线的画法。

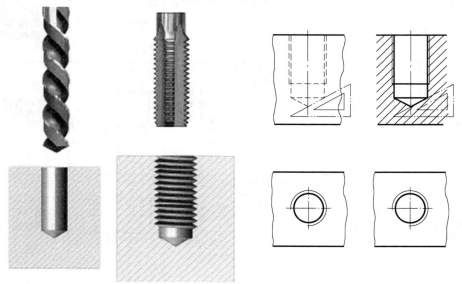

图 11.9　不通孔的内螺纹的画法

3. 内、外螺纹旋合画法

在剖视图中,内、外螺纹旋合部分应按外螺纹的规定画法绘制,其余部分仍按各自的规定画法表示,如图 11.10 所示。

4. 螺纹牙型表示法

标准螺纹牙型一般不作表示,对于非标准螺纹(如矩形螺纹),一般需要用局部剖视图画出几个牙型或用局部放大图表示,如图11.11 所示。

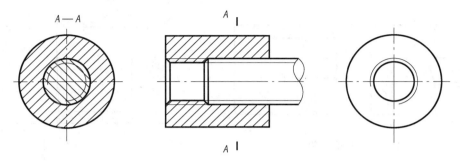

图 11.10　内、外螺纹旋合画法

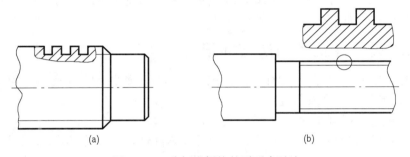

图 11.11　非标准螺纹的牙型表示法

三、螺纹的标注

由于各种螺纹画法是相同的,为了区别不同种类的螺纹,必须按规定格式在图样上对螺纹进行标注,见表11.1。

螺纹的完整标注格式

$\boxed{\text{特征代号}}\ \boxed{\text{公称直径}}\times\boxed{\text{导程}(P\ \text{螺距})}\ \boxed{\text{旋向}}—\boxed{\text{公差带代号}}—\boxed{\text{旋合长度代号}}$

单线螺纹导程与螺距相同　$\boxed{\text{导程}(P\ \text{螺距})}$一项改为$\boxed{\text{螺距}}$。

1. **特征代号**　粗牙普通螺纹和细牙普通螺纹均用"M"作为特征代号;梯形螺纹用"Tr"作为特征代号;锯齿形螺纹用"B"作为特征代号;管螺纹用"G"或"R_P"作为特征代号。

2. **公称直径**　除管螺纹的公称直径为管子的内径,其余螺纹均为大径。管螺纹的尺寸是以英寸为单位,标注时使用指引线,从大径引出,并水平标注,如图 11.13 示。

3. **导程(P 螺距)**　单线螺纹只标注螺距;多线螺纹导程、螺距均需要标注。粗牙普通螺纹螺距已完全标准化,查表即可,不标注。

4. **旋向**　当旋向为右旋时,不标注;当左旋时要标注"LH"两个大写字母。

5. **公差带代号**　由表示公差带等级的数字和表示基本偏差的字母(外螺纹用小写字母,内螺纹用大写字母)组成。公差等级在前,基本偏差代号在后。螺纹公差带代号标注时应先标注中径公差带代号,后标注顶径公差带代号,如 5H6H、5g6g 等。当中径和顶径公差带代号完全相等时,可只标注一项。当对螺纹公差无要求时可省略不标。非螺纹密封的管螺纹的外螺纹分为 A、B 两级标记,对内螺纹不标记,例如 G1A、G1B。

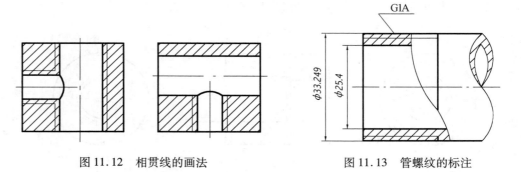

图 11.12　相贯线的画法　　　　　　图 11.13　管螺纹的标注

6. 旋合长度代号　分别用 S、N、L 来表示短、中、长三种不同旋合长度,其中 N 省略不标。常见标准螺纹的规定标注示例见表 11.1。

四、螺纹紧固件及其画法与标记

常见的螺纹紧固件有螺栓、螺柱、螺钉、螺母、垫圈等,如图 11.14 所示。螺纹紧固件连接有螺栓连接、螺柱连接和螺钉连接等。

1. 按标准规定数据画图

按国标规定的数据画图,先由附录二查出螺纹紧固件各部分的尺寸,按尺寸画出螺纹紧固件。

图 11.14　常见的螺纹紧固件

2. 比例画法

为了提高绘图速度，可将螺纹紧固件各部分的尺寸（公称长度除外）都与螺纹公称直径 $d(D)$ 建立一定的比例关系，并按此比例画图，这种画法称为比例画法，如图 11.15、11.16、11.17 所示。

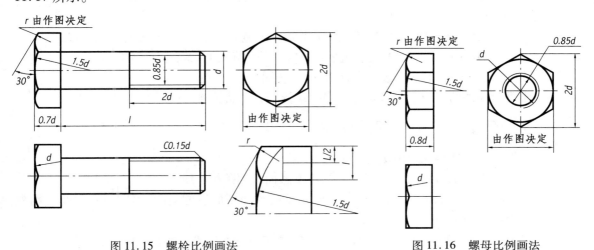

图 11.15　螺栓比例画法　　　　　　　图 11.16　螺母比例画法

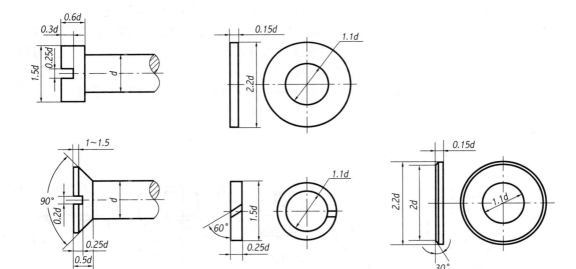

图 11.17　螺钉头及垫圈比例画法

3. 紧固件的标记方法（GB/T1237—2000）

螺纹紧固件都是标准件，种类繁多，附录二给出了常用的螺纹紧固件。螺纹紧固件有完整标记和简化标记两种标记方法。完整标记形式如下：

如六角头螺栓公称直径 $d=M10$，公称长度 70，性能等级 10.9，产品等级为 A 级，表面氧化。其完整标记为：螺栓 GB/T5782—2000 M10×70-1-A-O

在一般情况下，紧固件采用简化标记。标记示例：

螺栓　GB/T5782　M10×70 表示六角头螺栓，粗牙普通螺纹，公称直径 $d=10$，公称长

度 $l=70$,半螺纹,A 级。

螺栓　GB/T5786　M16×1.5×80 表示六角头螺栓,细牙普通螺纹,螺纹规格 $d=$ M16×1.5,公称长度 $l=80$,全螺纹,A 级。

螺柱　GB/T 897　M10×50 表示两端均为粗牙普通螺纹的螺柱,螺纹规格 $d=$ M10,公称长度 $l=50$,旋入机体端长度 $bm=d$。

螺钉　GB/T65　M5×20 表示开槽圆柱头螺钉,螺纹规格 $d=$ M5,公称长度 $l=20$。

螺母　GB/T 6170　M12 表示粗牙普通螺纹的六角螺母,螺纹 $D=$ M12,A 级。

垫圈　CB/T 97.1　10 表示规格 10 的平垫圈。

常见紧固件的标记示例可查阅本书附录及有关产品标准。

五、螺纹紧固件装配的画法

1. 螺纹紧固件装配图画法的规定

（1）两零件的接触面画一条粗实线,不接触面画两条粗实线。

（2）被连接的两相邻零件剖面线方向相反或改变剖面线的间距,但同一零件在各剖视图中剖面线方向和间距要相同。

（3）当剖切平面通过螺杆的轴线时,对于螺柱、螺栓、螺钉、螺母及垫圈等均按未剖切绘制。

2. 螺栓连接

在两被紧固的零件上加工成通孔,用螺栓、螺母、垫圈把它们紧固在一起,称为螺栓连接,如图 11.18 所示。装配时,在被紧固的零件一端装入螺栓,将螺栓杆部穿过被连接两零件的通孔,而另一端用垫圈、螺母紧固,将两零件固定在一起。装配后的螺栓、螺母、垫圈和被紧固零件的装配图,应遵守装配图的规定画法,并按规定对标准件进行标记。

图 11.18 为螺栓连接画法,可以采用简化画法或比例画法。简化画法就是螺栓头部及螺母的倒角及螺杆端部的倒角省略不画。

螺栓公称长度 l 的确定,可按公式 $l=t_1+t_2+h+m+a$ 计算,其中 $a=p+c$（p—螺距,c—倒角宽）。再从附表中选取相近的标准值。

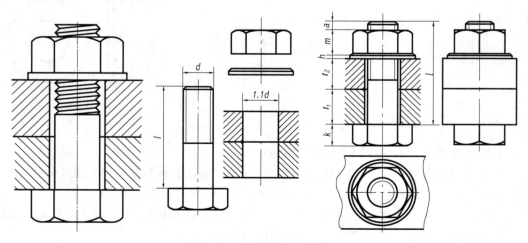

图 11.18　螺栓连接比例画法

3. 螺柱连接

在被连接零件之一较厚或不允许钻成通孔的情况下,用两端都有螺纹的双头螺柱,一端旋入被连接零件的螺孔内,另一端穿过另一零件的通孔后,套上垫圈,拧紧螺母,这样的连接称为螺柱连接。图 11.19 为螺柱连接的画法,可以采用简化画法或比例画法。

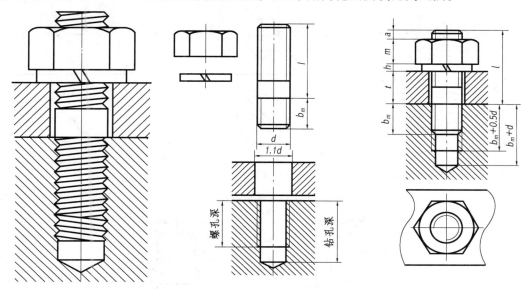

图 11.19　螺柱连接比例画法

双头螺柱旋入被连接零件的螺孔中螺纹长度 b_m 与被旋入零件的材料有关:

旋入钢或青铜中取 $b_m = d$

旋入铸铁中取 $b_m = 1.25d$

旋入零件材料的强度在铸铁和铝之间取 $b_m = 1.5d$

旋入铝合金中取 $b_m = 2d$

螺柱公称长度 l 的确定,可按公式 $l = t + h + m + a$ 计算,再从附表中选取相近的标准值。

螺柱连接简化画法中,弹簧垫圈的开口可画成一条加粗线。未钻通的螺孔可不画钻孔深度,仅按螺纹部分深度画出。

4. 螺钉连接

在被连接零件之一较厚或不允许钻成通孔,且受力较小,又不经常拆卸的情况下,使用螺钉连接。按其用途可分为连接螺钉和紧定螺钉,其尺寸规格可查附表。

图 11.20 为圆柱头螺钉连接画法,图 11.21 为沉头螺钉连接画法。公称长度 l 的确定可按公式 $l \geq \delta + b_m$ 计算(b_m 取值可参考螺柱连接),再从附表中选取相近的标准值。螺钉头部的槽在投影为圆的视图上画成与水平成 45°角。当槽宽≤2 mm 时,槽的投影可涂黑表示。螺钉旋入深度与双头螺柱旋入金属端的螺纹长度 b_m 相同,但不能将螺纹长度全部旋入到螺孔中,旋入的长度一般为 $(1.5 \sim 2)d$,而螺孔的深度一般可取 $(2 \sim 2.5)d$。

紧定螺钉用于防止两装配零件发生相对运动。紧定螺钉的端部形状有平端、锥端等。图 11.22 为紧定螺钉连接画法。

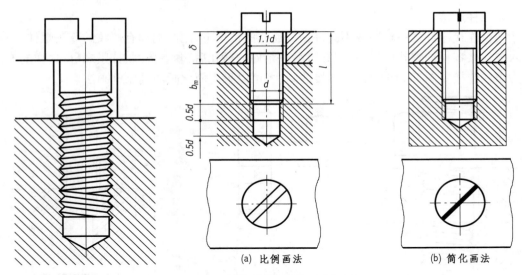

图 11.20　圆柱头螺钉连接比例画法

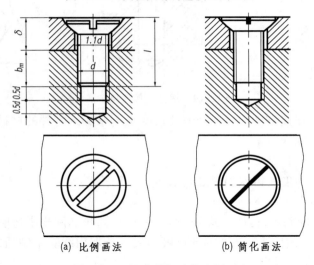

图 11.21　沉头螺钉连接比例画法

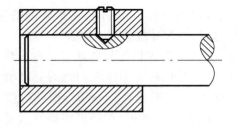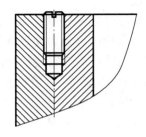

图 11.22　紧定螺钉连接画法

11.2　键与花键连接

一、键连接

1. 键的作用、种类和标记

为了使轮和轴连在一起转动,常在轴上和轮孔内加工一个键槽,将键装入或将轴加工成花键,轮孔加工成花键孔,这种连接称为键连接,如图 11.23 所示。这样就可以使轮和轴一起转动。这里应强调轮孔中键槽是穿通的。常用的键有普通平键、半圆键、钩头楔键,如图 11.24 所示。

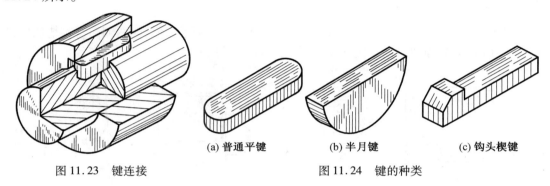

图 11.23　键连接　　　　图 11.24　键的种类

普通平键又有 A 型(圆头)、B 型(方头)和 C 型(单圆头)三种类型,如图 11.25 所示。

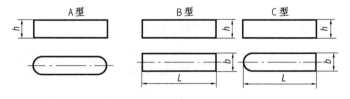

图 11.25　普通平键

键的标记格式为: 键　　$b \times h \times L$　　标准编号

其中:b 为键的宽度,h 为键的高度,L 为键的公称长度。

根据被连接轴的直径尺寸由附表 2.6 可查得键和键槽的尺寸。

标记示例:键 12×8×50　GB/T 1096—2003　表示 A 型普通平键,宽 b = 12 mm,高 h = 8 mm,L = 50 mm。其中 A 型 A 字省略不注,而 B 型、C 型分别标注 B、C。

键 6×10×25　GB/T 1099—2003　表示半圆键,宽 b = 6 mm,高 h = 10 mm,直径 d_1 = 25 mm,L = 24.5 mm。

键 18×10×100　GB/T 1565—2003　表示钩头楔键,宽 b = 18 mm,高 h = 10 mm,L = 100 mm。

2. 键连接的画法

(1)普通平键连接

轴上键槽和轮孔内键槽的画法及尺寸标注如图 11.26 所示。普通平键的两侧面与键槽的两侧面相接触,键的底面与轴键槽底面相接触,均画一条粗实线。键的顶面与轮孔键槽底面不接触,要画两条粗实线,如图 11.27 所示。其中主视图剖切平面沿轴线方向,键为实心零件按不剖绘制,左视图剖切平面垂直轴线方向,键要画剖面线。

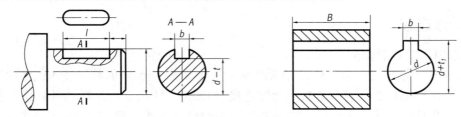

图 11.26　键槽的画法及尺寸标注

（2）半圆键的连接

半圆键常用于载荷不大的传动轴上,连接情况与普通平键相似,即两侧面与键槽侧面接触,画一条线,上底面留有间隙画两条线,如图 11.28 所示。

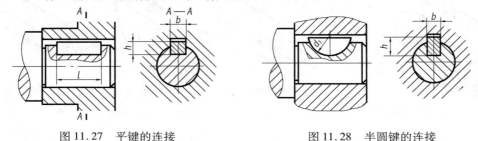

图 11.27　平键的连接　　　　　　图 11.28　半圆键的连接

（3）钩头楔键连接

它的顶面有 1∶100 的斜度,连接时沿轴向把键打入键槽内。依靠键的顶面和底面在轴和孔之间挤压的摩擦力而连接,故上下面为工作面,画一条线,而侧面为非工作面,但有配合要求也应画一条线,如图 11.29 所示。

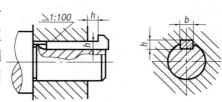

图 11.29　钩头楔键连接

二、花键连接

花键是一种常用的标准要素,它的特点是键和键槽的数目较多,轴和键制成一体,适用于重载荷或变载定心精度较高的连接上,如图 11.30 所示。

图 11.30　花键

1. 外、内花键的画法与尺寸标注

(1) 外花键的画法

图 11.31 是外花键的画法。外花键即花键轴,在平行于花键轴线的投影面的视图中,外花键的大径用粗实线、小径用细实线绘制。外花键的终止端和尾部尺度的末端均用细实线绘制,并与轴线垂直;尾部则画成与轴线成 30°的斜线,必要时可按实际情况画出。在垂直于花键轴线的投影面的视图中,花键大径用粗实线,小径用细实线画完整的圆,倒角圆不画。

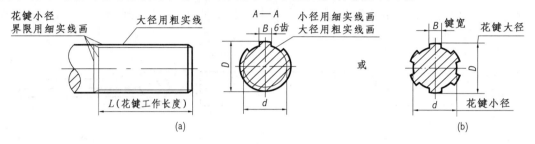

图 11.31 外花键画法

(2) 内花键的画法

图 11.32 是内花键的画法。在平行于花键轴线的投影面的剖视图中,大径及小径均用粗实线绘制。在垂直于花键轴线的投影面的视图中,花健在视图中应画出一部分齿形,并注明齿数或画出全部齿形。

(3) 外、内花键的尺寸注法

花键在零件图中的尺寸标注,采用一般标注法,注出花键的大径 D、小径 d、键宽 B 和工作长度 L 等各部分的尺寸及齿数 Z,如图 11.31 和图 11.32 所示。

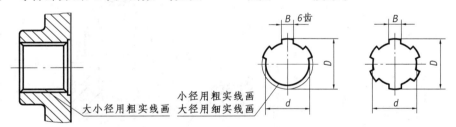

图 11.32 内花键的画法

2. 花键连接的画法

在装配图中,花键连接用剖视图或断面图表示时,其连接部分按外花键绘制,见图 11.33。

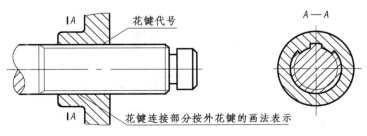

图 11.33 花键连接的画法

11.3 销

销主要用作装配定位,也可用作连接零件,还可作为安全装置中的过载剪断元件。常用的销有圆柱销、圆锥销和开口销,如图 11.34 所示。销的结构形状和尺寸已标准化,见附表 2.7.1、2.7.2。圆柱销常用于两零件的连接或定位,圆锥销常用于两零件的定位,而开口销一般与开槽螺母配合使用,它穿过螺母上的槽和螺杆上的孔,以防止螺母松脱。销的连接画法如图 11.35 所示。

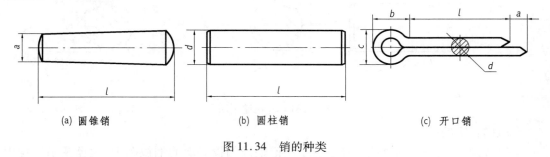

(a) 圆锥销　　　　(b) 圆柱销　　　　(c) 开口销

图 11.34　销的种类

销的标记示例:

销 GB/T 119.1　8×30 表示圆柱销,公称直径 $d=8$ mm,公称长度 $l=30$ mm。

销 GB/T 117　10×60 表示 A 型圆锥销,公称直径 $d=10$ mm,公称长度 $l=60$ mm。

销 GB/T 91　5×50 表示开口销,公称直径 $d=5$ mm,公称长度 $l=50$ mm。

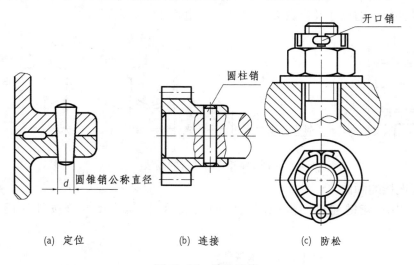

(a) 定位　　　　(b) 连接　　　　(c) 防松

图 11.35　销的连接

11.4　滚动轴承

滚动轴承用于支承轴的旋转,因为它结构紧凑、摩擦阻力小、效率高,因而被广泛地使用在机器中。滚动轴承是标准部件,种类很多,它可以承受径向载荷,也可以承受轴向载荷或同时承受两种载荷。它由下列零件构成：

内圈——装在轴上；
外圈——装在轴承座孔中；
滚动体——可以作成滚珠或滚子形状装在内外圈之间的滚道中；
保持架——用以把滚动体相互隔开，使其均匀分布在内外圈之间。

在装配图中根据外径、内径和宽度等几个主要尺寸用规定画法或特征画法画出轴承，轴承的型号和尺寸可根据轴承手册选取，见表11.2。

表11.2 常用滚动轴承的规定画法和特征画法

类别名称和标准代号	由标准中查出数据	规定画法	特征画法
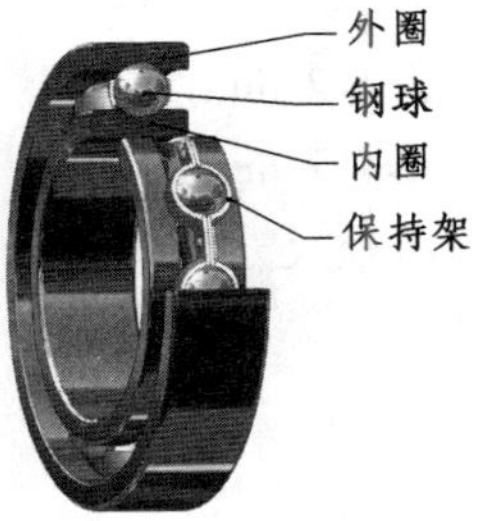 深沟球轴承 （60000型） GB/T 276—1994	D d B	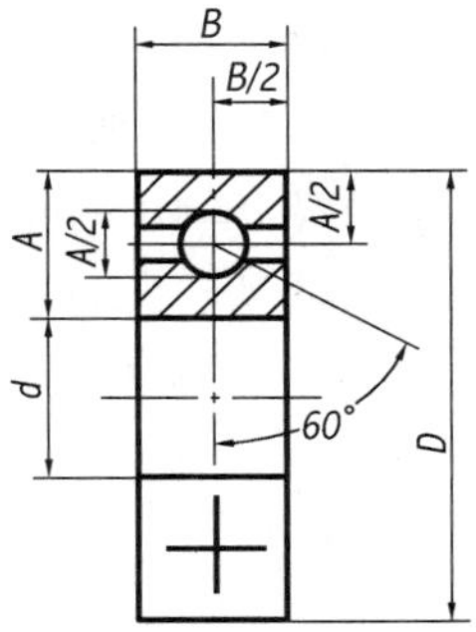	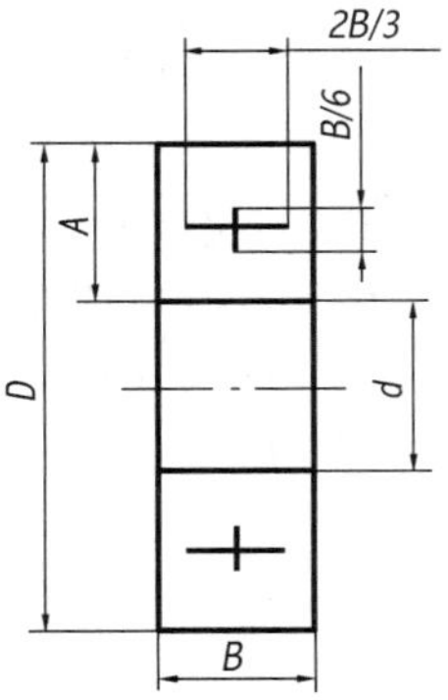
 圆锥滚子轴承 （30000型） GB/T 297—1994	D d T B C	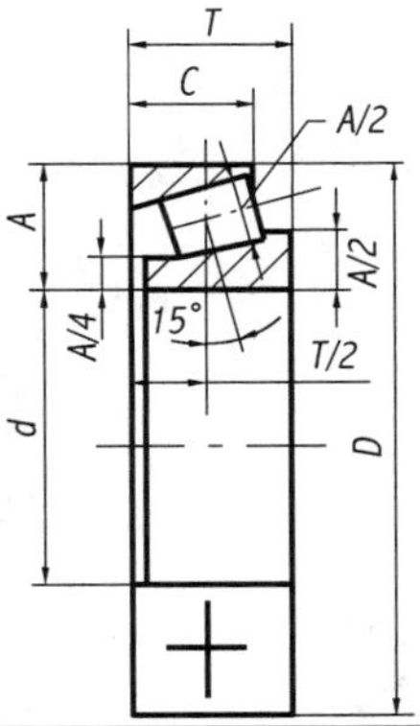	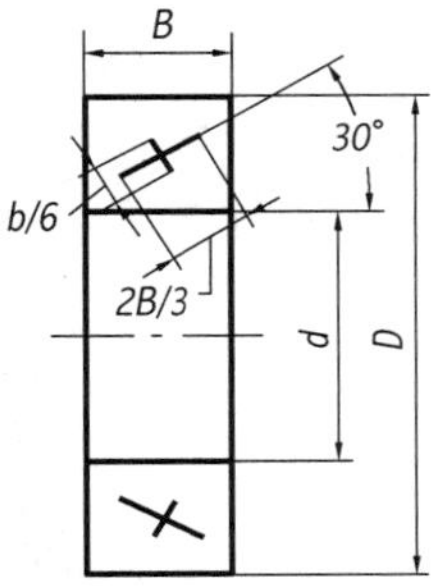
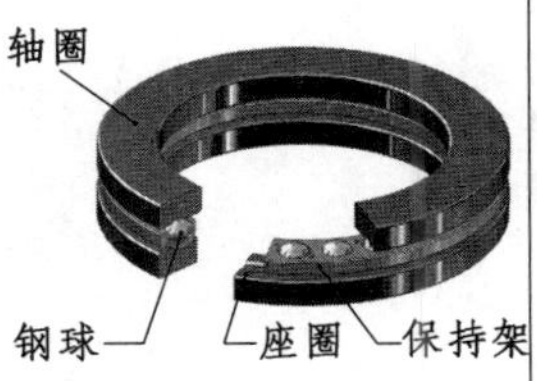 推力球轴承 （51000） GB/T 301—1995	D d T	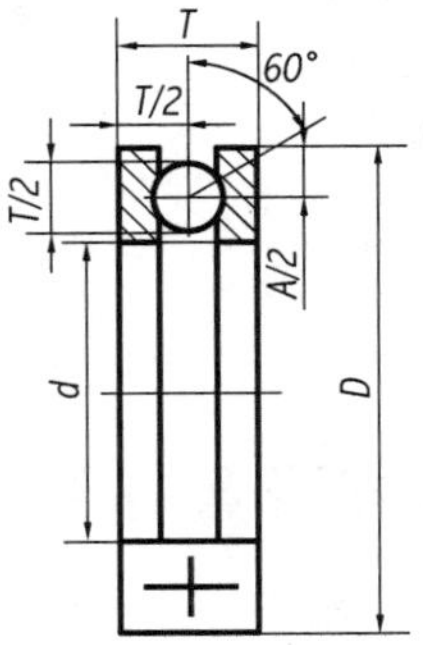	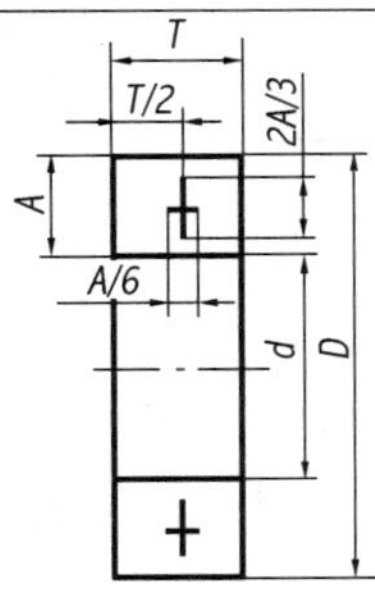

滚动轴承的标记示例：
(1)深沟球轴承——主要承受径向负荷
标记为：滚动轴承 6210GB/T276—1994
6——类型代号，表示深沟球轴承；
2——尺寸系列代号，表示 00 系列；
10——内径代号，表示公称内径 $d=10\times5=50$ mm。
(2)圆锥滚子轴承——主要承受径向和轴向载荷
标记为：滚动轴承 30312GB/T297—1994
3——类型代号，表示圆锥滚子轴承；
03——尺寸系列代号，表示 03 系列；
12——内径代号，表示内径 $d=12\times5=60$ mm。
内径代号表示轴承的内径尺寸。其中：
00——内径代号，表示内径 $d=10$ mm。01——内径代号，表示内径 $d=12$ mm。
02——内径代号，表示内径 $d=15$ mm。03——内径代号，表示内径 $d=17$ mm。
当轴承内径在 20～495 mm 范围内时，内径代号乘以 5 即为轴承的内径尺寸。

11.5 弹 簧

一、弹簧的种类和作用

弹簧是机器中常见的一种零件，具有缓冲、吸振、储能、测力和控制机构运动的功能。弹簧的种类很多，按形状不同可分为螺旋弹簧、碟形弹簧、环形弹簧、盘簧和板弹簧等，图11.36所示为圆柱螺旋弹簧。

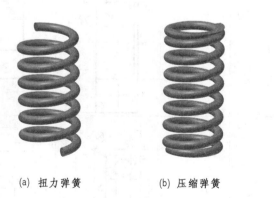

(a) 扭力弹簧　　(b) 压缩弹簧　　(c) 拉伸弹簧

图 11.36　圆柱螺旋弹簧

二、圆柱螺旋压缩弹簧各部分的名称和尺寸计算

(1)簧丝直径 d　制造弹簧的钢丝直径。
(2)弹簧外径 D　弹簧的最大直径。
(3)弹簧内径 D_1　弹簧的最小直径。

(4) 弹簧中径 D_2 弹簧的平均直径。

(5) 节距 t 除两端的支承圈外,相邻两圈对应点的轴向距离。

(6) 旋向 弹簧分为右旋和左旋两种。

(7) 支承圈数 n_2、有效圈数 n 和总圈数 n_1 为使弹簧平稳,弹簧两端要磨平,紧靠磨平的几圈起支承作用,称为支承圈数,可取 1.5 圈、2 圈或 2.5 圈。除支承圈之外的各圈都参与工作,各圈保持相同的节距,这些圈数称为有效圈数。支承圈数和有效圈数之和称为总圈数, $n_1 = n + n_2$

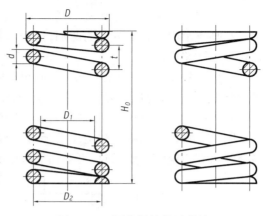

图 11.37 圆柱螺旋旋压弹簧

(8) 自由高度 H_0 弹簧在无外力作用时的高度,可用下式计算

$$H_0 = n\,t + (n_2 - 0.5)d$$

(9) 弹簧丝展开长度 $L \approx n_1 \sqrt{(\pi D_2)^2 + t^2}$

三、圆柱螺旋压缩弹簧的规定画法

螺旋弹簧可以画成剖视图,也可以画成视图。在平行于螺旋弹簧轴线的视图上,螺旋弹簧各圈的轮廓应画成直线。螺旋弹簧均可画成右旋,但左旋弹簧无论画成左旋或右旋,一定要注明"左"字。有效圈数在四圈以上的螺旋弹簧,可以只画出两端一、二圈(支承圈除外),中间部分可以省略不画,用通过簧丝剖面中心的两条细点画线表示,如图 11.37 所示。在装配图中,除弹簧挡住的结构一般不画,可见部分画到弹簧丝剖面的中心线为止。对于簧丝直径等于或小于 2 mm 的螺旋弹簧,簧丝剖面可用涂黑表示,也可按示意图形式绘制,如图 11.38 所示。

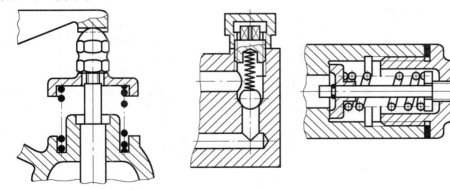

图 11.38 弹簧在装配图中的画法

四、圆柱螺旋压缩弹簧的画图步骤

绘制圆柱螺旋压缩弹簧时,要已知弹簧的自由高度 H_0、簧丝直径 d、弹簧外径 D 和有效圈数 n(或总圈数 n_1)。再根据公式计算出节距,作图步骤如图 11.39 所示。

1. 画弹簧轴线。根据弹簧中径 D_2 和自由高度 H_0，画出矩形 $ABCD$。

2. 画支承圈。在长方形的两端，按簧丝直径 d 在 AB 边画两整圆，CD 边画两半圆，与它相切再画两整圆。

3. 画有效圈。在 CD 边按节距 t 画出有效圈簧丝的圆，再取 $t/2$，作轴线的垂线，确定 AB 边簧丝中心，画圆，再取 t 画出有效圈簧丝的圆。

4. 按螺旋线的方向作相应圆的公切线，在圆内画剖面线，即成剖视图。也可画成视图。

图 11.40 为一张圆柱螺旋压缩弹簧工作图，图中应注明相应的参数和机械性能曲线。当弹簧只需给定刚度要求时，可不画机械性能曲线，而在技术要求中说明刚度的要求。

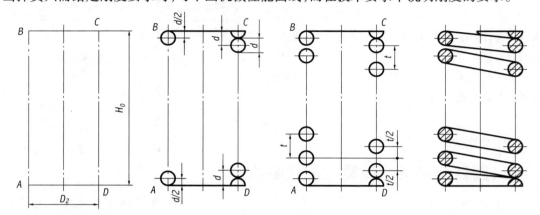

图 11.39　圆柱螺旋压缩弹簧的画法步骤

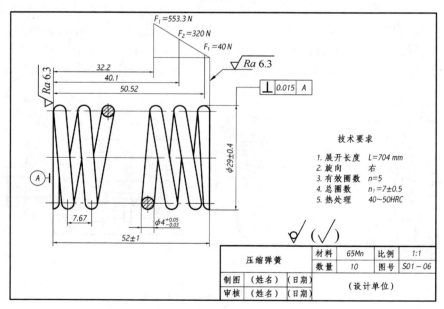

图 11.40　圆柱螺旋压缩弹簧工作图

11.6 齿 轮

一、齿轮的基本知识

齿轮被大量地使用在各种机器设备中,齿轮传动用于传递动力或改变运动方向、运动速度、运动方式等。

常见的齿轮传动有：

圆柱齿轮传动　一般用于两平行轴之间的传动,如图 11.41(a)所示。
圆锥齿轮传动　一般用于两相交轴之间的传动,如图 11.41(b)所示。
蜗轮蜗杆传动　用于两交叉轴之间的传动,如图 11.41(c)所示。
齿轮齿条传动　用于直线运动和旋转运动的相互转换,如图 11.41(d)所示。

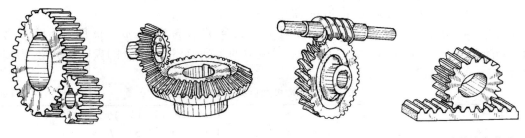

(a) 直齿圆柱齿轮传动　　(b) 直齿圆锥齿轮传动　　(c) 蜗轮蜗杆传动　　(d) 齿轮齿条传动

图 11.41　常见的齿轮传动

齿轮按齿的方向分为直齿、斜齿、人字齿及螺旋齿齿轮,按齿廓曲线可分为渐开线、摆线及圆弧齿轮等,一般机器中常用的为渐开线齿轮。

二、圆柱齿轮基本参数和基本尺寸间的关系

圆柱齿轮的各部分参数,如图 11.42 所示。

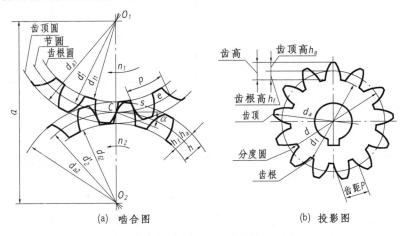

(a)　啮合图　　　　　　　　(b)　投影图

图 11.42　圆柱齿轮各部分名称及其代号

齿顶圆直径 d_a:通过轮齿顶部的圆的直径;
齿根圆直径 d_f:通过齿槽根部的圆的直径;
齿数 z:齿轮的轮齿个数;
分度圆 d:齿轮的齿槽宽 e(齿槽齿廓间的弧长)与齿厚 s(轮齿齿廓间的弧长)相等的圆称为分度圆;
节圆 d':当两齿轮啮合时,连心线 O_1O_2 上两相切的圆称为节圆,切点 C 称为节点,在标准齿轮中 $d = d'$;
齿距 p:分度圆上相邻两齿对应点的弧长;
齿高 h:齿顶圆与齿根圆之间的径向距离;
齿顶高 h_a:齿顶圆与分度圆之间的径向距离;
齿根高 h_f:齿根圆与分度圆之间的径向距离;
全齿高 h:齿顶圆与齿根圆之间的径向距离 $h = h_a + h_f$;
齿宽 b:齿轮轮齿的宽度(沿齿轮轴线方向度量);
模数 m:分度圆周长 $\pi d = pz$,可得 $d = (p/\pi)z$,令 $p/\pi = m$ 则 $d = mz$。m 即称为模数,模数是齿轮设计中的重要参数,国家标准规定了模数的系列值,相互啮合的齿轮模数必须相同。齿轮模数见表 11.3。

表 11.3　标准模数(GB/T 1357—1987)　　　　　　　　　　　　　　　mm

第一系列	1　1.25　1.5　2　2.5　3　4　5　6　7　8　10　12　16　20　25　32
第二系列	1.75　2.25(3.25)　3.5　(3.75)　4.5　5.5　(6.5)　7　9　(11)　14

注:选用模数应先选用第一系列,其次选用第二系列;括号内模数尽可能不用。

啮合角、压力角 α:两齿轮传动时,相啮合的轮齿齿廓在接触点 C 处的受力方向与运动方向的夹角,我国标准齿轮分度圆上的压力角为 20°;
中心距 a:两啮合齿轮轴线之间的距离。
标准直齿圆柱齿轮计算公式,见表 11.4。

表 11.4　标准直齿轮各基本尺寸的计算公式

名称	代号	计算公式	名称	代号	计算公式
分度圆直径	d	$d = mz$	齿根圆直径	d_f	$d_f = m(z-2.5)$
齿顶高	h_a	$h_a = m$	齿距	p	$p = \pi m$
齿根高	h_f	$h_f = 1.25 m$	齿厚	s	$s = p/2 = \pi m/2$
齿顶圆直径	d_a	$d_a = m(z+2)$	中心距	a	$a = (d_1+d_2)/2 = m(z_1+z_2)/2$

三、齿轮的规定画法

1. 单个圆柱齿轮的画法

单个圆柱齿轮一般用二个视图表达,取投影为非圆的视图作为主视图,且一般采取全剖或半剖视图,国标中规定了它的画法:

非剖视图中齿顶圆和齿顶线用粗实线绘制,分度圆和分度线用点划线绘制,齿根圆和齿根线用细实线绘制(也可省略不画);剖视图中齿顶圆和齿顶线,齿根圆和齿根线均用粗实线绘制,分度圆和分度线仍用点划线绘制;当需要表示斜齿或人字齿的齿线时,可用三条与齿线方向一致的细实线表示其形状,如图 11.43 所示。

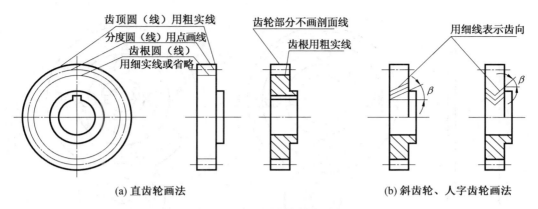

图 11.43　圆柱齿轮的画法

一张齿轮零件图除图形之外，还要标注尺寸、有关参数和技术要求，图 11.44 为一直齿圆柱齿轮的零件图。

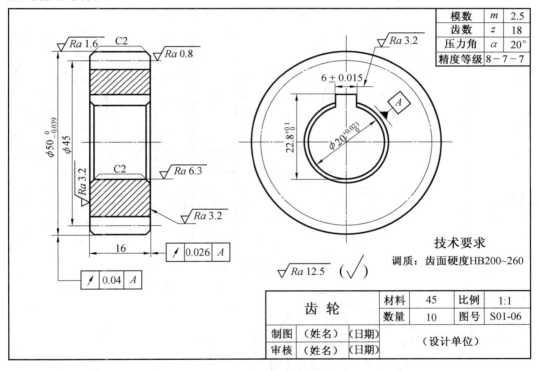

图 11.44　直齿圆柱齿轮零件图

2. 圆柱齿轮啮合画法

不剖切时，在投影为圆的视图上，两齿轮的节圆应该相切。啮合区内的齿顶圆仍用粗实线画出，也可省略不画。在投影为非圆的视图上，啮合区内的齿顶线不需画出，节线用粗实线绘制，如图 11.45 所示。斜齿轮、人字齿轮啮合画法，如图 11.46 所示。

在剖视图中，当剖切平面通过两啮合齿轮的轴线时，在啮合区内，将主动齿轮的轮齿（齿顶线、齿根线）用粗实线绘制，被动齿轮的轮齿被遮挡的部分（齿顶线）用虚线绘制，也可以省略不画，如图 11.47、11.48 所示。

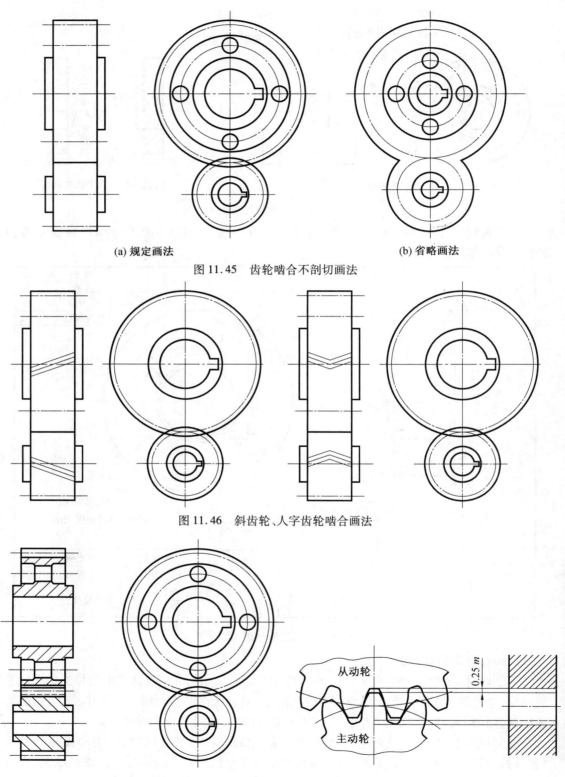

(a) 规定画法　　　　　　　　　(b) 省略画法

图 11.45　齿轮啮合不剖切画法

图 11.46　斜齿轮、人字齿轮啮合画法

图 11.47　齿轮啮合剖切画法　　　　图 11.48　齿轮啮合位置画法

3. 圆锥齿轮

圆锥齿轮主要用于垂直相交的两轴之间的运动传递。圆锥齿轮的轮齿位于圆锥面上，因此它的轮齿一端大而另一端小，齿厚由大端到小端逐渐变小，模数和分度圆也随之变化。为了设计和制造方便，规定以大端端面模数为标准模数来计算和确定轮齿各部分的尺寸，在图纸上标注的尺寸都是大端尺寸，如图 11.49 所示。

圆锥齿轮的画法基本上与圆柱齿轮相同，只是由于圆锥的特点，在表达和作图方法上较圆柱齿轮复杂。

（1）单个圆锥齿轮的画法

在投影为非圆的视图中，常采用剖视，其轮齿按不剖处理，用粗实线画出齿顶线和齿根线，用细点画线画出分度线。

在投影为圆的视图中，轮齿部分需用粗实线画出大端和小端的齿顶圆，用细点划线画出大端的分度圆，齿根圆不画，如图 11.50 所示。投影为圆的视图一般也可用仅表达键槽轴孔的局部视图取代。

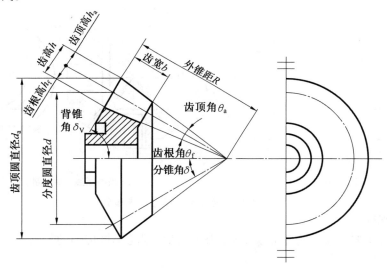

图 11.49　锥齿轮

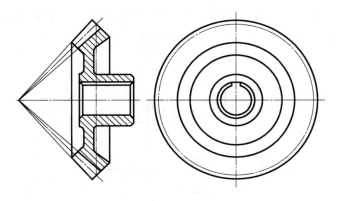

图 11.50　单个锥齿轮画法

(2)圆锥齿轮的啮合画法

圆锥齿轮啮合时,两分度圆锥相切,它们的锥顶交于一点。画图时主视图多用剖视表示,两分锥角 δ_1 和 δ_2 互为余角,其啮合区的画法与圆柱齿轮类似。绘图步骤如图 11.51 所示。

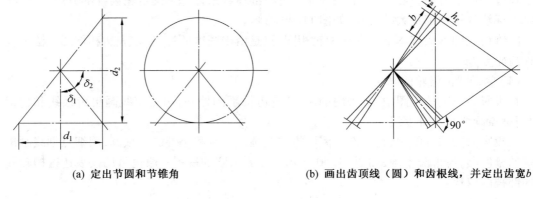

(a) 定出节圆和节锥角　　　　　　　　(b) 画出齿顶线(圆)和齿根线,并定出齿宽 b

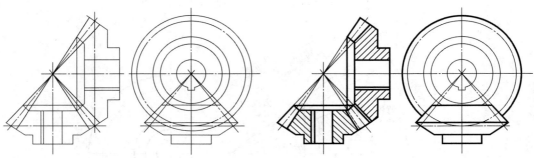

(c) 画出其他轮廓投影　　　　　　　　(d) 画剖面线,修饰并加深

图 11.51　圆锥齿轮啮合画图步骤

4.蜗轮蜗杆

蜗轮蜗杆主要用于传递垂直交叉轴间的运动。蜗轮蜗杆传动的传动比大、结构紧凑、传动平稳,但传动效率低。

(1)蜗杆的画法

蜗杆的形状如梯形螺杆,轴向剖面齿形为梯形,它的齿顶线、分度线、齿根线画法与圆柱齿轮相同,牙型可用局部剖视或局部放大图画出,在外形视图中,蜗杆的齿根圆和齿根线用细实线绘制或省略不画。具体画法如图 11.52 所示。

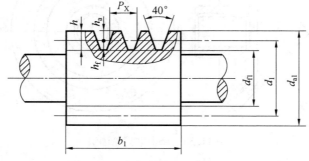

图 11.52　蜗杆的主要尺寸和画法

(2) 蜗轮的画法

蜗轮与圆柱齿轮基本相同,但是在蜗轮投影为圆的视图中,轮齿部分只需画出分度圆和齿顶圆,其他圆可省略不画,其他结构形状按投影绘制,如图 11.53 所示。

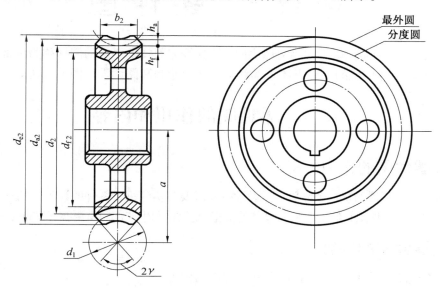

图 11.53 蜗轮的主要尺寸和画法

四、齿轮测绘

齿轮测绘就是根据实际的齿轮,确定齿轮各部分的尺寸和参数,画出齿轮零件工作图。齿轮测绘是一个较复杂的问题,对齿轮的测量主要是对齿轮的轮齿部分测量,齿轮的其余部分与一般零件测绘相同。这里只介绍标准直齿轮的测量,其他各种齿轮及蜗轮、蜗杆的测量与此类同。

测量直齿轮的轮齿,主要是确定模数 m 与齿数 z,然后根据标准直齿轮的计算公式算出各个基本尺寸。其步骤如下:

(1) 数出被测齿轮的齿数 z。

(2) 测量出齿顶圆直径 d_a。

当齿数为偶数时,d_a 可以直接量出;

当齿数为奇数时,$d_a = 2e + D$。此时,需测量 e(齿顶到轴孔的距离)和 D(轴孔直径)。

(3) 根据公式 $m = d_a/(z+2)$,计算出模数 m,然后查表取其相近的标准模数。

(4) 由标准模数 m,根据标准直齿轮计算公式,算出各个基本尺寸 d、h、h_a、h_f、d_a、d_f 等。

(5) 所得尺寸要与实测的中心距 a 核对,必须符合下列公式:$a = (d_1 + d_2)/2$。

(6) 测量其余各部分尺寸。

第12章 零件图

表达单个零件的结构、尺寸大小和加工、检验等方面技术要求的图样称为零件图。零件图是表达零件设计信息的主要媒体。本章主要介绍绘制和阅读零件图的方法。

12.1 零件图的作用和内容

一、零件图的作用

零件是组成机器的基本个体单元。设计机器时要落实到每个零件的设计,制造机器时以零件为加工单元。零件图是制造和检验零件的依据,是设计和生产部门重要技术文件之一。

二、零件图的内容

一张完整的零件图必须包括以下几个方面的内容:
(1)视图。用一组视图、剖视图或断面图等,完整、清晰地表达零件的结构形状。
(2)尺寸。完整、清晰、正确地标注零件制造和检验所需要的全部尺寸。
(3)技术要求。说明零件在制造和检验时应达到的一些质量要求,如表面粗糙度、尺寸公差、形位公差、材料及热处理等。
(4)标题栏。填写零件的名称、数量、材料、比例、图号及制图、审核人的签名和日期,如图 12.1 所示。

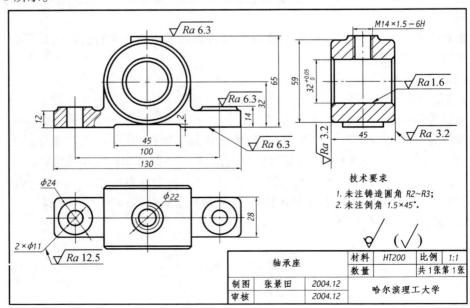

图 12.1 零件工作图

12.2 零件结构分析及工艺结构简介

一、零件结构的分析

零件是组成一部机器或部件的基本体,它的结构形状、尺寸大小和技术要求是由设计要求和工艺要求决定的。

(1)按设计要求,零件在机器和部件中,可以起到支撑、容纳、传动、配合、连接、安装、定位、密封和防松等作用,这是决定零件主要结构的依据,如图12.2所示。

(2)按工艺要求,为了使零件的毛坯制造、加工、测量以及装配和调整等工作方便、顺利,设计出圆角、起模斜度、倒角、凸台等结构,这些决定了零件局部结构的形状。

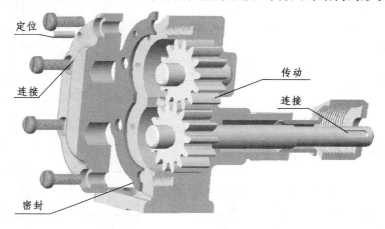

图 12.2 齿轮泵

二、零件的工艺结构

工艺结构是指为确保加工和装配质量而附加的局部微小结构。常见的工艺结构有铸造圆角、起模斜度、倒角、退刀槽、砂轮越程槽、凸台和凹坑等。有关数据可查阅相关标准。

了解零件的加工方法和过程,对于零件的合理设计、便于加工制造是非常重要的,因此,在画零件图时,应该使零件的结构既能满足使用上的要求,又要方便制造。

1. 铸造零件的工艺结构

(1)铸造圆角。

为了满足铸造工艺要求,防止砂型落砂,铸件产生裂纹和缩孔,在铸件各表面相交处都做成圆角而不做成尖角,该结构称为圆角,如图12.3所示。在图上一般不予标注,常常集中注写在技术要求中,如图12.1所示。

(2)起模斜度。

为了在铸造时便于将模型从砂型中取出,在铸件的内外壁上常设计出起模斜度,如图12.4所示。

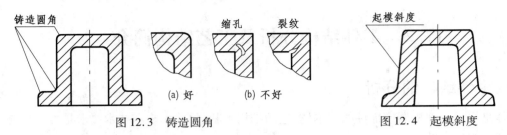

图 12.3 铸造圆角　　　　　图 12.4 起模斜度

(3) 铸件壁厚要均匀。

在浇铸零件时,为了避免各部分冷却速度不一致而产生缩孔和裂纹,铸件壁厚应均匀或逐渐过渡,如图 12.5 所示。

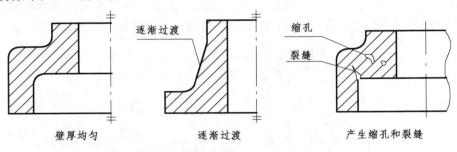

图 12.5 铸件壁厚

2. 零件上的机械加工结构

(1) 倒角和圆角。

为了便于装配和保护装配面不受损伤,去除毛刺和锐角边,在轴和孔的端部,一般都加工出倒角。为了避免因应力集中而产生裂纹,在轴肩处加工成圆角的过渡形式,称为圆角,如图 12.6 所示。参数见附表 3.2。

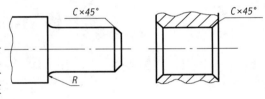

图 12.6 倒角和圆角

(2) 螺纹退刀槽和砂轮越程槽。

为了在切削加工时不致使刀具损坏,并容易退出刀具以及在装配时与相邻零件保证靠紧,常在零件的待加工面的末端,先车出螺纹退刀槽,如图 12.7 所示,参数见附表 3.1。为了使砂轮可以稍微越过加工面,在加工表面的台肩处预先加工出越程槽,如图 12.8 所示,参数见附表 3.3。

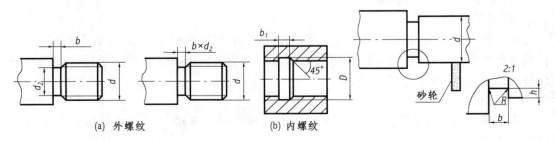

图 12.7 退刀槽　　　　　图 12.8 砂轮越程槽

(3)钻孔结构。

用钻头钻出的盲孔,在底部有一个120°的锥角,在阶梯形钻孔的过渡处,也存在锥角为120°的圆台,如图12.9所示。用钻头钻孔时,要求钻头轴线尽量垂直于被钻孔的端面,以保证钻孔准确和避免钻头折断,如图12.10所示。

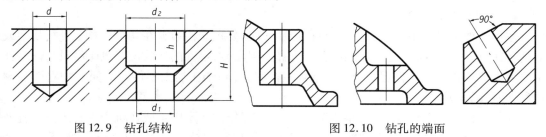

图12.9 钻孔结构　　　　图12.10 钻孔的端面

(4)凸台和凹坑。

零件与其他零件的接触面,一般都要进行加工。为了保证零件表面之间能够良好地接触,并减少加工面积,降低加工成本,常常在铸件上设计出凸台、凹坑等结构,如图12.11所示。

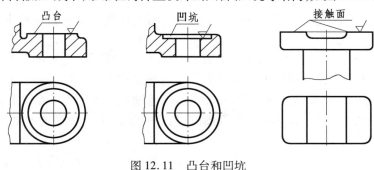

图12.11 凸台和凹坑

12.3　零件图的视图表达方法

一、零件图的视图选择

零件图的视图选择包括主视图的选择和其他视图的选择两个方面。在选择零件图的主视图和其他视图时,应在零件结构分析的基础上,充分运用第10章所介绍的机件各种表达方法,完整、清晰地表达零件的所有内、外部形状和结构特征。

二、主视图的选择

表达零件时,通常以主视图为主,看零件图时通常也先看主视图,所以主视图是零件图的核心。主视图选择是否得当,将直接影响零件图的表达效果,也影响到看图和画图方便与否。因此,画零件图时应首先选择好主视图。在选择主视图时,方向要能充分反映零件的形状特征,还要考虑零件的加工和工作位置。

1. 零件的工作位置

零件在机器或部件中有一定的工作位置。选择主视图时,应尽量使它的摆法与其在机器或部件中的工作位置一致。根据这个原则选择主视图,便于将零件图与装配图联系起来考虑,分析和想像零件在机器或部件中的工作情况。同时,在装配及安装调试时,容易和装配图直接对照,有利于看图。

2. 零件的加工位置

零件在加工过程中,特别是在进行机械加工时,要把它们装夹在某个夹具上进行切削或磨削,每一道工序都有一定的加工位置。选择主视图时,零件的摆放位置也应尽量与该零件主要加工位置相一致。根据这个原则选择主视图,有利于在加工零件时对照实物看图和测量尺寸,可减少差错。

此外,有一些零件,如叉架、非典型零件等,其工作位置不固定或在机器中其工作位置处于倾斜状态,加工位置又没有主次之分。若按倾斜位置选择主视图,则会给画图、看图带来不必要的麻烦。这时,通常是把它们摆正后,按反映形状特征的要求选择主视图。

三、其他视图的选择

主视图选定之后,还要对其他视图进行选择。对其他视图的选择应根据零件的结构特征和复杂程度进行考虑。

在选择其他视图的过程中,应优先采用基本视图(如俯视图、左视图等),并在基本视图上取剖视,应尽可能在基本视图中将零件主要的内外结构及形状特征表达清楚。对尚未表达清楚的局部结构以及零件上倾斜部分的形状,可通过选用适当的局部视图、斜视图或其他表达方法表示清楚。此外,在选用其他视图的过程中,还应考虑合理地布置视图,充分利用图纸幅面等。

一张图纸表达得好的标准是:零件上每一部分的结构形状和位置表示得正确、完全、清晰,符合国家标准,便于看图。可拟订几种不同的表达方案进行对比,最后确定合理的方案。

视图选择的原则如下:

(1)应让主视图表示零件的基本特征和最多的信息。

(2)在满足要求的前提下,使视图的数量尽量少,以便于画图和看图。

(3)尽量避免使用虚线表达零件的结构。

【例 12.1】选择轴的主视图。应选择能反映结构特征的方向,A 向好,B 向不好,如图 12.12 所示。

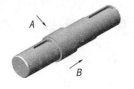
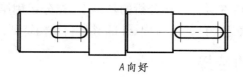

A 向好　　　　　　　　　　B 向不好

图 12.12　轴类零件视图的选择

【例 12.2】比较图 12.13 所示的机件的表达方案。

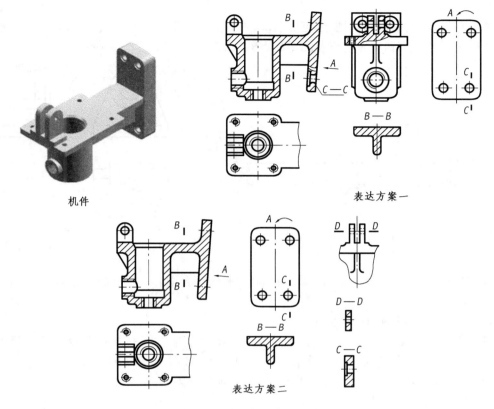

图 12.13　机件的表达方案

12.4　零件图的尺寸标注

本节着重分析尺寸标注的合理性问题。尺寸标注既要满足零件在机器中能很好地承担工作的要求，还要满足零件的制造、加工、测量和检验的要求。

一、尺寸基准的选择

根据基准在生产过程中的作用不同，一般将基准分为设计基准和工艺基准。

1. 设计基准

在设计零件时，为保证功能、确定结构形状和相对位置时所选用的基准称为设计基准。用来作为设计基准的，是工作时确定零件在机器或部件中位置的面、线或点，如图 12.14 所示。

如图 12.15 所示的轴承座，分别选底面 B 和对称平面 A 为高度方向和长度方向的设计基准，后端面 C 为宽度方向的基准。因为一根轴通常要用两个轴承座支持，两者的轴孔应在同一轴线上，两个轴承座都以底面与机座贴合，确定高度方向位置。所以，在设计时以底面 B 为基准来确定高度方向的尺寸，以对称平面 A 为基准来确定左右位置，保证底板上两个螺栓孔的孔心距及其对于轴孔的对称关系，最终实现二轴承座安装后轴孔同心，保证功能的实现。

2. 工艺基准

零件在加工、测量、检验时所选定的基准,称为工艺基准。用来作为工艺基准的,一般是加工时用做零件定位和对刀起点及测量起点的面、线或点,如图 12.14 所示。

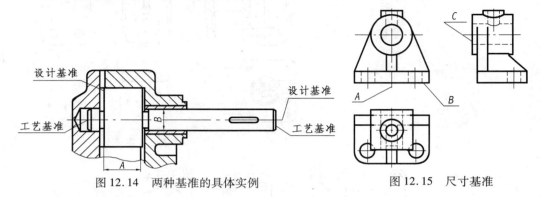

图 12.14　两种基准的具体实例　　　　图 12.15　尺寸基准

3. 常用的基准

(1)基准面。有底板的安装面、重要的端面、装配结合面、零件的对称面等。

(2)基准线。有回转体的轴线等。

4. 选用尺寸基准应遵循的原则

(1)零件在长、宽、高三个方向上至少有一个尺寸基准。同一方向上若有几个尺寸基准,其中必有一个设计基准,基准之间应有尺寸相联系,如图 12.22(b)所示。

(2)尽量使设计基准和工艺基准重合,以减少加工误差,保证加工质量。

二、配置尺寸的形式

(1)坐标法是把各尺寸从一个选定的基准注起,如图 12.16(a)所示。

(2)链状法是把尺寸依次注写成链状,如图 12.16(b)所示。

(3)综合法是链状法与坐标法的综合,如图 12.16(c)所示。

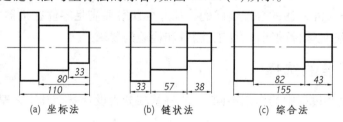

(a) 坐标法　　　　(b) 链状法　　　　(c) 综合法

图 12.16　配置尺寸的形式

三、标注尺寸的原则

1. 标注尺寸要符合设计要求

(1)功能尺寸应从设计基准中直接标注。

功能尺寸是指直接影响机器装配精度和工作性能的尺寸。这些尺寸应从设计基准出发直接注出,而不应由其他尺寸推算出来。如图 12.1 所示的轴承座,孔的中心高 32 是功能尺寸,必须直接标注出来。

（2）联系尺寸一定要相互联系。

一台机器是由许多零件装配起来的，各零件之间有一个或几个表面相联系，这些尺寸必须保持一致。图 12.14 中的尺寸 A 是轴向联系尺寸、尺寸 B 为径向联系尺寸；图 12.17 中的尺寸 42、尺寸 R32 为一般联系尺寸。

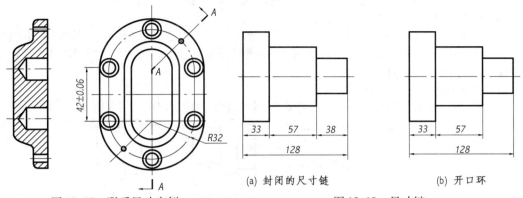

图 12.17　联系尺寸实例　　　　　　图 12.18　尺寸链

（a）封闭的尺寸链　　　　（b）开口环

（3）避免出现封闭尺寸链。

同一方向的尺寸串联并首尾相接成封闭的形状，称为封闭尺寸链，如图 12.18（a）所示。零件图上尺寸不允许标注成封闭的尺寸链形式。

在图 12.18 的标注中，既标出了 32，又标出了 57 和 38。3 个尺寸首尾相连，绕成一个整圈，呈现 128＝33＋57＋38 的关系。由于加工误差的存在，很难保证，所以在标注时出现封闭尺寸链是不合理的，应该避免它。办法是，当几个尺寸构成封闭尺寸链时，应当从链中挑选出一个最次要的尺寸空出不标注如图 12.18（b）所示。若因某种原因必须将其标注出时，应将此尺寸数值用圆括号括起，称之为参考尺寸。

2. 标注尺寸要符合工艺要求

非功能尺寸若无特殊要求，标注尺寸应便于加工和检测。

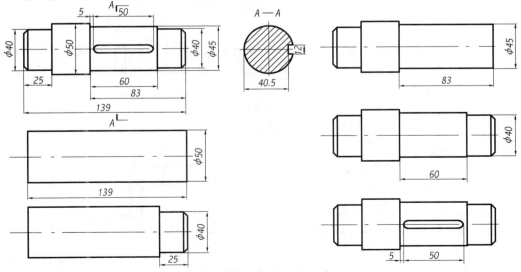

图 12.19　轴的加工顺序与标注尺寸的关系

(1) 按加工顺序标注尺寸。

按加工顺序标注尺寸,符合加工过程,便于加工和检测。图 12.19 的小轴,仅尺寸 60 是功能尺寸(长度方向),要直接注出,其余都按加工顺序注出。为了便于备料,注出了轴的总长 139;为了加工 $\phi40$ 的轴颈,直接注出了尺寸 25。掉头加工 $\phi45$ 的轴颈,应直接注出尺寸 83;在加工 $\phi40$ 时,应保证功能尺寸 60。这样既保证设计要求,又符合加工顺序。

(2) 按不同加工方法尽量集中标注尺寸。

每个零件都是经过多种加工方法制作完成的(如车、钳、铣、刨、磨等)。最好将不同加工方法的有关尺寸集中标注。图 12.19 中的键槽是在铣床上加工的,尺寸 5、50 和 12、40.5 集中在两处标注,方便看图。

(3) 便于测量和加工标注尺寸。

如果有些尺寸对设计要求不大,应考虑测量和加工方便,如图 12.20 所示。

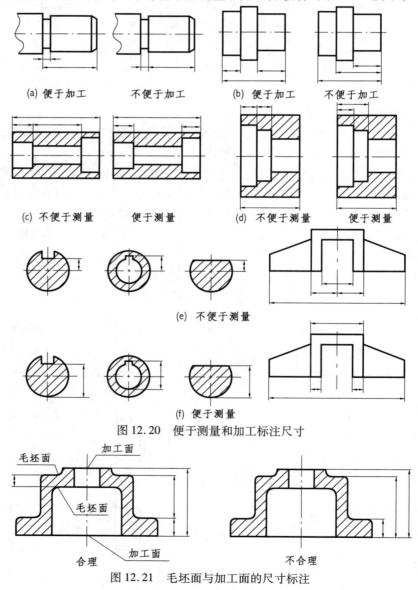

图 12.20　便于测量和加工标注尺寸

图 12.21　毛坯面与加工面的尺寸标注

(4)毛坯面的尺寸标注。

零件图上毛坯面尺寸和加工面尺寸要分开标注。在同一方向上,毛坯面和加工面之间只标注一个联系尺寸,如图 12.21 所示。

(5)零件上常见典型结构的尺寸标注法,见表 12.1 所示。

表 12.1 零件上常见结构的尺寸注法(GB/T 4458.4—1984)

序号	类型	旁注法		普通注法
1	光孔	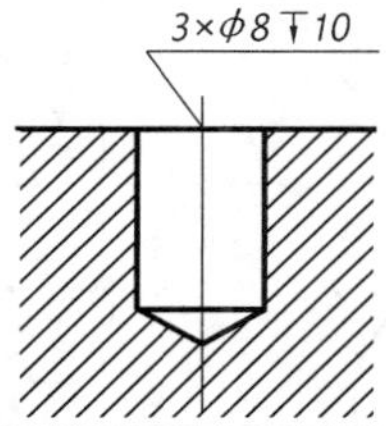 3×φ8▽10	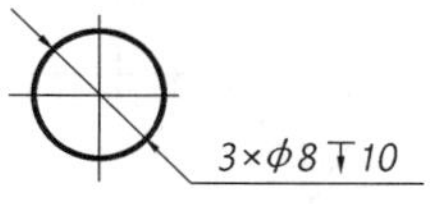 3×φ8▽10	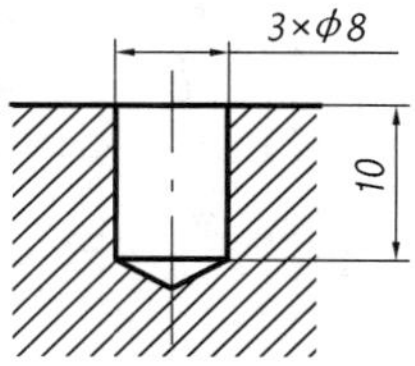 3×φ8,10
2	光孔	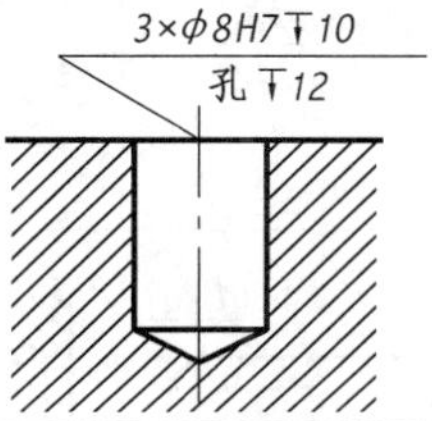 3×φ8H7▽10 孔▽12	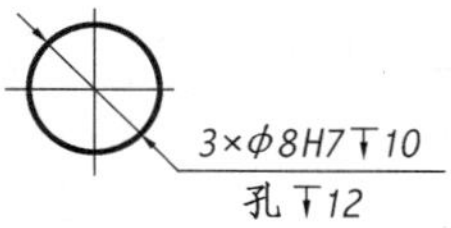 3×φ8H7▽10 孔▽12	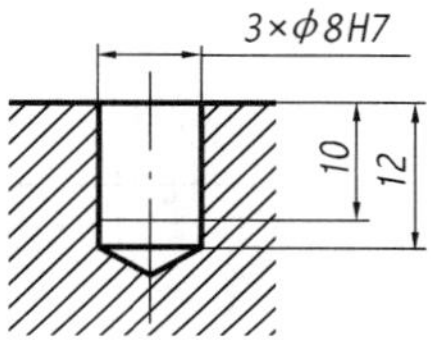 3×φ8H7,10,12
3	螺纹孔	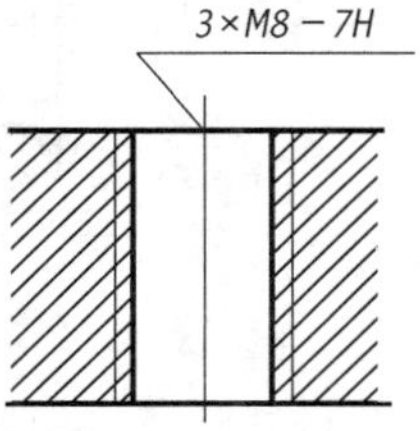 3×M8-7H	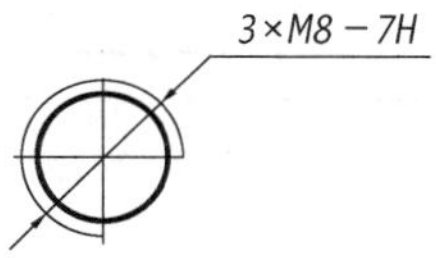 3×M8-7H	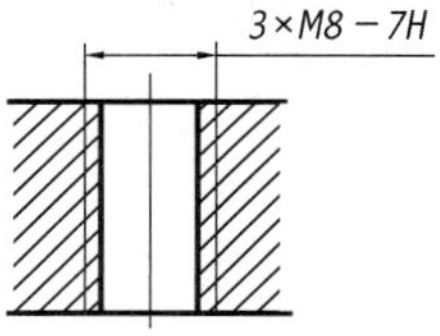 3×M8-7H
4	螺纹孔	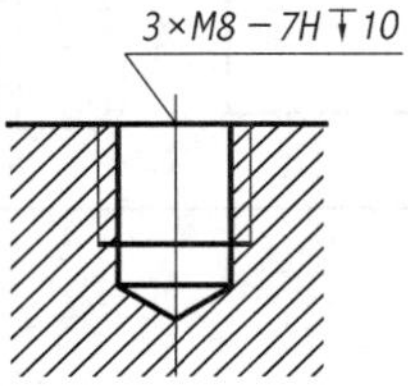 3×M8-7H▽10	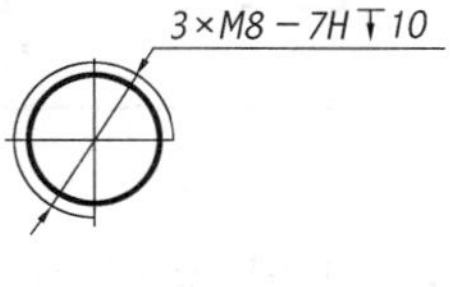 3×M8-7H▽10	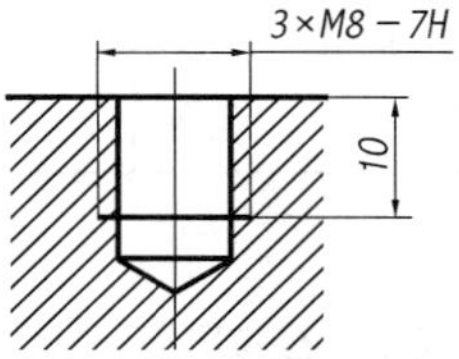 3×M8-7H,10
5	螺纹孔	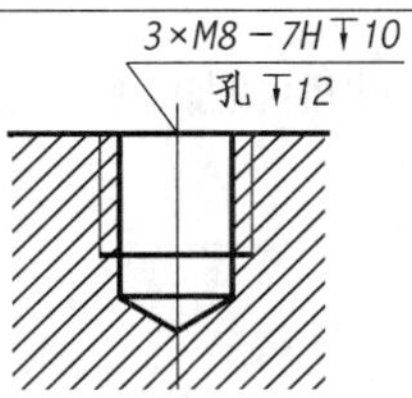 3×M8-7H▽10 孔▽12	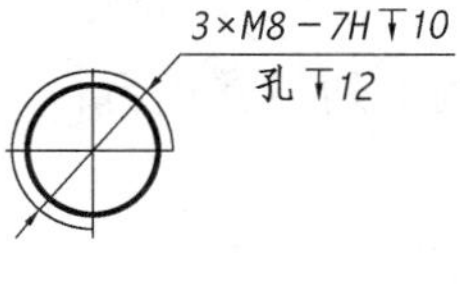 3×M8-7H▽10 孔▽12	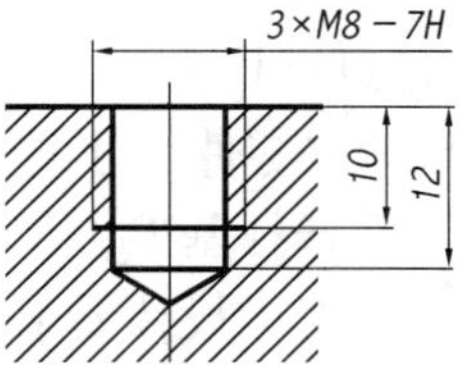 3×M8-7H,10,12
6	沉孔	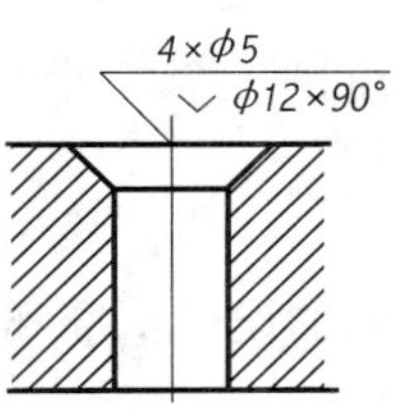 4×φ5 ⌴φ12×90°	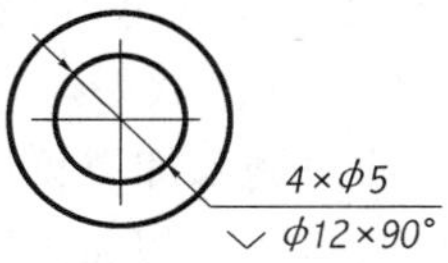 4×φ5 ⌴φ12×90°	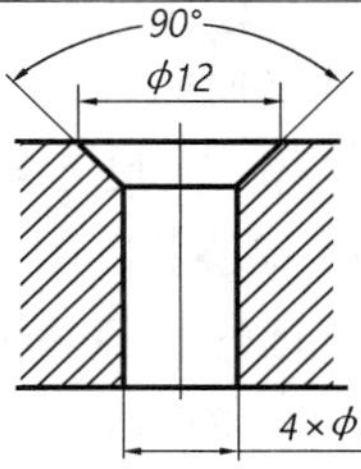 90° φ12 4×φ5

续表 12.1

序号	类型	旁注法		普通注法
7	沉孔	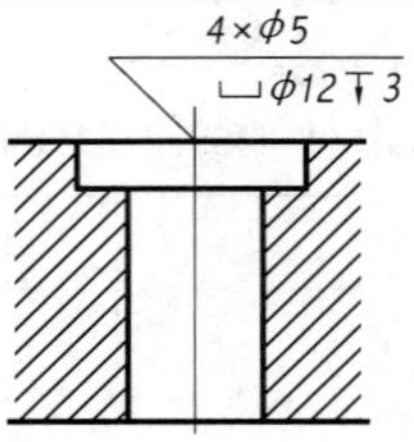4×ϕ5 ⌴ϕ12↧3	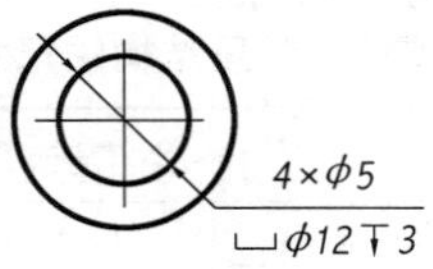4×ϕ5 ⌴ϕ12↧3	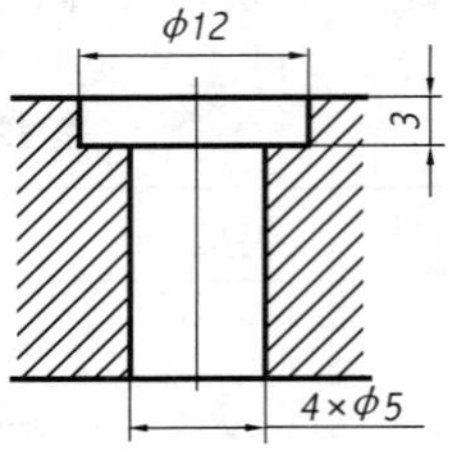ϕ12 3 4×ϕ5
8		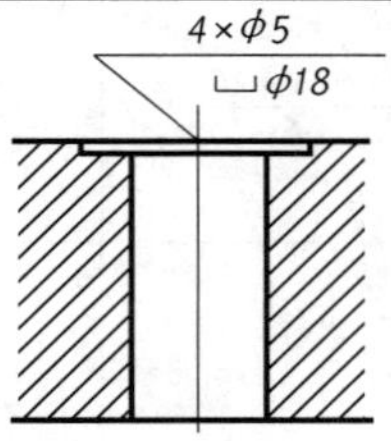4×ϕ5 ⌴ϕ18	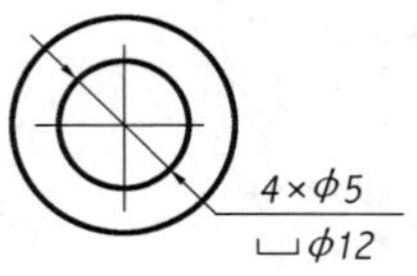4×ϕ5 ⌴ϕ12	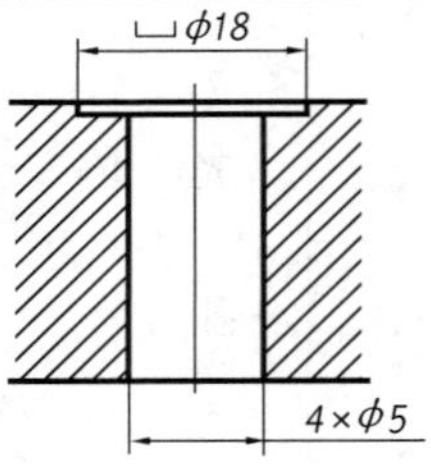⌴ϕ18 4×ϕ5
9	45° 倒角注法	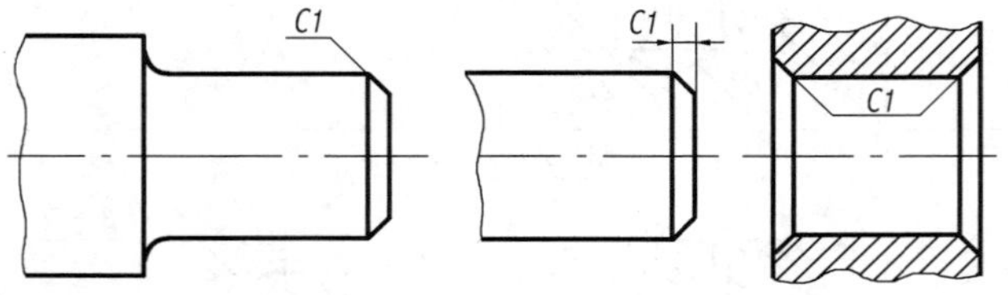C1 C1 C1		
10	退刀槽、越程槽注法	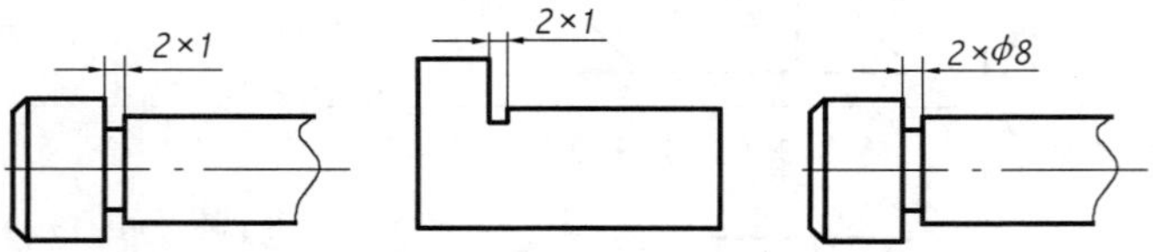2×1 2×1 2×ϕ8		

四、合理标注零件尺寸的方法步骤

通过结构分析、表达方案的确定，在对零件的工作性能和加工、测量方法充分理解的基础上，标注零件尺寸的方法按下列步骤进行：

(1)选择基准。

(2)考虑设计要求，标注功能尺寸。

(3)考虑工艺要求，标注出非功能尺寸。

(4)用形体分析、结构分析法补全尺寸和检查尺寸，同时计算三个方向(长、宽、高)的尺寸链是否正确，尺寸数值是否符合标准数系。

【例 12.3】以图 12.22 的轴为例来加以说明。

(1)选择基准。按照轴的工作情况和加工特点，径向的设计基准和工艺基准选择轴线；台肩的右端面为长度方向基准，如图 12.22 所示。

(2)标注出各部分的功能尺寸,如图 12.22(a)、(b)所示。
(3)标注出非功能尺寸,如图 12.22(c)所示。
(4)最后检查。

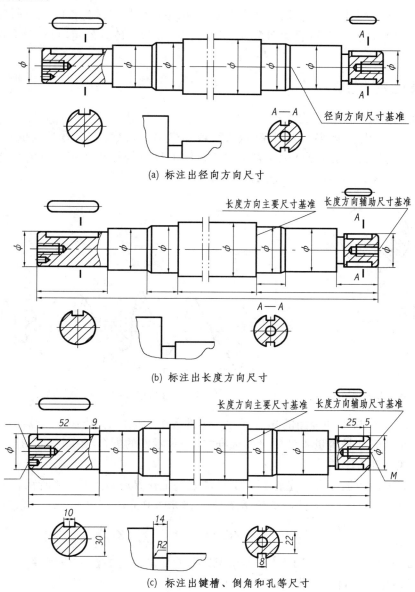

图 12.22 轴的尺寸标注实例

尺寸标注中,对于一些常见局部结构的简化和习惯注法,国家标准(GB/T 16675.2—1996)都作了相应的规定,标注时必须符合这些规定,并在标注实践中逐渐熟记。

12.5 零件图的技术要求

零件图中必须用规定的代号、数字和文字简明地表示出在制造和检验时所应达到的技术要求。技术要求的内容有：表面粗糙度、尺寸公差、形状与位置公差、材料及表面处理和热处理。

一、表面粗糙度

1. 表面粗糙度的基本概念

零件表面无论加工得多么光滑，在放大镜或显微镜下观察，总会看到高低不平的状况，高起的部分称为峰，低凹的部分称为谷。加工表面上具有的较小间距的峰谷所组成的微观几何形状特性称为表面粗糙度，如图 12.23 所示。

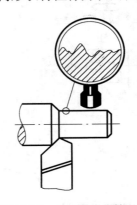

图 12.23　表面的微观情况　　　　图 12.24　轮廓的算术平均偏差 Ra

表面粗糙度反映零件表面的光滑程度。零件各个表面的作用不同，所需的光滑程度也不一样。表面粗糙度是衡量零件质量的标准之一，对零件的配合、耐磨程度、抗疲劳强度、抗腐蚀性及外观等都有影响。

最常用的表面粗糙度参数是轮廓算术平均偏差记作 Ra，如图 12.24 所示。Ra 值与实际的应用情况见表 12.2（Ra 的计量单位是微米，1 微米 = 0.001 毫米）。用公式表示为

$$Ra = \frac{1}{l}\int_0^l |Z(x)|\,\mathrm{d}x \approx \frac{1}{n}\sum_{i=1}^n |Z_i|$$

表 12.2 给出了 Ra 数值不同的表面情况以及对应的加工方法和应用举例。

2. 表面粗糙度的符号和代号

表面粗糙度用代号标注在图样上，代号由符号、数字及说明文字组成。

（1）零件的表面粗糙度符号

表面粗糙度符号及其含义见表 12.3，符号画法如图 12.25 所示。

（2）表面粗糙度代号

代号由符号和在各规定位置上标注的参数值及其他有关要求组成。代号各部位内容见表 12.3 所示。

表12.2　Ra 值与加工方法和实际应用

$Ra/\mu m$	表面特征	主要加工方法	应用举例
50、100	明显可见刀痕	粗车、粗铣、粗刨、钻、粗纹锉刀和粗砂轮加工	粗糙度最低的加工面,一般很少使用
25	可见刀痕		
12.5	微见刀痕	粗车、刨、立铣、平铣钻	不接触表面、不重要的接触面,如螺钉孔、倒角、机座底面等
6.3	可见加工痕迹	精车、精铣、精刨、铰、镗、粗磨等	没有相对运动的零件接触面,如箱、盖、套筒要求紧贴的表面,键和键槽工作表面;相对运动速度不高的接触面,如支架孔、衬套、带轮轴孔的工作表面等
3.2	微见加工痕迹		
1.6	看不见加工痕迹		
0.8	可辨加工痕迹方向	精车、精铰、精拉、精镗、精磨等	要求很好密合的接触面,如与滚动轴承配合的表面、锥销孔等;相对运动速度较高的接触面,如滑动轴承的配合表面、齿轮的工作表面等
0.4	微辨加工痕迹方向		
0.2	不可辨加工痕迹方向		
0.1	暗光泽面	研磨、抛光、超级精细研磨等	精密量具的表面、极重要零件的摩擦面,如气缸的内表面、精密机床的主轴颈、坐标镗床的主轴颈等
0.05	亮光泽面		
0.025	镜状光泽面		
0.012	雾状镜面		

表12.3　表面粗糙度符号、代号示例及说明

符号	含义	代号示例及说明
∨	基本图形符号,未指定工艺方法的表面,当通过一个注释时,可单独使用	
∀	扩展图形符号,用去除材料方法获得的表面,仅当其含义是"被加工表面"时,可单独使用	
∀ (带圆圈)	扩展图形符号,不去除材料的表面,也可用于表示保持上道工序形成的表面	
∨ (完整)	完整图形符号,表示允许任何工艺获得的表面	
∀ (完整)	完整图形符号,表示去除材料获得的表面	$\sqrt{Ra\ 3.2}$:表示去除材料获得表面,Ra 的上限值为 3.2 μm
∀ (带圆圈,完整)	完整图形符号,表示不去除材料获得的表面	$\sqrt{Rzmax\ 3.2}$:表示不去除材料获得表面,Ra 的最大允许值为 3.2 μm
∀ (封闭)	表示视图上构成封闭轮廓的各表面有相同的粗糙度要求	$\sqrt{\begin{array}{l}U\ Ra\ 3.2\\L\ Ra\ 0.8\end{array}}$:表示封闭轮廓的各表面,由去除材料获得 Ra 的上限值为 3.2 μm,Ra 的下限值为 0.8 μm

h 为字高　　H=1.4h　　d'=h/10

图 12.25　表面粗糙度符号的画法

3. 表面粗糙度代(符)号在图样上的标注

表面粗糙度代(符)号在图样上的标注　国家标准规定了表面粗糙度的代(符)号在图样上的标注方法,见表 12.4。

表 12.4　表面粗糙度的代(符)号在图样上的标注方法

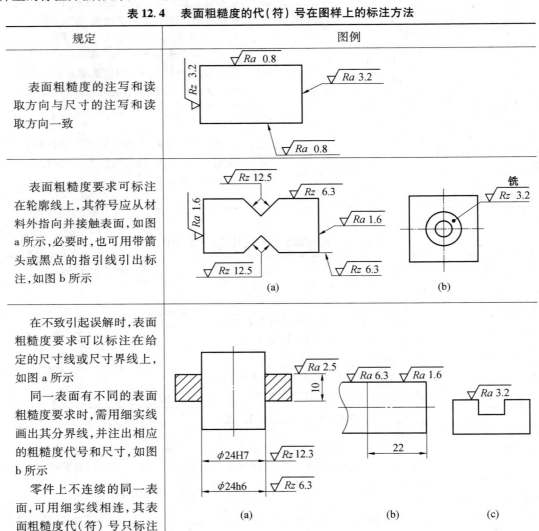

规定	图例
表面粗糙度的注写和读取方向与尺寸的注写和读取方向一致	
表面粗糙度要求可标注在轮廓线上,其符号应从材料外指向并接触表面,如图 a 所示,必要时,也可用带箭头或黑点的指引线引出标注,如图 b 所示	
在不致引起误解时,表面粗糙度要求可以标注在给定的尺寸线或尺寸界线上,如图 a 所示 同一表面有不同的表面粗糙度要求时,需用细实线画出其分界线,并注出相应的粗糙度代号和尺寸,如图 b 所示 零件上不连续的同一表面,可用细实线相连,其表面粗糙度代(符)号只标注一次,如图 c 所示	

续表 12.4

规定	图例
表面粗糙度要求可标注在形位公差框格的上方	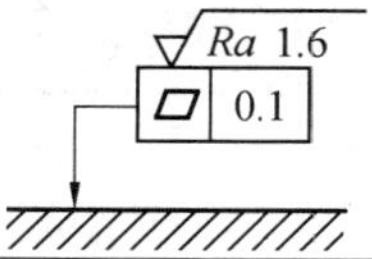
如果在工件的多数(包括全部)表面有相同的表面粗糙度要求,则可将其统一标注在图样的标题栏附近,其代(符)号及文字的大小,应是图样上其他代(符)号及文字的1.4倍。此时(除全部表面有相同的情况外),表面粗糙度要求的符号后面应有: 1)在圆括内给出无任何其他标注的基本符号,如图 a 所示 2)在圆括内给出不同的表面结构要求,如图 b 所示	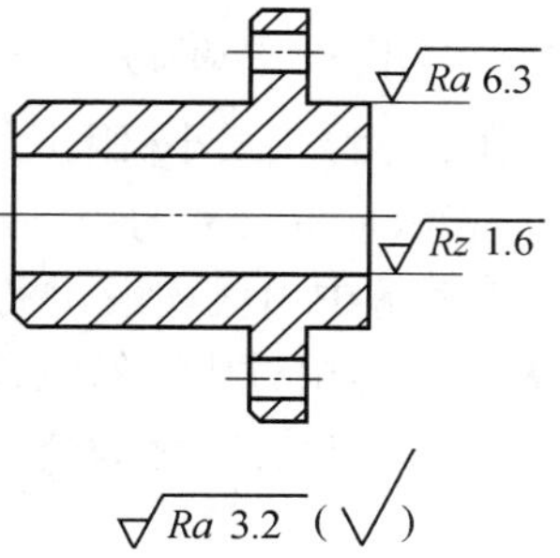 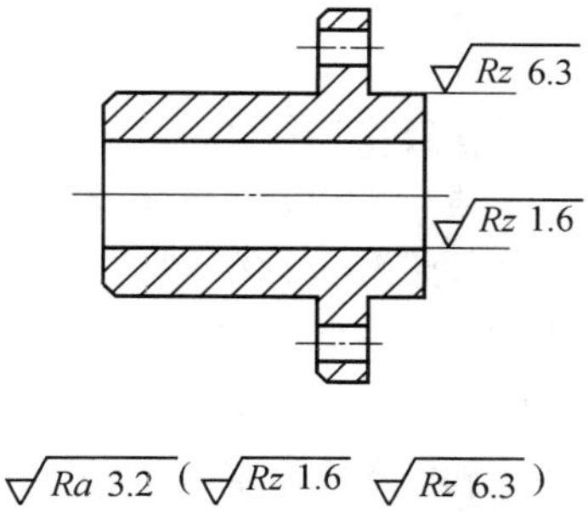

二、极限与配合

1. 极限与配合的基本概念

装配在一起的零件(如轴和孔),只有各自达到相应的技术要求后,装配在一起才能满足所设计的松紧程度和工作精度要求,实现功能并保证互换性。互换性是指,在相同的零件中,不经挑选就能装配并能保持原有性能的性质。这个技术要求就是要控制零件功能尺寸的精度。控制的办法是限制功能尺寸,使之不超出设定的极限值。同时从加工的经济性考虑,也必须要有这一技术要求。

2. 公差的有关术语

为了保证互换性,必须将零件尺寸的加工误差限制在一定的范围内,规定出尺寸允许的变动量,这个变动量就是尺寸公差。下面以图 12.26 为例说明公差有关术语。

(1) 极限

① 基本尺寸　在设计时根据零件的结构、力学性质和加工等方面要求确定的尺寸,如 $\phi30$。

② 实际尺寸　加工成成品后,通过测量获得的尺寸。

③ 极限尺寸　合格零件允许的尺寸的两个极端,如图 12.26 所示。

最大极限尺寸 = 30 + 0.01 = 30.01

最小极限尺寸 = 30 − 0.01 = 29.99

④ 极限偏差　最大极限尺寸减去基本尺寸所得的代数差称为上偏差。最小极限尺寸减去基本尺寸所得的代数差称为下偏差。

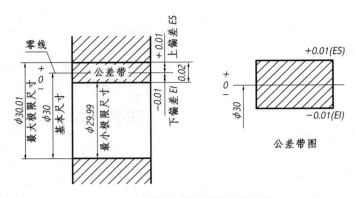

图 12.26　尺寸公差名词及公差带图

⑤ 尺寸公差(简称公差)　最大极限尺寸减去最小极限尺寸之差,也是允许尺寸的变动量。

⑥ 零线　在极限与配合图解中,表示基本尺寸的一条水平直线。

⑦ 公差带和公差带图　在公差带图解中由代表最大极限尺寸和最小极限尺寸的两条直线所限定的一个区域。它由公差大小和其相对零线的位置来确定,为了便于分析,一般将尺寸公差与基本尺寸的关系,按比例放大画出简图,称为公差带图,如图 12.26 所示。

(2) 标准公差与基本偏差

公差带由公差带大小和公差带位置这两个要素决定。公差带大小由标准公差确定,公差带位置由基本偏差确定,如图 12.27 所示。

① 标准公差　用以确定公差带大小的公差。对于每一个基本尺寸段,国家标准都规定了 20 级标准公差。对于一定的基本尺寸,公差等级越高,标准公差值越小,尺寸的精确度越高。标准公差分 20 个等级,即 IT01、IT0、IT1 至 IT18。IT 表示公差。表 12.5 列出部分标准公差数值。

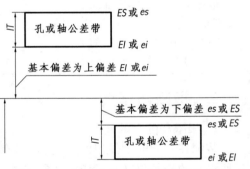

图 12.27　标准公差和基本偏差的关系

② 基本偏差　在 GB/T 1800 系列标准极限与配合制中,确定公差带相对零线位置的那个极限偏差称为基本偏差(一般为靠近零线的那个偏差),如图12.27 所示。

表 12.5　部分标准公差数值(GBT1800—1998)

基本尺寸 /mm	公差等级							
	IT01	…	IT8	IT9	IT10	IT11	IT12	…
	μm						mm	
~ 3	0.3	…	14	25	40	60	0.10	…
> 3 ~ 6	0.4	…	18	30	48	75	0.12	…
> 6 ~ 10	0.4	…	22	36	58	90	0.15	…
> 10 ~ 18	0.6	…	27	43	70	110	0.18	…
> 18 ~ 30	0.6	…	33	52	84	130	0.21	…
…	…	…	…	…	…	…	…	…

根据实际需要，国家标准分别对孔和轴规定了 28 个不同的基本偏差，如图 12.28 所示。基本偏差用拉丁字母表示，大写字母代表孔，小写字母代表轴。

孔的基本偏差从 A 到 H 为下偏差，从 J 到 ZC 为上偏差。

轴的基本偏差从 a 到 h 为上偏差，从 j 到 zc 为下偏差。

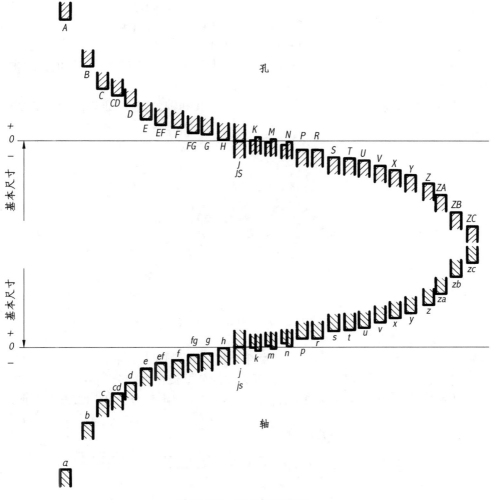

图 12.28 基本偏差系列

③ 公差带代号 对于某一基本尺寸，取标准规定的一种基本偏差，配上一级标准公差，就可以形成一种公差带。我们用基本偏差代号的字母和标准公差等级代号的数字即可组成一种公差带代号，如：$\phi 40H9$、$\phi 40h7$、$30F8$、$30f7$ 等。

【例 12.4】说明 $\phi 40H9$ 的含义。

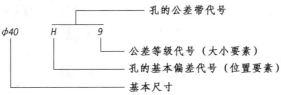

此公差的含义是:基本尺寸是 φ40,公差等级为 9 级,基本偏差为 H 的孔的公差带。

【例 12.5】 说明 φ40f7 的含义。

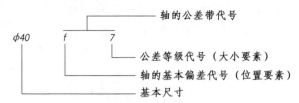

此公差的含义是:基本尺寸是 φ40,公差等级为 7 级,基本偏差为 f 的轴的公差带。

3. 配合

在机器装配中,将基本尺寸相同的、相互结合的孔和轴公差带之间的关系,称为配合。

图 12.29　零件配合的形式

(1) 配合的三种类型

根据机器的设计要求、工艺要求和实际生产的需要,国家标准将配合分为三大类:

① 间隙配合　具有间隙的配合。表现为孔的公差带在轴的公差带之上。当互相配合的两个零件需相对运动或要求拆卸很方便时,则需采用间隙配合,如图 12.30(a) 所示。

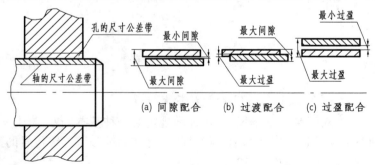

图 12.30　配合的形式

② 过盈配合　具有过盈的配合。表现为孔的公差带在轴的公差带之下。当互相配合的两个零件需牢固连接、保证相对静止或传递动力时,则需采用过盈配合,如图 12.30(c) 所示。

③ 过渡配合　可能具有间隙或过盈的配合。表现为孔的公差带和轴的公差带相互交叠,如图 12.30(b) 所示。

过渡配合常用于不允许有相对运动,轴孔对中要求高,但又需拆卸的两个零件间的配合。

(2) 基孔制配合和基轴制配合

① 基孔制配合　基本偏差为一定的孔的公差带,与不同基本偏差的轴的公差带形成各种配合的一种制度。在基孔制配合中选作基准的孔称为基准孔,国家标准选下偏差为零的孔作基准孔(代号 H)。基孔制配合如图 12.31(a) 所示。

② 基轴制配合　基本偏差为一定的轴的公差带,与不同基本偏差的孔的公差带形成各种配合的一种制度。在基轴制配合中选作基准的轴称为基准轴,国家标准选上偏差为零的轴作基准轴(代号 h)。基轴制配合如图 12.31(b) 所示。

基轴制(基孔制)中,a~h(A~H)用于间隙配合,j~zc(J~ZC)用于过渡配合或过盈配合。

(3) 优先、常用配合

国家标准根据机械工业产品生产使用的需要,考虑到各类产品的不同特点,制订了优先及常用配合,应尽量选用优先配合和常用配合。优先配合特性及应用见表 12.6 所示,基孔制和基轴制的优先、常用配合见表 12.7 和 12.8 所示。优先配合中孔、轴的极限偏差见本书附录四。

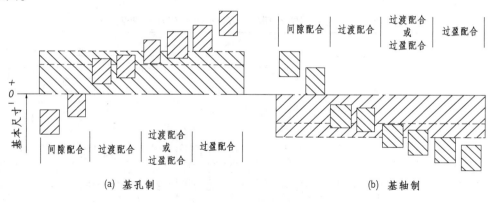

图 12.31　两种基准制

表 12.6　优先配合特性及应用(GB/T1801—1999)

基孔制	基轴制	优先配合特性及应用
$\dfrac{H11}{c11}$	$\dfrac{C11}{h11}$	间隙非常大,用于很松的、转动很慢的动配合,或要求大公差与大间隙的外露组件,或要求装配方便的很松的配合
$\dfrac{H9}{d9}$	$\dfrac{D9}{h9}$	间隙很大的自由转动配合,用于精度为非主要要求,或有大的温度变动、高转速或大的轴颈压力时
$\dfrac{H8}{f7}$	$\dfrac{F8}{h7}$	间隙不大的转动配合,用于中等转速与中等轴颈压力的精确转动,也用于装配较易的中等定位配合
$\dfrac{H7}{g6}$	$\dfrac{G7}{h6}$	间隙很小的滑动配合,用于不希望自由转动,但可自由移动和滑动并精密定位时,也可用于要求明确的定位配合时
$\dfrac{H7}{h6}\dfrac{H8}{h7}$	$\dfrac{H7}{h6}\dfrac{H8}{h7}$	均为间隙定位配合,零件可自由装拆,而工作时一般相对静止不动。在最大实体条件下的间隙

续表 12.6

基孔制	基轴制	优先配合特性及应用
$\dfrac{H9}{h9}\dfrac{H11}{h11}$	$\dfrac{H9}{h9}\dfrac{H11}{h11}$	为零,在最小实体条件下的间隙由公差等级决定
$\dfrac{H7}{k6}$	$\dfrac{K6}{h6}$	过渡配合,用于精密定位
$\dfrac{H7}{k6}$	$\dfrac{K6}{h6}$	过渡配合,允许有较大过盈的更精密定位
$\dfrac{H7}{p6}$	$\dfrac{P7}{h6}$	过盈定位配合,即小过盈配合,用于定位精度特别重要时,能以最好的定位精度达到部件的刚性及对中性要求,而对内孔承受压力无特殊要求,不依靠配合的紧固性传递摩擦负荷
$\dfrac{H7}{s6}$	$\dfrac{S7}{h6}$	中等压入配合,适用于一般钢件,或用于薄壁件的冷缩配合,用于铸铁件可得到最紧密的配合
$\dfrac{H7}{s6}$	$\dfrac{S7}{h6}$	压入配合,适用于可以承受大压入力的零件或不宜承受大压入力的冷缩配合

表 12.7 基孔制优先、常用配合(GB/T 1801—1999)

基准孔	轴																			
	a	b	c	d	e	f	g	h	js	k	m	n	p	r	s	t	u	v	x	y	z
	间隙配合								过渡配合				过盈配合								
H6						$\dfrac{H6}{f5}$	$\dfrac{H6}{g5}$	$\dfrac{H6}{h5}$	$\dfrac{H6}{js5}$	$\dfrac{H6}{k5}$	$\dfrac{H6}{m5}$	$\dfrac{H6}{n5}$	$\dfrac{H6}{p5}$	$\dfrac{H6}{r5}$	$\dfrac{H6}{s5}$	$\dfrac{H6}{t5}$					
H7						$\dfrac{H7}{f6}$	*$\dfrac{H7}{g6}$	*$\dfrac{H7}{h6}$	$\dfrac{H7}{js6}$	*$\dfrac{H7}{k6}$	$\dfrac{H7}{m6}$	*$\dfrac{H7}{n6}$	*$\dfrac{H7}{p6}$	$\dfrac{H7}{r6}$	*$\dfrac{H7}{s6}$	$\dfrac{H7}{t6}$	*$\dfrac{H7}{u6}$	$\dfrac{H7}{v6}$	$\dfrac{H7}{x6}$	$\dfrac{H7}{y6}$	$\dfrac{H7}{z6}$
H8					*$\dfrac{H8}{e7}$	*$\dfrac{H8}{f7}$	$\dfrac{H8}{g7}$	*$\dfrac{H8}{h7}$	$\dfrac{H8}{js7}$	$\dfrac{H8}{k7}$	$\dfrac{H8}{m7}$	$\dfrac{H8}{n7}$	$\dfrac{H8}{p7}$	$\dfrac{H8}{r7}$	$\dfrac{H8}{s7}$	$\dfrac{H8}{t7}$	$\dfrac{H8}{u7}$				
				$\dfrac{H8}{d8}$	$\dfrac{H8}{e8}$	$\dfrac{H8}{f8}$		$\dfrac{H8}{h8}$													
H9			$\dfrac{H9}{c9}$	*$\dfrac{H9}{d9}$	$\dfrac{H9}{e9}$	$\dfrac{H9}{f9}$		*$\dfrac{H9}{h9}$													
H10			$\dfrac{H10}{c10}$	$\dfrac{H10}{d10}$				$\dfrac{H10}{h10}$													
H11	$\dfrac{H11}{a11}$	$\dfrac{H11}{b11}$	*$\dfrac{H11}{c11}$	$\dfrac{H11}{d11}$				$\dfrac{H11}{h11}$													
H12		$\dfrac{H12}{b12}$						$\dfrac{H12}{h12}$	带有 * 为优先配合												

表 12.8 基轴制优先、常用(GB/T 1801—1999)

基准轴	孔																				
	A	B	C	D	E	F	G	H	JS	K	M	N	P	R	S	T	U	V	X	Y	Z
	间隙配合								过渡配合				过盈配合								
h5						$\frac{F6}{h5}$	$\frac{G6}{h5}$	$\frac{H6}{h5}$	$\frac{JS6}{h5}$	$\frac{K6}{h5}$	$\frac{M6}{h5}$	$\frac{N6}{h5}$	$\frac{P6}{h5}$	$\frac{R6}{h5}$	$\frac{S6}{h5}$	$\frac{T6}{h5}$					
h6						$\frac{F7}{h6}$	$\frac{*G7}{h6}$	$\frac{*H7}{h6}$	$\frac{JS7}{h6}$	$\frac{*K7}{h6}$	$\frac{*M7}{h6}$	$\frac{N7}{h6}$	$\frac{P7}{h6}$	$\frac{R7}{h6}$	$\frac{*S7}{h6}$	$\frac{T7}{h6}$	$\frac{*U7}{h6}$				
h7					$\frac{E8}{h7}$	$\frac{*F8}{h7}$		$\frac{*H8}{h7}$	$\frac{JS8}{h7}$	$\frac{K8}{h7}$	$\frac{M8}{h7}$	$\frac{N8}{h7}$									
h8				$\frac{D8}{h8}$	$\frac{E8}{h8}$	$\frac{F8}{h8}$		$\frac{H8}{h8}$													
h9				$\frac{*D9}{h9}$	$\frac{E9}{h9}$	$\frac{F9}{h9}$		$\frac{*H9}{h9}$													
h10				$\frac{D10}{h10}$				$\frac{H10}{h10}$													
h11	$\frac{A11}{h11}$	$\frac{B11}{h11}$	$\frac{*C11}{h11}$	$\frac{D11}{h11}$				$\frac{H11}{h11}$													
h12		$\frac{B12}{h12}$						$\frac{H12}{h12}$	带有*为优先配合												

4. 极限与配合在图样中的标注及查表方法

在进行设计时,一般先绘制装配图,根据功能需求,选定配合基准制和配合种类,确定轴、孔公差带,在装配图中进行配合标注。装配图绘好后,再"拆画"零件图,在零件图中进行极限标注。

(1)在装配图中的标注方法

$$基本尺寸\frac{孔的公差带代号}{轴的公差带代号}$$

或

基本尺寸、孔的公差带代号/轴的公差带代号

一般轴、孔配合的标注,如图 12.32(a)所示。

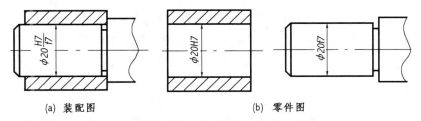

(a) 装配图   (b) 零件图

图 12.32 大批量生产,只标注公差带代号

(2)在零件图中极限的标注

零件图中进行极限标注有三种方法(GB/T1800.3—1998):

①标注公差带代号　直接在基本尺寸后面标注出公差带代号,如图 12.32(b)所示。
②标注极限偏差　直接在基本尺寸后面标注出上、下偏差数值,如图 12.33 所示。
③公差带代号与极限偏差值同时标出　在基本尺寸后面标注出公差带代号,并在后面的括弧中同时注出上、下偏差数值,如图 12.34 所示。

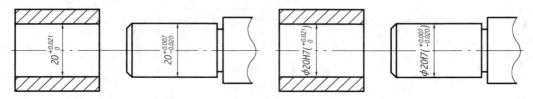

图 12.33　单件、小批量生产标注　　　　图 12.34　产量不定标注法

(3)查表方法

查表的步骤是:基本尺寸、基本偏差和标准公差等级确定下来,公差的偏差值就可以从极限偏差数值表中查得。

【例 12.6】查表写出 $\phi 30 \dfrac{\text{H7}}{\text{f6}}$ 的极限偏差值。

解:查表 12.9 得知 $\phi 30 \dfrac{\text{H7}}{\text{f6}}$ 是基孔制常用的间隙配合。

(1)$\phi 30$ 为基本尺寸,H7 为孔的公差带代号,H 为基孔制的基本偏差,7 是孔的公差等级,f6 是轴的公差带代号,f 为轴的基本偏差,6 为轴的公差等级。

(2)$\phi 30$H7 基准孔的极限偏差,可由附表 4.2 查得。在表中由基本尺寸大于 24 至 30 的行与 H7 的列相交处查得 $^{+21}_{0}$(μm),所以 $\phi 30$H7 可以写成 $\phi 30^{+0.021}_{0}$。

(3)$\phi 30$f6 轴的极限偏差,可由附表 4.1 查得。在表中由基本尺寸大于 24 至 30 的行与 f6 的列相交处查得 $^{-20}_{-33}$(μm),所以 $\phi 30$f6 可以写成 $\phi 30^{-0.020}_{-0.033}$。

【例 12.7】查表写出 $\phi 30 \dfrac{\text{G7}}{\text{h6}}$ 的极限偏差值。

解:查表 12.10 得知 $\phi 30 \dfrac{\text{G7}}{\text{h6}}$ 是基轴制优先选用的间隙配合。

(1)$\phi 30$ 为基本尺寸,G7 为孔的公差带代号,G 为的基本偏差,7 是孔的公差等级,h6 是轴的公差带代号,h 为基轴制轴的基本偏差,6 为轴的公差等级。

(2)$\phi 30$G7 孔的极限偏差,可由附表 4.2 查得。在表中由基本尺寸大于 24 至 30 的行与 G7 的列相交处查得 $^{+28}_{+7}$(μm),所以 $\phi 30$G7 可以写成 $\phi 30^{+0.028}_{+0.007}$。

(3)$\phi 30$h6 基准轴的极限偏差,可由附表 4.1 查得。在表中由基本尺寸大于 24 至 30 的行与 h6 的列相交处查得 $^{0}_{-13}$(μm),所以 $\phi 30$h6 可以写成 $\phi 30^{0}_{-0.013}$。

三、形位公差

在加工圆柱形零件时,可能会出现母线不是直线,而呈现中间粗、两头细的情况,如图 12.35 所示。这种在形状上出现的误差,叫做形状误差。

在加工孔时,可能会出现钻头的轴线与平面不垂直的情形,如图 12.36 所示。这种在相互位置上出现的误差,叫做位置误差。

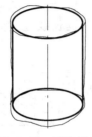
图 12.35　形状误差

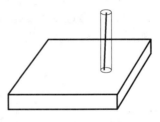
图 12.36　位置误差

如果零件在加工时产生的形、位误差过大,将会影响机器的质量。因此对零件上精度要求较高的部位,必须根据实际需要对零件加工提出相应的形状误差和位置误差的允许范围,即要在图纸上标出形位公差。

GB/T 1182—1996、GB/T 1184—1996、GB/T 4249—1996 和 GB/T 16671—1996 等国家标准对形位公差的术语、定义、符号、标注和图样中的表示方法等都作了详细的规定,现摘要介绍如下:

1. 基本术语

要素:要素是指零件上的特征部分——点、线或面。要素可以是实际存在的零件轮廓上的点、线或面,也可以是由实际要素取得的轴线或中心平面等。

被测要素:给出了形位公差要求的要素。

基准要素:用来确定被测要素方向、位置的要素。

公差带:限制实际要素变动的区域,公差带有形状、方向、位置、大小等属性。公差带的主要形状有两等距直线之间的区域、两等距平面之间的区域、圆内的区域、两同心圆之间的区域、圆柱面内的区域、两同轴圆柱面之间的区域、球内的区域、两等距曲线之间的区域和两等距曲面之间的区域等。

2. 公差特征项目及符号

国家标准规定了 14 个形位公差特征项目,每一个项目用一个符号表示,见表 12.9 所示。

3. 形位公差在图样上的标注

在图样中,形位公差的内容(特征项目符号、公差值、基准要素字母及其他要求)在公差框格中给出。用带箭头的指引线(细实线)将框格与被测要素相连。有基准要求时,相对于被测要素的基准用基准符号表示。基准符号由带小圆(细实线)的大写字母和与其用细实线相连的粗短横线组成。表示基准的字母也应注在公差框格内,如图 12.37 所示。

表 12.9　形位公差各项目符号(GB/T 1182—1996)

分类		名称	符号	分类		名称	符号
形状公差		直线度	—	位置公差	定向	垂直度	⊥
		平面度	▱			倾斜度	∠
		圆度	○		定位	位置度	⊕
		圆柱度	⌭			同轴度	◎
		线轮廓度	⌒			对称度	═
		面轮廓度	⌓		跳动	圆跳动	↗
位置公差	定向	平行度	∥			全跳动	⌮

形位公差框格高度为相应数字高的两倍,分成两格或三格,应水平或垂直地绘制,如图 12.41 所示。基准符号应在靠近基准要素的轮廓线或其延长线处,基准符号的圆圈直径与框格的高度相等,如图 12.38 所示。

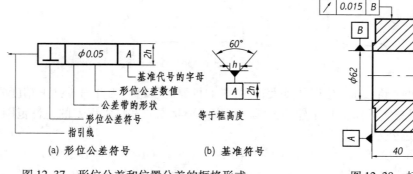

图 12.37　形位公差和位置公差的框格形式

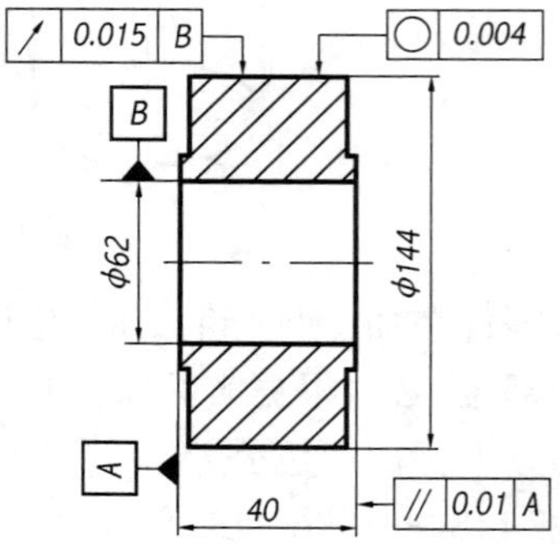

图 12.38　标注实例

(1)当公差涉及线和面时,将箭头垂直指向被测要素轮廓线或其延长线上,但必须与相应尺寸线明显地错开,如图 12.39(a)所示。

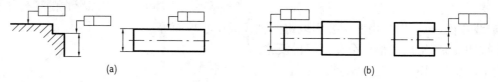

图 12.39　指引线箭头部位

(2)当公差涉及轴线或中心平面时,则带箭头的指引线应与尺寸线对齐,如图 12.39(b)所示。

(3)当基准要素为线和面时,基准符号应在靠近该要素的轮廓线或其延长线处标注,如图 12.40(a)所示。

(4)当基准要素为轴线或中心平面时,基准符号应与该要素的尺寸线的箭头对齐,如图 12.40(b)所示。

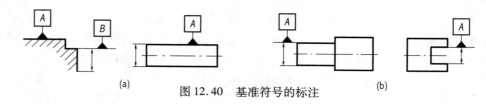

图 12.40　基准符号的标注

4. 形位公差标注实例

(1)$\phi 750$ 的球面对于 $\phi 16$ 轴线的圆跳动公差是 0.003。

(2)杆身 $\phi 16$ 的圆柱度公差是 0.005。

(3)M8×1 的螺纹孔轴线对于 $\phi 16$ 轴线的同轴度公差是 $\phi 0.1$。

(4)底部对于 $\phi 16$ 轴线的圆跳动公差是 0.1,如图 12.41 所示。

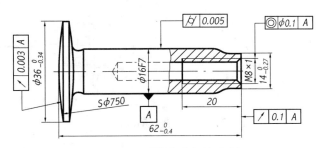

图 12.41　形位公差标注实例

四、零件上常用的材料及表示方法

制造零件的材料有很多,有黑色金属、有色金属和非金属材料,见附表 4.3 和 4.4。

1. 黑色金属

铸铁　铸铁是含碳量大于 2% 的铁碳合金。常用的铸铁有灰铸铁(HT150),球墨铸铁(QT500-7)和可锻铸铁(KTH300-06)。

钢　钢材有碳素结构钢、优质碳素结构钢、铬钢、铬锰钛钢和铸钢等。

2. 有色金属

常用的有色金属材料有普通黄铜、铸造黄铜、铸造铝合金等。

3. 非金属材料

常用的非金属材料有橡胶、塑料、木材、玻璃和石棉等。

五、表面处理和热处理

金属镀覆、化学处理等表面处理和热处理对金属材料的力学性能(如强度、弹性、塑性和硬度)的改善和对提高零件的耐磨性、耐热性、耐腐性、耐疲劳和美观有显著作用。

(1)表面处理有发蓝、发黑、镀镍、镀铬、镀锌、镀银等。

(2)热处理有退火、正火、淬火、调质、渗碳淬火等。

热处理的表示方法　热处理结构常用布氏硬度(HB)、洛氏硬度(HRC)和维氏硬度(HV)表示,见附表 4.5。

12.6　零件测绘

一、测绘的概念及量具

根据已有的零件画出零件图的过程称为测绘。测绘的过程是先画零件草图,整理以后再画出正规零件图。测绘的重点在于画好零件草图,这就必须掌握好徒手画图技能、正确的画图步骤及尺寸测量方法。在这里着重介绍正确的尺寸测量方法。

测绘常用的简单量具有直尺、外卡钳、内卡钳。测量较精密的零件时,要用游标卡尺、千分尺等。

(1)测量直线尺寸。一般可用直尺或游标卡尺直接量得尺寸的大小,如图 12.42 所示。

(2)测量回转面的直径。一般用游标卡尺可以直接测量外直径或内直径,或用千分尺测量,如图 12.43 所示。

(3)测量孔深。可利用游标卡尺背面的细杆直接测出孔深。

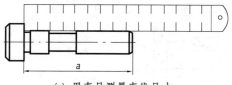
(a) 用直尺测量直线尺寸

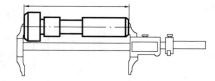
(b) 用游标卡尺测量直线尺寸

图 12.42 测量直线尺寸

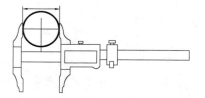
(a) 用游标卡尺测量直径尺寸

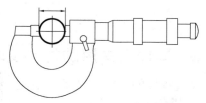
(b) 用千分尺测量直径尺寸

图 12.43 测量回转面的直径

(4)测量阶梯孔直径。可用特殊卡钳测量,如图 12.44 所示。

(5)测量壁厚。一般可用直尺测量,也可用卡钳来测量,如图 12.45 所示。

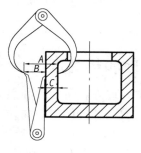
(a) $Y=C-D$

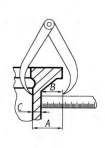
(b) $C=A-B$

图 12.44 测量阶梯孔的直径　　图 12.45 测量壁厚

(6)测量中心高。可用直尺和卡尺配合测量,如图 12.46 所示。

(7)测量孔心距。可用内卡钳测量,如图 12.47 所示。

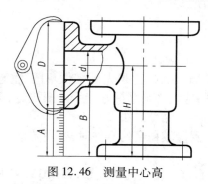

图 12.46 测量中心高

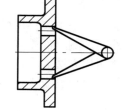

图 12.47 测量孔心距

零件上有些尺寸不易直接测出时,可用间接测量法算出,即通过测出一些相关数据再用几何运算求出。

二、零件图的绘图步骤

在实际工作中绘制零件图,可通过测绘和拆图两种方法来实现。

测绘 根据已有的零件实物画出零件图。多在无图样又需要仿制已有机器或修配损坏的零件时进行。

拆图 在设计新机器时,先要画出机器的装配图,定出机器的主要结构和尺寸,再根据装配图画出各零件的零件图。

不管以何种方法来绘零件图,其绘图过程大致按以下步骤进行:

(1)根据零件的用途、形状特点、加工方法等选取主视图和其他视图。
(2)根据视图数量和实物大小确定适当的比例,并选择合适的标准图幅。
(3)画出图框和标题栏。
(4)画出各视图的中心线、轴线、基准线,把各视图的位置定下来,各视图之间要注意留有充分的标注尺寸的余地,如图12.48(a)所示。
(5)由主视图开始,画各视图的主要轮廓线,画图时要注意各视图间的投影关系,如图12.48(b)所示。
(6)画出各视图上的细节,如螺钉孔、销孔、倒角、圆角等。
(7)画出全部尺寸线,注写尺寸数字,如图12.48(c)所示。

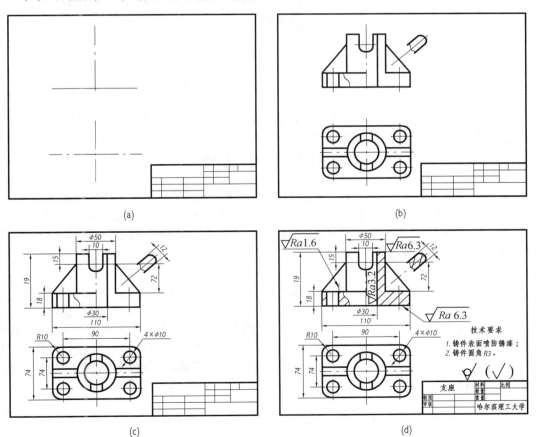

图 12.48 绘图步骤

(8)仔细检查草稿后,描粗并画剖面线。
(9)注出公差及表面粗糙度符号等。
(10)填写技术要求和标题栏,如图12.48(d)所示。
(11)最后检查没有错误后,在标题栏内签字。

12.7 典型零件图的分析

本节选择几种具有代表性的零件图例,从用途、表达方法、尺寸标注和技术要求等方面进行分析。

一、轴、套类零件

1. 用途

轴、套类零件包括泵轴、低速轴、手柄等,如图12.49所示。轴一般是用来支撑传动零件和传递动力的。套一般是装在轴上,起轴向定位、传动或连接等作用。

图 12.49 轴、套类零件图例

2. 结构分析

这类零件的结构一般比较简单,各组成部分多是同轴线的不同直径的回转体(圆柱或圆锥),而且轴向尺寸大,径向尺寸相对小;另外这类零件一般起支撑轴承和传动零件的作用,因此,常带有键槽、轴肩、螺纹及退刀槽、中心孔等结构。

3. 主视图的选择

这类零件常在车床、磨床上加工成形,选择主视图时,多按加工位置将轴线水平放置,以垂直轴线的方向作为主视图的投影方向,键槽、孔等结构向前放置;轴套类零件的主要结构形状是回转体,一般只画一个主要视图;实心轴没有剖开的必要,但轴上个别部分的内部结构形状可以采用局部剖视。

4. 其他视图的选择

通常采用断面、局部剖视、局部放大图等表达方法表示键槽、退刀槽、中心孔等结构。

5. 尺寸标注

回转轴线为宽度和高度方向的尺寸基准,大的端面为长度方向的主要尺寸基准,轴的两个端面为辅助的尺寸基准;功能尺寸必须直接标注出来,其余尺寸按加工顺序分开标注;为了清晰和便于测量,在剖视图上,内外结构形状的尺寸分开标注;零件上的标准结构(倒角、退刀槽、键槽),应按该结构标准的尺寸标注。

6. 技术要求

有配合要求的表面,其表面粗糙度参数值较小,无配合要求表面的粗糙度参数值较大;有配合要求的轴颈尺寸公差等级较高,无配合要求的轴颈尺寸公差等级低,或不标注;有配合要求的轴颈和重要的端面应有形位公差的要求。

【例 12.8】 图 12.50 所示为低速轴零件图。

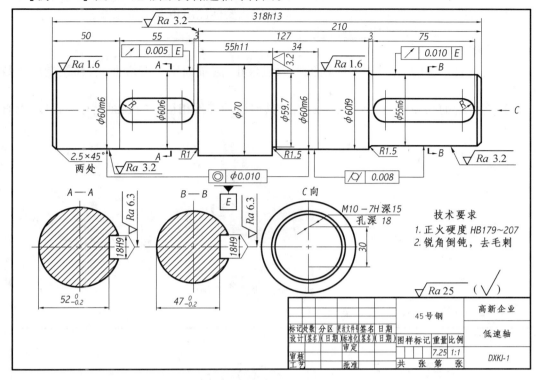

图 12.50　低速轴零件图

二、盘、盖类零件

1. 用途

盘、盖类零件包括各种端盖、皮带轮、齿轮、手轮等，如图 12.51 所示。轮一般用来传递动力和扭矩，盘盖在机器中起密封、支撑轴、轴承或轴套、轴向定位的作用。

2. 结构分析

这类零件的主体结构是同轴线的回转体或其他平板形，且厚度方向的尺寸比其他两个方向的尺寸小，往往有一个端面是与其他零件连接的重要接触面，因此，常设有安装孔、支承孔等；盘状传动件一般带有键槽，通常以一个端面与其他零件接触定位。

3. 主视图的选择

同轴套类零件一样，盘、盖类零件常在车床上加工成形，选择主视图时，多按加工位置将轴线水平放置，以垂直轴线的方向作为主视图的投影方向，并用剖视图表示内部结构及其相对位置。一般需要两个主要视图。

4. 其他视图的选择

有关零件的外形和各种孔、肋、轮辐等的数量及其分布状况，通常选用左（或右）视图来补充说明。如果还有细小结构，则还需增加局部放大图。

5. 尺寸标注

（1）回转轴线为宽度和高度方向的主要尺寸基准，经过加工的大端面为长度方向的主要尺寸基准。

（2）定形尺寸和定位尺寸都比较明显，尤其是在圆周上分布的小孔的定位圆直径是这类零件的典型定位尺寸,多个小孔一般采用如 6×φ9EQS 的形式标注,EQS(均布)就意味着等分圆周,角度定位尺寸可不必标注;不是均布的孔要标注出角度定位尺寸。

(3)内外结构形状尺寸应分开标注。

6. 技术要求

(1)有配合要求的内、外表面粗糙度参数值较小,起轴向定位的端面,表面粗糙度参数值也较小。

(2)有配合的孔和轴的尺寸公差较小,与其他运动零件相接触的表面应有平行度、垂直度的要求。

图 12.51 盘、盖类零件实例

【例 12.9】图 12.52 所示为泵盖零件图。

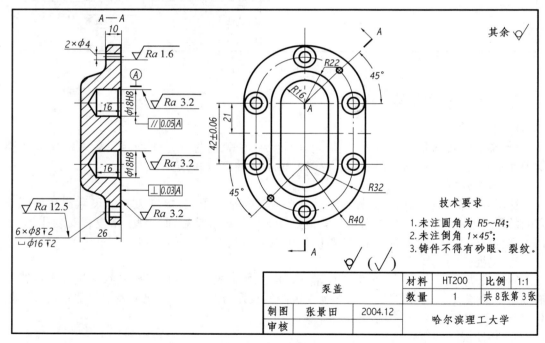

图 12.52 泵盖零件图

三、叉架类零件

1. 用途

叉架类零件包括各种用途的拨叉和支架,如图 12.53 所示。拨叉主要用在机床、内燃机等各种机器上的操纵机构上用来操纵机器、调节速度。支架主要起支撑和连接的作用。

2. 结构分析

这类零件的结构形状差异很大,许多零件都有倾斜结构,多见于连杆、拨叉、支架、摇杆等,一般都是铸件、铸件毛坯或锻件,加工面较少,毛坯形状较为复杂,需经不同的机械加工,而加工位置难以分出主次。

3. 主视图的选择

鉴于这类零件的功用以及在机械加工过程中位置的不固定,因此选择主视图时,这类零件常以工作位置放置,并结合考虑其主要结构特征来选择。一般需要两个以上的视图。

4. 其他视图的选择

由于这类零件的形状变化大,因此,视图数量也有较大的伸缩性。它们的倾斜结构常用斜视图或斜剖视图来表示。安装孔、安装板、肋板等结构常采用局部剖视、移出断面或重合断面来表示。

5. 尺寸标注

(1)长度方向、宽度方向和高度方向的主要尺寸基准,一般为孔的中心线、轴线、对称平面和较大的加工平面。

(2)定位尺寸较多,要注意能否保证定位尺寸的精度。一般要标注出孔中心线(轴线)间的距离,或孔中心线(轴线)到平面的距离、平面到平面的距离。

(3)定形尺寸一般都采用形体分析法标注尺寸,便于制作模型。一般情况下,内、外结构形状要一致,起模斜度、圆角也要标注出来。

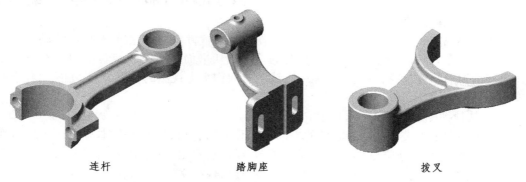

连杆　　　　　　踏脚座　　　　　　拨叉

图 12.53　叉架类零件实例

【例 12.10】图 12.54 所示为支架类零件图。

四、箱、壳类零件

1. 用途

箱、壳类零件多为铸件,如图 12.55 所示。它们主要用来支撑、容纳、定位、密封和保护运动零件或其他零件等作用。

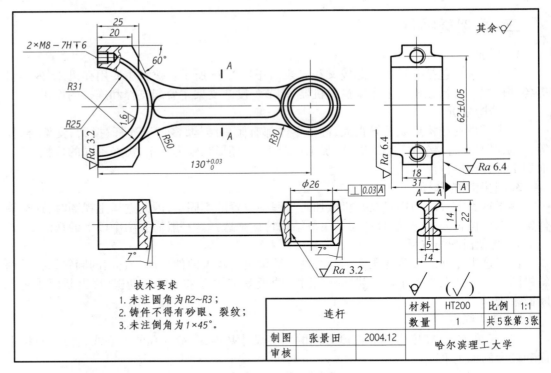

图 12.54 连杆零件图

2. 结构分析

箱、壳类零件是组成机器或部件的主要零件之一,其内、外结构形状一般都比较复杂,这类零件多为有一定壁厚的中空腔体,箱壁上伴有支承孔和与其他零件装配的孔或螺孔结构。

3. 主视图的选择

选择主视图时,这类零件常按零件的工作位置放置,以垂直主要轴孔中心线的方向作为主视图的投影方向,常采用通过主要轴孔的单一剖切平面、阶梯剖、旋转剖的全剖视图来表达内部结构形状;或者沿着主要轴孔中心线的方向作为主视图的投影方向,主视图着重表达零件的外形。

4. 其他视图的选择

对主视图上未表达清楚的零件的内部结构和外形,需采用其他基本视图或在基本视图上取剖视来表达;对于局部结构常用局部视图、局部剖视图、斜视图、断面等来表达。

箱、壳类零件的视图一般投影关系复杂,常会出现截交线和相贯线。由于它们是铸件毛坯,所以经常会遇到过渡线,要认真分析。

5. 尺寸标注

(1)长度方向、宽度方向和高度方向的主要尺寸基准,也是采用孔的中心线、轴线、对称平面和较大的加工平面。

(2)定位尺寸较多,各孔中心线(轴线)间的距离一定要直接标注出来。

(3)定形尺寸仍用形体分析法标注。

6. 技术要求

箱体重要的孔和重要的表面,其表面的粗糙度参数值较小;箱体重要的孔和重要的表面应该有尺寸公差和形位公差的要求。

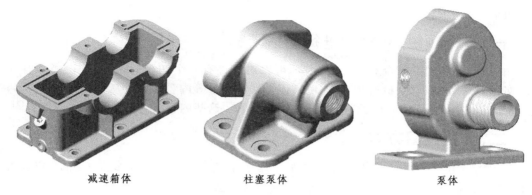

图 12.55 箱体类零件实例

【例 12.11】图 12.56 所示为箱体类零件图。

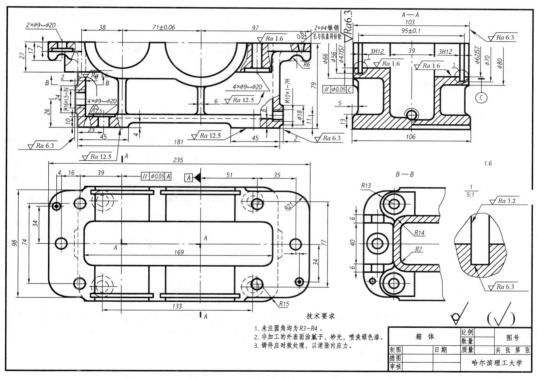

图 12.56 箱体零件图

12.8 读零件图的方法

从事各种工程技术类专业工作的技术人员,必须具备读零件图的能力。本节着重讨论读零件图的方法和步骤。

在设计和加工零件的过程中,都会碰到读零件图的问题,以便参照同类零件图进行产品设计或根据零件图进行加工。读零件图就是根据已给的零件图,经结构分析想像出零件图中所示零件的结构形状,弄清楚零件的尺寸大小和制造、检验的技术要求,以便正确地根据零件图进行加工和检验。

一、看标题栏，对零件进行概括了解

通过看标题栏并结合对全图的浏览，可以对零件有一个初步的认识，获得概括性的了解，如了解零件的名称、材料、绘图比例和该零件的数量等内容。另外从比例为"1∶1"再结合图形的尺寸，可以想像出零件的实际大小。了解了这些内容将有助于后面深入地看图。

二、分析视图方案

开始读图时，必须先找出主视图，然后看用了多少个视图和用什么方法表示，以及各视图之间的关系，搞清楚表达方案，为进一步读图打下基础。

(1) 先确定主视图。

(2) 要了解零件的全貌必须将几个视图联系起来看，弄清楚视图中采用了几个基本视图，采用了什么视图、断面、剖切面的位置，他们表达了零件的哪些结构和形状，每一个视图的表达重点是什么等。

(3) 图中采用了哪些表达方法，如局部视图、斜视图等，它们和哪些视图有联系，补充说明了哪些问题等。

(4) 有无局部放大图和简化画法。

三、详细分析，想清零件结构形状

这一过程是读零件图的重点和难点，也是读零件图的核心内容。在这一过程中，既要熟练地使用组合体视图阅读的方法分析视图，想清零件的主体结构形状，又要依靠对典型局部功能结构(如螺纹、齿轮、花键等)和典型局部工艺结构(如倒角、沟槽等)规定画法的熟练掌握，想清零件上的相应结构；既要利用视图进行投影分析，又要注意尺寸标注(如 ϕ、R、$S\phi$、SR 等)和典型结构规定注法的"定形"作用；既要读图想物，又要量图确定投影关系。在进行分析时要注意先整体，后局部，先主体，后细节；划分区域，逐步分析；内、外形分开；先易后难。

四、进行尺寸分析

分析尺寸时，可以首先根据结构和形体分析，弄清楚哪些是定形尺寸，哪些是定位尺寸，在此基础上结合零件的结构特点，了解基准及尺寸标注的形式；然后确定哪些是功能尺寸，哪些是非功能尺寸以及零件的总体尺寸。

综合以上几个主要步骤，可清晰想像出零件的完整结构形状。

五、分析技术要求，综合起来形成总体概念

对零件图上所提出的技术要求进行分析，可以进一步深入了解零件。

对零件图除了用文字说明提出技术要求外，还根据零件的设计、加工等方面的要求，提出了表面粗糙度、尺寸公差、形位公差等技术要求。对这些技术要求应一一弄清，明确零件的加工方法，采取措施以保证加工出来的零件能够满足设计的要求。

最后根据上述各项分析，综合起来进行思考，以得出有关零件的结构形状、尺寸大小、技术要求等完整的概念。如果发现零件在视图表达、尺寸标注、注写的技术要求等方面有不太合理的地方，则应提出相应的改进措施和意见。

【例 12.12】以图 12.57 所示的踏脚座零件图为例,介绍读零件图的主要步骤和方法。

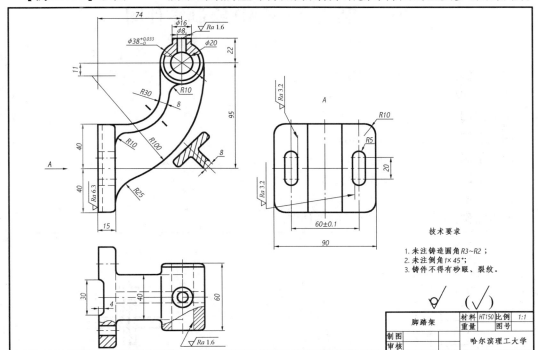

图 12.57 踏脚座零件图

1. 看标题栏,对零件进行概括了解

零件的名称是踏脚座,属于支架类零件。材料是 HT150,查表可知是灰铸铁。这个零件是铸件。比例为 1∶1,实物的大小与图样大小相同。

2. 分析视图方案

该支架稍微复杂些,用了两个基本视图,一个局部视图,一个移出断面图。主视图按其工作位置放置,用局部剖视表达孔的形状。俯视图采用两个局部剖视,表达内部形状以及安装板、肋和轴承的宽度以及它们的相对位置。采用局部视图的左视图,表达安装底板左端面的形状。用移出断面图表达肋板的断面形状。

3. 详细分析,想清零件结构形状

该零件顶部有回转体,上部有 φ8 的通孔与 φ20 的通孔相通;下部安装底板,底板有一个凹槽,两个安装孔;回转体与底板由肋板连接,形状由断面图表达;因为是铸件,有铸造圆角,因此回转体两端有倒角。

4. 尺寸分析

安装板的左端面作为长度方向的尺寸基准,水平对称面作为高度方向的尺寸基准。从这两个基准出发,分别标注出 74、95,定出上部轴承的轴线位置,作为 φ20、φ38 的径向尺寸基准;宽度方向的尺寸基准是前后方向的对称面,由此在俯视图中标注出 30、40、60,以及在 A 向局部视图中的 60、90。

5. 分析技术要求

φ38 孔和底板安装孔有尺寸公差要求,加工面有粗糙度的要求,其 Ra 值为 1.6、6.3,其余没有数值的要求,该零件对表面粗糙度要求不高。

把上述各项内容综合起来,就能得出对于这个踏脚座的总体概念。

12.9 利用 AutoCAD 绘制零件图

目的:
(1) 掌握绘制零件图的绘图方法和技巧。
(2) 掌握标题栏的制定、应用。
(3) 掌握图案填充的使用。
(4) 掌握文字样式的设置和注写。
(5) 掌握块的定义和插入。
(6) 掌握局部放大图的绘制技巧。
(7) 掌握尺寸标注方法及公差标注。

上机操作: 绘制图 12.58 所示的零件图。

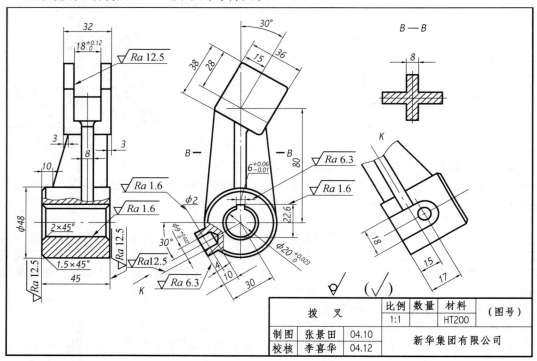

图 12.58 拨叉零件图

分析: 该零件属于支架类零件,按其工作位置摆放,确定好主视图。

作图:

(1) 设置绘图环境。

环境设置包括:图形界限、单位、捕捉间隔、尺寸样式、文字样式、图层(含颜色、线型、线宽)等的设置。当全部设定完后,保存成模板,命名为模板.dwt,以后在绘制图形时打开。

图形界限定为 420×297,单位为毫米,捕捉间隔为 1。

尺寸样式定为机械样式,文字样式定为仿宋体,尺寸文字样式定为斜体字。

图层管理设定粗实线、虚线、点画线、细实线、尺寸、文字、剖面符号等图层,并确定各图层的颜色、线型、线宽。

（2）将该文档命名为"拨叉"并保存。

（3）布局，画出基准线。

①将当前层设为点画线层

②单击菜单命令"绘图→直线"

命令：_line　　　　　　　　　　　　　　　　激活直线命令，画出点画线，如图12.59所示

（4）画轮廓线。

①将当前层置为粗实线层

②单击菜单命令"绘图→直线"　　　　　　　　画出主视图、左视图的轮廓线

命令：_line　　　　　　　　　　　　　　　　激活直线命令，用正交方式，画轮廓线

③单击菜单命令"绘图→圆"　　　　　　　　　激活圆命令，用捕捉方式，画圆

命令：_circle 指定圆的圆心或［三点(3P)/两点(2P)/　　画φ48 圆，同样画出其他尺寸圆

　　　相切、相切、半径(T)］:24↵

④单击菜单命令"修改→圆角"

命令：_fillet　　　　　　　　　　　　　　　激活圆角命令，画出铸造圆角

当前设置：模式 = 修剪，半径 = 2.0000

选择第一个对象或［多段线(P)/半径(R)/修剪(T)/多个(U)］：T↵

输入修剪模式选项［修剪(T)/不修剪(N)］<修剪>：N↵　　　　　不进行修剪

选择第一个对象或［多段线(P)/半径(R)/修剪(T)/多个(U)］:选择要圆角的对象

选择第二个对象:选择要圆角的对象

⑤单击菜单命令"修改→剪切"　　　　　　　　激活剪切命令

命令：_trim

当前设置：投影＝UCS，边＝无

选择剪切边...

选择对象：指定对角点：找到 16 个↵

用鼠标点取要剪切的对象，将多余的线段剪切掉，结果如图12.60所示。

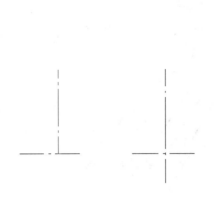
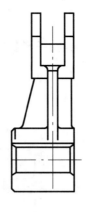

图12.59　画基准　　　　　　　　　　图12.60　画轮廓线

（5）画剖视图。

①将当前层置为细实线层

②单击菜单命令"绘图→样条曲线"

命令:_spline   激活样条曲线命令
指定第一个点或[对象(O)]:
指定下一点:
指定下一点或[闭合(C)/拟合公差(F)]<起点切向>:↙   画出波浪线

在"图案填充"对话框中,选择图案"ANSI31",比例定为1,点击拾取点按钮,回到绘图区域,在要填充的区域中点击并回车,在对话框中单击确定按钮,完成图案填充。

③单击菜单命令"绘图→图案填充"
命令:_bhatch   激活图案填充命令
选择内部点:正在选择所有对象...
正在分析所选数据...
选择内部点:
正在分析内部孤岛..↙   填充结果如图12.61所示

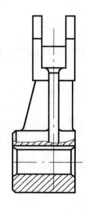 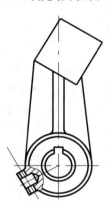

图12.61　画出剖视图

(6)画出移出断面图。
①命令:_line   画点画线
②命令:_line   画轮廓线
③命令:_bhatch   画剖面符号,如图12.62所示

(7)画K向局部视图方法同前,图形如图12.63所示。

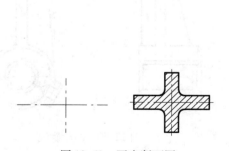 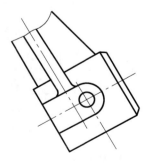

图12.62　画出断面图　　　图12.63　画出K向局部视图

(8)标注尺寸。
①将当前层置为标注层。

② 打开标注工具栏,将机械标注样式置为当前,打开捕捉功能开关。
③ 依次标注出线性尺寸 80、22、32、8、3、10、45、48。
④ 修改线性尺寸 48,先选择尺寸 48,再点击对象特性按钮,打开对象特性对话框。在文字选项栏中,找到文字替换文本框,输入%%C48,尺寸 48 将改为 $\phi48$。用同样的方法将尺寸 22 改为 22.6。
⑤ 标注对齐尺寸 36、15、38、28、30、10、4、18、15、22。

(9) 标注有公差的尺寸。

单击菜单命令"格式→标注样式",打开标注样式管理器,如图 12.64 所示,重新设置尺寸样式。点击新建按钮,打开创建新标注样式对话框,如图 12.65 所示,基础样式选择"机械",点击"继续"按钮,打开新建样式对话框,如图 12.66 所示。

点击公差选项卡,方式选择"极限偏差",精度选择"0.000",输入上偏差值"0.023",下偏差输入"0",高度比例选择"0.5",垂直位置选择"中",点击确定按扭完成设置。新样式如图 12.67 所示,点击置为当前,关闭对话框。

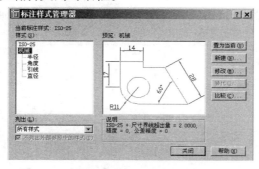

图 12.64 标注管理器

图 12.65 创建新标注样式对话框

标注圆直径尺寸 $\phi20^{+0.023}_{0}$ 和其他带公差的线性尺寸 $\phi9^{+0.027}_{0}$、$\phi6^{+0.065}_{-0.015}$、$18^{+0.12}_{0}$。后三个尺寸通过修改尺寸特性,改变公差值。点击对象特性按钮,打开对象特性对话框。在公差栏文本框中输入新的上下偏差值。

(10) 标注表面粗糙度符号。

单击菜单命令"插入→块"　　　　　　　　打开"插入"对话框

插入粗糙度图块,确定比例、角度,在屏幕上指定位置,输入新的属性值,回车。

(11) 标注文字。注写"其余"、"B"、"K"等必要的文字。

(12) 写标题栏。

单击菜单命令"插入→块"　　　　　　　　打开"插入"对话框

插入标题栏图块,设置好各图形的空间位置,并填写标题栏中的内容。

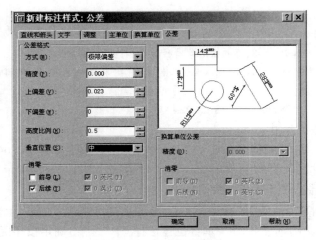

图 12.66　新建标注样式

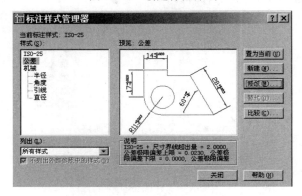

图 12.67　标注样式管理器

(13) 保存文件。

上述各步骤完成后,要进行保存。单击保存按钮,输入"拨叉.dwg",点取"保存"按钮。

第 13 章 装 配 图

一台机器或部件,是由若干个零件按一定的装配关系和技术要求装配起来的。表示产品及其组成部分的连接、装配关系的图样,称为装配图。它是进行设计、装配、检验、安装调试及使用维修等技术工作的重要图样。

13.1 装配图的作用与内容

一、装配图的作用

在设计机器设备时,先要画出装配图,然后根据装配图拆画零件图;在制造机器设备时,先要按零件图加工出合格的零件,再按装配图组装成机器或设备;在使用机器或设备时,也要根据装配图进行使用与维护。因此,装配图和零件图一样,也是生产中的重要文件。

二、装配图的内容

图 13.1 为铣刀头轴测图及装配图。根据装配图的作用可知,它应包括下列内容:
(1)一组视图。
用各种常用表达方法和特殊表达方法,准确、完整、清晰和简便地表达出机器(或部件)的工作原理、部件的结构、零件之间的装配关系和零件的主要结构形状等。
(2)必要的尺寸。
装配图上应注出机器(或部件)有关性能、规格、安装、外形、配合和连接关系等方面的尺寸。
(3)技术要求。
用文字或符号注出机器(或部件)的装配、检验、调试和使用等方面的要求。
(4)零件编号、明细栏和标题栏。
说明零件名称、数量、材料、标准规格和标准代号以及部件名称、主要责任人员名单等,供组织管理生产、备料、存档查阅之用。

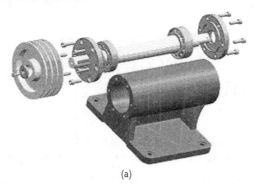

(a)

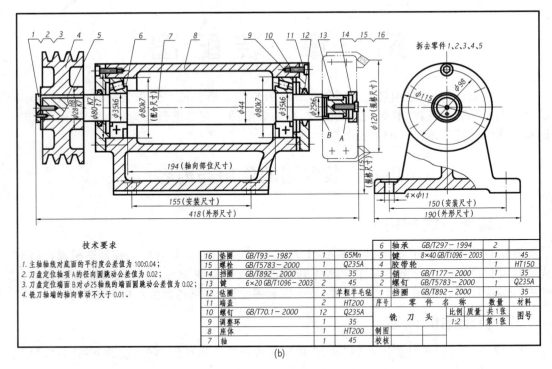

图 13.1　铣刀头轴测图及装配图

13.2　表达机器和部件的方法

表示零件图的各种方法同样适用于表示部件。但是,因为装配图的表达对象和作用与零件图不同,所以表示部件还有一些特殊方法和规定简化画法。

一、装配图的规定画法

(1) 两零件的接触面或配合面,规定只画一条线。两零件表面不接触时,则必须画两条线。

(2) 剖视图和断面图中,相邻两个零件的剖面线方向相反,或方向一致、间隔不等并错开。

(3) 对于标准件和实心件,若剖切平面通过其轴线沿纵向剖切时,则这些零件均按不剖绘制,仍画外形。必要时,可采用局部剖视,如图 13.2 所示。

二、装配图的特殊画法

1. 拆卸画法

在装配图中,当某些零件遮住了需要表达的其他结构和装配关系,而这些零件在其他视图上又已表达清楚时,可假想将这些零件拆去或沿结合面剖切后绘制,这种画法称为拆卸画法。应在图的上方标注"拆去零件×××"。如图 13.1 中因为 V 形带轮比端盖大,完全遮住了端盖及其装配情况,所以在左视图上采用了拆卸画法。

2. 假想画法

在装配图中,当需要表达运动的极限位置与运动范围,或与相关零、部件的安装连接关系时,可用细双点画线表示其外形轮廓,如图 13.3 假想画法和展开画法所示,三星齿轮传动机构主视图上手柄的运动极限位置画法和左视图上相邻部件床头箱图。图 13.1 中的铣刀头也是采用此种画法。

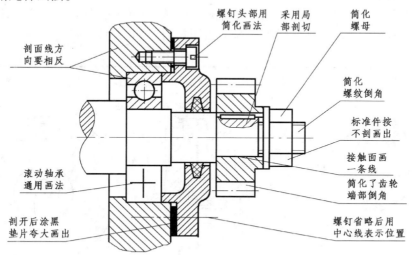

图 13.2　装配图规定画法、夸大及简化画法

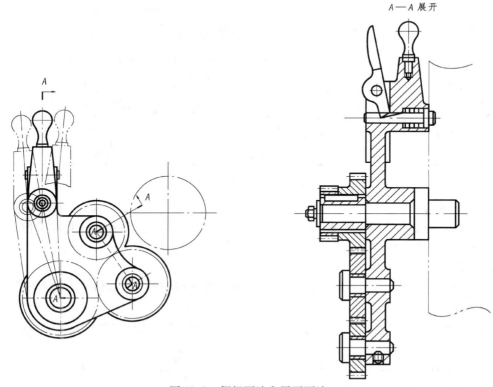

图 13.3　假想画法和展开画法

3. 展开画法

为了表达较复杂的传动机构的传动路线和装配关系,可按传动关系或路线沿各轴作剖切,然后依次顺序地展开在同一平面上,并标注"×—×展开"。如图 13.3 左视图即为三星齿轮机构的剖视展开画法。

4. 单独表示某件

在装配图中可以单独画出某一零件的视图,但必须在所画视图的上方注出该零件的视图名称。在装配图上相应零件的附近用箭头指明投射方向,并注上同样的字母,如图 13.4 所示的泵盖。

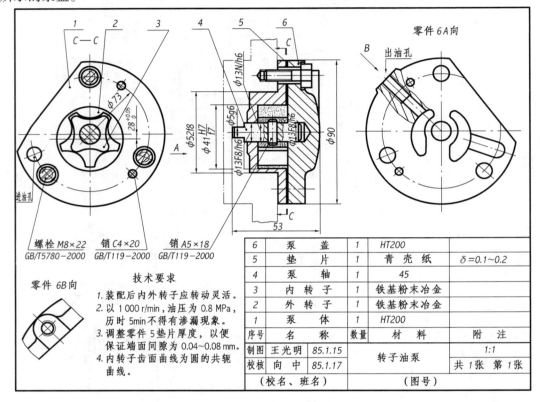

图 13.4 转子泵装配图

5. 夸大画法

对部件中的细小结构与间隙、薄片等零件,当无法按实际尺寸画出时,允许不按实际比例而将其夸大画出,如图 13.2 所示。

6. 简化画法

(1)零件的工艺结构如小倒角、圆角、退刀槽及螺栓、螺母中因导角产生的曲线等允许省略不画,如图 13.2 所示。

(2)对轴承、密封垫圈、油封等对称结构,可只画一半详细图形,另一半采用通用画法,如图 13.2 所示。

(3)对于分布有规律而又重复出现的相同组件(如螺纹紧固件等),允许只详细画出一处,其余用中心线表示其位置,如图 13.2 所示。

(4)若零件的厚度小于 2 mm,允许用涂黑表示代替剖面符号,如图 13.2 所示。

三、部件表示方法的选择

装配图主要表达机器或部件的工作原理和装配连接关系。先选择主视图,再选择其他视图和表达方法,力求视图数量适当,作图简便,看图方便。现以图 13.1 铣刀头为例说明。

1. 分析部件

铣刀头是专用铣床上的一个部件,供装铣刀盘(双点画线部分)用。从图 13.1(b)中可以看出,它由座体、转轮、V 型带轮、端盖调整片等 6 种非标准件和滚动轴承、螺钉、键、毡圈等 10 种标准件组成。轴是用两个深沟球轴承支撑并装在座体上,为防尘和密封,两端加盖并用螺钉将其与座体连接,带轮用键与转轴连接。工作时电机通过胶带带动 V 型带轮。V型带轮通过键把运动传递给转轴,转轴将带动铣刀盘进行铣削加工。

2. 主视图的选择

选择部件的主视图一般应符合其工作位置,并选择最能反映部件工作原理和零件间装配关系的方向作为投影方向。因此,铣刀头的主视图以转轴轴线水平放置(符合加工位置),以图 13.1(a)正面作为主视图投影方向,并作全剖视的主视图,最能反映其工作原理与装配关系。

3. 其他视图的选择

其他视图的选择,主要是用来补充表达部件的工作原理、装配关系和零件的主要结构形状。铣刀头的主视图选定后,主要还有座体形状、端盖与座体装配连接关系等表达不清楚。为此,又选择一个左视图,在左视图仍采用局部剖视表示安装孔及肋板形状,铣刀头表达方案如图 13.1(b)所示。

13.3 装配图的尺寸标注和技术要求

一、尺寸标注

装配图中应标注出机器或部件必要的尺寸,以进一步说明机器的性能、工作原理、装配关系和安装的具体要求等。装配图上应标注下列几类尺寸。

1. 性能尺寸(规格尺寸)

表示机器或部件的性能和规格的尺寸,它是设计、了解和选用机器或部件的依据。图 13.1 中底面到刀盘的中心距 155、刀盘直径 $\phi120$ 等都是规格尺寸。

2. 装配尺寸

装配尺寸是用来保证机器或部件的工作精度和性能要求的尺寸。包括以下两种:

(1)配合尺寸。

表示零件间配合性质的尺寸,如图 13.1(b)中 $\phi35k6$、$\phi80K7/t7$。

(2)相对位置尺寸。

表示零件间或部件间比较重要的相对位置的尺寸,是装配时必须保证的尺寸,如图13.1 中 $\phi98$,194。

3. 外形尺寸

表示机器或部件的总体的长、宽、高等尺寸。它是包装、运输、安装和厂房设计的依据,如图 13.1 中 418、190。

4. 安装尺寸

机器或部件安装在地基上或与其他机器或部件相连接时所需的尺寸,如图 13.1 中 155、150。

5. 其他重要尺寸

在机器或部件的设计中,经计算或选定,但又未包括在上述几类尺寸之中的尺寸。这类尺寸在拆画零件图时不能改变。

以上五类尺寸,并不是在任何一张装配图中全部标注,有时某一尺寸可能有几种含义,要视具体情况而定。

二、技术要求

装配图上一般应注写以下几方面的要求:

(1)装配要求。

装配过程中的注意事项和装配后应满足的要求等。

(2)检验、试验的条件和要求。

机器或部件装配后对基本性能的检验、试验方法及技术指标等要求和说明。

(3)其他要求。

包括部件的性能、规格参数、包装、运输及使用时的注意事项。

总之,装配图上的技术要求,随部件的需要而定,必要时可参考类似产品确定。

13.4 装配图的零件序号和明细栏

装配图上对每种零件或部件都必须编注序号或代号,并填写明细栏,以便统计零件数量,进行生产的准备工作。同时,在看装配图时,也可根据零件序号查阅明细栏,以了解零件的名称、材料、数量等。

一、装配图中零、部件序号及其编排方法(GB/T 4458.2—2003)

1. 基本要求

装配图中所有的零、部件均应编号。相同的零、部件用一个序号,一般只标注一次,应与填写在标题栏内的序号一致。

2. 序号的编排方法

(1)在水平的基准(细实线)上或圆(细实线)内注写序号,序号字号比该装配图中所注尺寸数字的字号大一号或两号,如图 13.5(a)所示。

(2)在指引线的非零件端的附近注写序号,序号字号比该装配图中所注尺寸数字的字号大一号或两号,如图 13.5(b)所示。

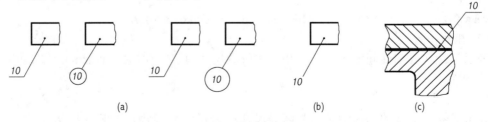

图 13.5 装配图中编注序号的方法

(3)同一装配图中编排序号的形式应一致。

3. 指引线的画法

指引线应自所指部分的可见在轮廓线内引出,并在末端画一圆点,如图13.5所示。若所指部分(很薄的零件或涂黑的剖面)内不宜画圆点时,可在指引线的末端画出箭头,并指向该部分的轮廓线,如图13.5(c)所示。指引线用细实线画,自零件表达最清楚的视图引出,并尽可能少穿过其他零件。指引线不能相交。当通过有剖面线的区域时,不应与剖面线平行。必要时可画成折线,但只能曲折一次,如 图13.6(a)所示。

一组紧固件或装配关系清楚的零件组,可采用公共指引线,如图13.6(b)所示。

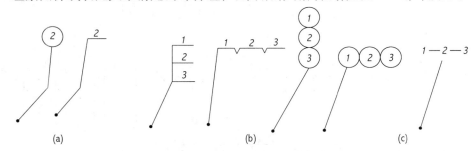

图 13.6　公共指引线的编注形式

4. 序号的排列方法

装配图中序号应按水平或竖直方向、顺时针或逆时针方向顺次排列,也可按明细栏(表)中的序号排列,如图13.6(c)所示。

二、明细栏的编制（GB/T 10609.2—1989）

明细栏是机器(或部件)中全部零、部件的详细目录,画在标题栏的上方。零件序号应自下而上填写,以便增加或漏编零件时,可以向上填加。如位置有限时,可将明细栏分段画

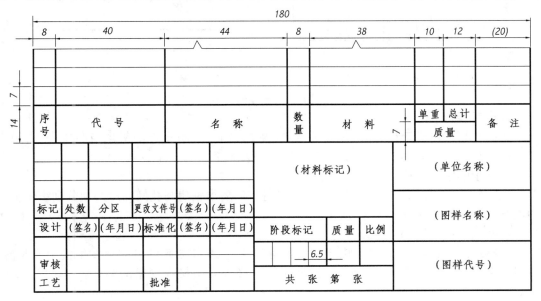

图 13.7　标题栏和明细栏

在标题栏的左方。其格式和尺寸如图13.7所示。

标准件应填写其形式规格和标准号,有些零件的重要参数(如齿轮的齿数、模数等),可填入备注栏内。如果装配图中标准件直接标注了标记,则明细栏只填写非标准件即可。

13.5　装配结构的合理性

1. 接触面与配合面的合理结构

两零件的接触面,在同一方向上只允许有一对面接触,如图13.8所示;对于轴孔配合及锥面配合,同一方向上也只允许有一对配合面,如图13.9所示。

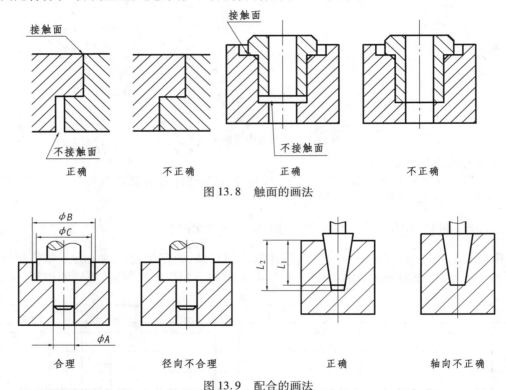

图13.8　触面的画法

图13.9　配合的画法

2. 密封装置

为防止部件内部工作介质(流体或气体)外漏,同时为防止外部灰尘与杂质侵入,通常要采用密封和防漏装置,如图13.10,图13.11所示。

3. 轴承的定位方法

滚动轴承常以轴肩和轴孔定位,为了方便拆卸,要求轴肩与孔间高度必须分别小于轴承内圈与外圈的厚度,如图13.12所示。

4. 防松与锁紧结构

机器或部件在运转过程中,由于受到震动和冲击,螺纹紧固件可能会发生松动或脱落,有时甚至会导致严重事故。因此,在这些机构中必须有防松和锁紧的结构,如图13.13所示。

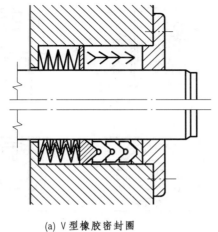

(a) V型橡胶密封圈　　　　　　(b) 迷宫式密封

图 13.10　滚动轴承密封

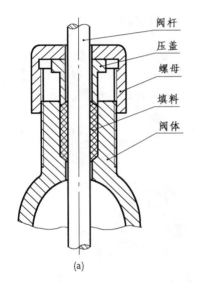

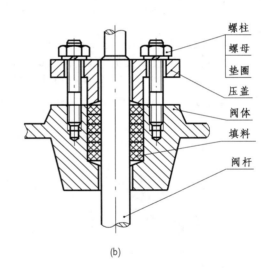

图 13.11　防漏结构

 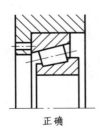  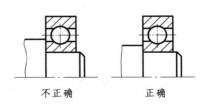

图 13.12　轴承的定位方法

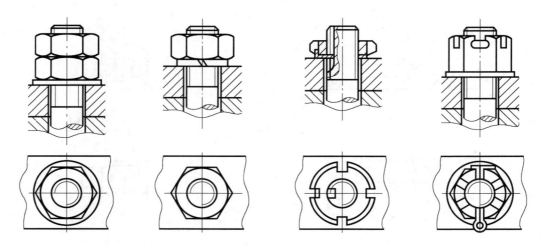

图 13.13　防松与锁紧结构

13.6　部件测绘和装配图的画法

对现有的机器或部件进行拆卸、测量、画出其草图,然后整理绘制出装配图和零件图的过程称为测绘。它是技术交流、旧设备改造革新等常见的技术工作,也是工程技术人员必备的一项技能。现以图 13.14 所示的滑动轴承为例,说明部件测绘方法与步骤。

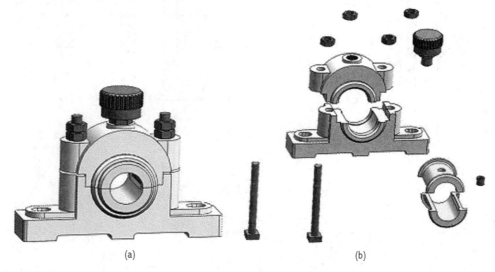

图 13.14　滑动轴承轴测图

一、部件测绘方法与步骤

1. 了解和分析部件

对图 13.15 的部件分析可知:滑动轴承是用来支撑轴的,其主要特点是工作可靠,平稳无噪声,能承受较大的冲击载荷等。它由轴承座、轴承盖、对开的轴衬和螺栓等八种零件组成。其中螺栓、螺母为标准件,油杯为标准组合件。为便于轴的安装与拆卸,轴承做成中分

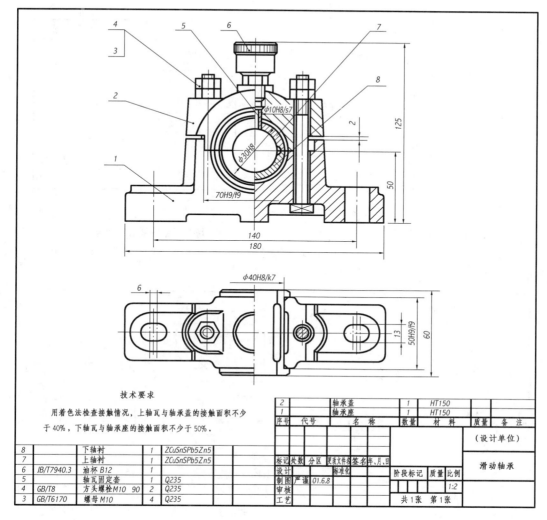

图 13.15　滑动轴承装配图

式结构;在轴承盖与轴承座的结合处,有凸凹的结合面,能使两零件上下对中和防止横向移动;上、下轴衬间及轴承盖与轴承座之间均用垫片来调整松紧,并用两个方头螺栓连接在一起,这样拧紧螺母时,螺杆不致转动,采用双螺母是为防松。轴衬固定套防止轴衬发生转动。采用油杯进行润滑,轴衬上方及左右开有导油槽,使润滑更为均匀;因轴在轴承中转动,会产生摩擦和磨损,故轴衬采用耐磨、耐腐蚀的锡青铜材料。

2. 拆卸部件和画装配示意图

拆卸零件的过程是进一步了解部件中零件的作用、结构、装配关系的过程。为了保证能顺利地将部件重新装配起来,避免遗忘,在拆卸过程中应画出装配示意图。装配示意图就是用简单线条和机构运动符号表示部件的工作原理、各零件的相互关系等。图 13.16 所示为滑动轴承的装配示意图和零件编号。

3. 画零件草图

除了标准件、标准组合件和外购件(如电机等)外,其余的零件都应画出零件草图。它是画零件图和装配图的依据,内容一定要齐全。要求目测比例,徒手绘制,按照零件图的要

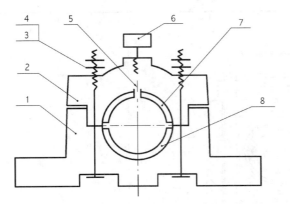

序号	名称	数量
1	轴承座	1
2	轴承盖	1
3	螺母 GB/T 6170 M10	4
4	螺栓 GB/T 8 M10×90	2
5	轴瓦固定套	1
6	油杯 JB/T 7940.3 B12	1
7	上轴衬	1
8	下轴衬	1

图 13.16　滑动轴承的装配示意图和零件编号

求选择视图的表达方案，画出图形，标注尺寸和技术要求，填写标题栏等。

草图上标注零件的真实尺寸。应先画出草图和全部尺寸线，然后用量具测量，再注写测得的尺寸数字。滑动轴承部分零件草图如图 13.17 所示。

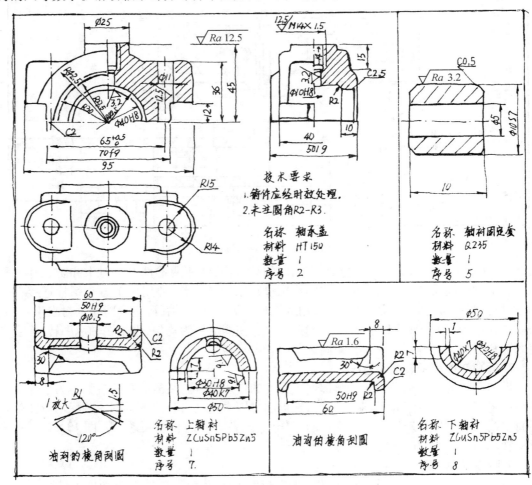

图 13.17　滑动轴承部分零件草图

对于零件上的标准结构要素,如键槽、倒角、退刀槽、螺纹等测量后,应查阅有关标准,选择与测量相近的标准数据标注在图上。

4. 绘制零件图和装配图

在实际的设计及测绘工作中,根据装配示意图和零件草图就可以绘制装配图。绘制装配图的过程,就是虚拟的部件装配过程可以检验零件的结构是否合理、尺寸是否正确,若发现问题则可以返回去修改零件结构和尺寸,再根据修改后的零件草图画出零件工作图。如图 13.17 为滑动轴承部分零件草图,图 13.18 为轴承座零件图。

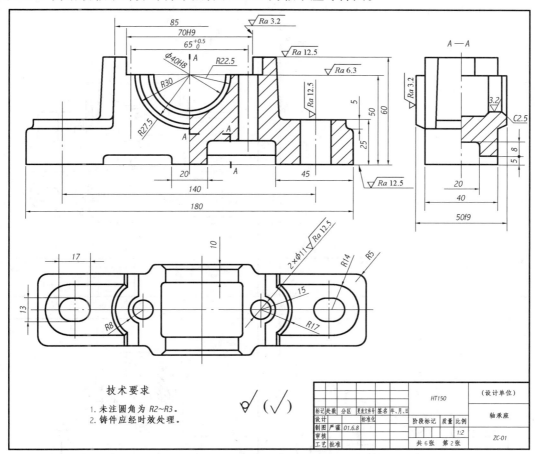

图 13.18 轴承座零件图

二、由零件图画装配图的方法步骤

(1)拟定视图方案。依据装配图的选择原则,尽量使所选视图重点突出、互相配合,可选出几个方案相比较,再从中确定最佳方案。图 13.15 所示滑动轴承装配图,采用了主、俯两个视图表达。主视图按工作位置放置,能最清楚反映其结构特点及装配关系。因该部件左右对称,故主视图采用了半剖视图同时表达轴承外形和内部结构。从剖开的半个视图中,可以看出油杯、轴衬固定套及螺栓等与轴承座和盖之间的装配关系。滑动轴承俯视图的右半部分是沿轴承盖与轴承座的结合面剖切的,即相当于拆去轴承盖和上轴衬等零件后画出来的。结合面上不画剖面线,被切断的螺栓则要画出剖面线。在轴承装配图中能看出所遵守的规定画法和特殊画法,请读者自行分析。

(2)确定比例和图幅。根据部件总体尺寸和所选视图的数量,确定图形比例,计算图幅大小。应注意将标注尺寸、零件序号、标题栏和明细栏等所需的面积计算在内。

(3)画各视图的主要基准和主要零件的轮廓,如图 13.19 所示,先画出轴承底座的主视图和俯视图。

(4)按装配关系画出其他零件,其顺序如图 13.19 所示。

(5)完成装配图。

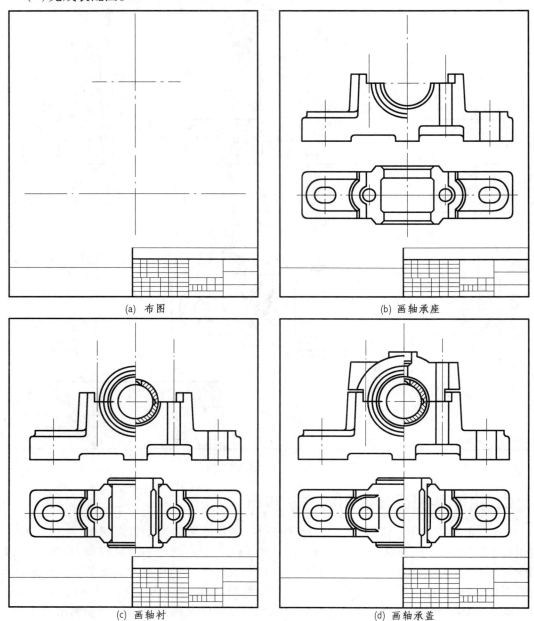

(a) 布图　　(b) 画轴承座　　(c) 画轴衬　　(d) 画轴承盖

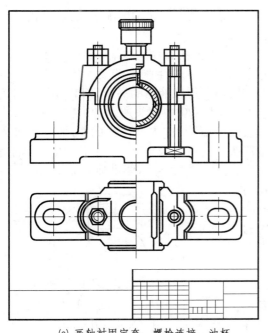
(e) 画轴衬固定套、螺栓连接、油杯

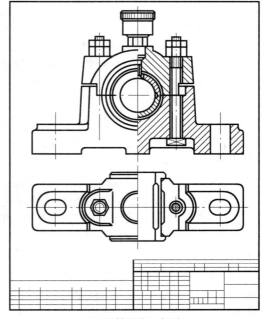
(f) 画剖面线、加深

图 13.19　画装配图的步骤

13.7　读装配图和由装配图拆画零件图

一、读装配图

读装配图的目的是从装配图上了解机器或部件的用途、性能及工作原理；了解各组成零件之间的装配关系、安装关系和技术要求；了解各零件的名称、数量、材料以及在机器中的作用、基本形状和结构。

1. 概括了解

首先从标题栏中了解机器或部件的名称和画图比例，以及所有零件的名称、数量、材料、标准件的种类代号等，并在视图中找到相应零件的位置。其次，大致浏览一下所有视图、尺寸标注、技术要求等内容，有条件的还可以阅读其使用说明书和相关的技术资料。以便对机器或部件的整体情况有一个大致了解。

图 13.21 是齿轮油泵装配图，采用 1∶1 的比例画图。齿轮油泵是机器供油系统中的一个部件，该油泵共有 14 种零件，其中标准件 5 种，非标准件 9 种。对照零件序号和标题栏可知零件的名称、数量、材料、标准件的种类代号以及在视图中的位置。齿轮油泵采用两个基本视图进行表达，主视图采用相交剖切平面剖切得到的全剖视图，表达齿轮油泵的主要装配关系；左视图采用沿垫片与泵体结合面剖开的半剖视图，并采用局部剖视表达一对齿轮啮合及吸、压油的情况和安装孔的情况。

2. 分析装配关系和工作原理

由图 13.21 可知，齿轮油泵有两条装配干线。一条是主动齿轮轴装配干线，主动齿轮轴 5 装在泵体 1 和泵盖 3 的轴孔内，在主动齿轮轴右边的伸出端装有密封圈 8、压紧套 9、压紧螺母 10、齿轮 11、键 12、弹簧垫圈 13 及螺母 14；另一条是从动齿轮轴装配干线，从动齿轮轴 4 装在泵体 1 和泵盖 3 的轴孔内，与主动齿轮相啮合。

从运动关系入手分析部件的工作原理。由图 13.21 的主视图可知，外部动力传递给齿轮 11，再通过键 12 传递给主动齿轮轴 5，带动从动齿轮轴 4 产生啮合转动。从左视图可以看出，两齿轮的啮合区将进、出油孔对应的区域隔开，由此形成液体的高压区和低压区，齿轮油泵的工作原理示意图如图 13.20 所示。当齿轮按图 13.20 中箭头所示的方向转动时，齿轮啮合区右边的齿轮从啮合到脱开，形成局部真空，油池的油在大气压力的作用下，被吸入右侧泵腔内，转动的齿轮将吸入的油通过齿槽沿箭头方向不断送至啮合区左侧，因轮齿的啮合阻断了油的回流，于是油便从左侧的出油口压出，经管路输送到需要供油的部位。

图 13.21 中的两齿轮轴与泵体、泵盖上轴孔的配合均为 $\phi16H7/h6$，为小间隙配合，使齿轮轴能平稳转动；齿轮端面与空腔的间隙可通过垫片的厚度进行调节，使齿轮在空腔中既能转动，又不会因齿轮端面的间隙过大而产生高压区油的渗漏回流，齿顶圆与泵体空腔的配合为 $\phi34.5H8/f7$，是基孔制较小的间隙配合，运动输入齿轮与主动齿轮轴的配合为 $\phi14H7/h6$，压紧套外圆与泵体的配合为 $\phi22H8/f7$。还有反映泵流量的油孔管螺纹尺寸 G3/8 也是输油管的安装尺寸，两齿轮中心距为 28.76±0.016（装配尺寸），部件的安装孔尺寸为 $2\times\phi6.5$ 和 70（中心距），部件的总长 125、总宽 85、总高 95 以及油孔中心高为 50。

3. 分析零件的结构及形状

在了解机器和部件的工作原理与装配关系的基础上，进一步分析各零件的结构形状和作用。

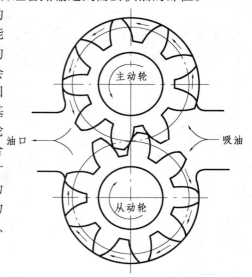

图 13.20　齿轮油泵工作原理示意图

一般先分析主要零件，后分析次要零件；先分析主要结构，后分析细小结构。先通过剖面线的疏密程度和方向，利用投影关系把零件从装配图中分离出来，再构想零件的形状。

齿轮油泵的主要零件有泵体、泵盖，其余零件的结构形状较为简单，它们的结构形状均可由主、左视图对照起来进行分析、想像来实现。

4. 综合归纳，读懂全图

在上述分析的基础上，还应把机器或部件的作用、结构、装配及技术要求等方面的问题联系起来思考，达到读懂全图的目的，想像出齿轮油泵的总体结构形状及各零件的结构形状。

二、由装配图拆画零件图

在设计及测绘过程中，一般先根据零件草图画出装配图，再根据装配图拆画出零件图。拆画零件图是在读懂装配图的基础上进行的，一般可分为如下几个步骤。

1. 读懂装配图

根据前面介绍的读装配图的方法和步骤，了解部件或机器的名称、作用、结构和工作原理。

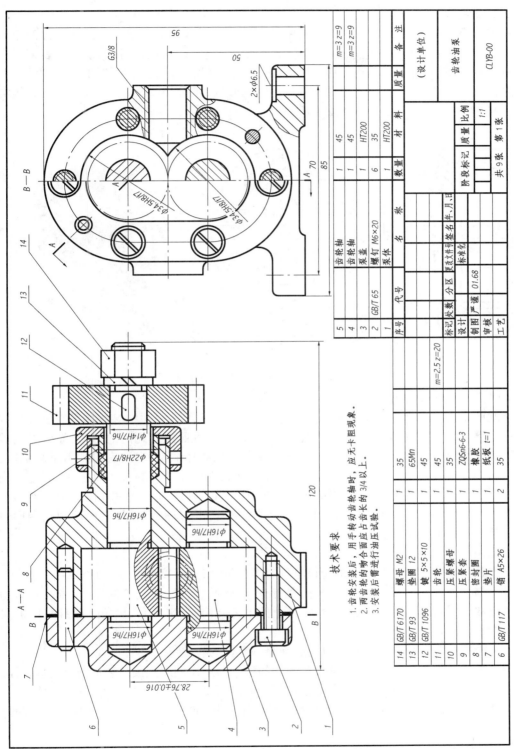

图13.21 齿轮油泵装配图

2. 分离零件

基本读懂装配图后,就可以从装配图中把要拆画的零件分离出来。首先从零件的序号和明细栏中找到要分离零件的序号和名称,然后根据该序号的指引线找到该件在装配图中的位置。例如,找到件 1 泵体在主视图中的位置,再根据投影关系和剖面线的方向、间隔,就可将泵体从装配图中分离出来,想像出零件的结构形状,如图 13.22 所示。该零件为箱体类零件,由包容轴孔及空腔的壳体和底座所组成。

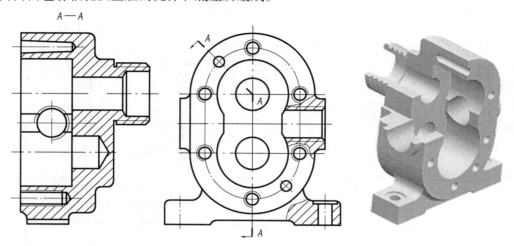

图 13.22 分离零件并想像零件的形状

3. 确定零件的表达方案

装配图是从整个部件的角度考虑的,重点是表达装配关系。因此,装配图的视图表达方案不一定适合每个零件的表达需要,因此在拆图时,就不宜照搬装配图的方案,而应根据零件的结构形状,重新进行全面的考虑。有的对原方案只需作适当补充,有的则需重新确定。在装配图中没有表达清楚的结构,要根据零件的功能、与相关零件的关系及加工、工艺结构的需要补画出来。在装配图中被省略的细部结构(倒角、圆角、退刀槽等)在拆画零件图时均应画出。如图 13.23 所示,除主视图、左视图外,又补充了反映右侧形状的向视图和反映底板形状及底板上安装孔的位置的局部视图。

4. 标注尺寸

(1) 凡是装配图上已标注出的与该零件有关的尺寸,都可以直接抄注到零件图上。

(2) 与标准件相连接或配合的尺寸(如螺栓孔、螺孔、键槽、销孔等的尺寸)要从相应的标准中查取,并与相应零件协调一致。零件上的工艺结构(铸造圆角、倒角、退刀槽等)的尺寸也应查表确定。

(3) 根据给定参数计算确定,如齿轮、弹簧等零件的有关尺寸。

(4) 零件各部分的一般尺寸,可按装配图的比例采用比例尺直接从装配图上量取标注。对于在装配图中无法量取的尺寸,则要根据部件的性能要求自行确定。

注意:标注尺寸时,首先应根据零件在部件中的作用选好尺寸基准,以便合理地标注尺寸。

5. 零件图上的技术要求的标注

零件图上除了标注尺寸外,还要标注技术要求。常见的技术要求有尺寸公差、表面粗糙度、形位公差及其他技术要求等。

齿轮泵泵体零件图见图 13.24。

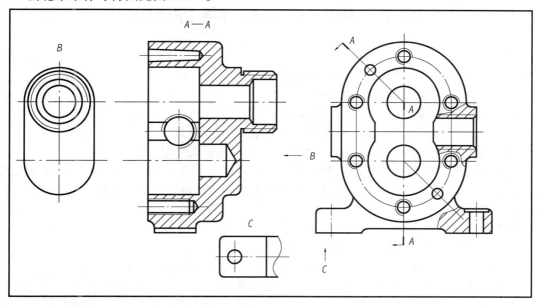

图 13.23　重新确定泵体的表达方案

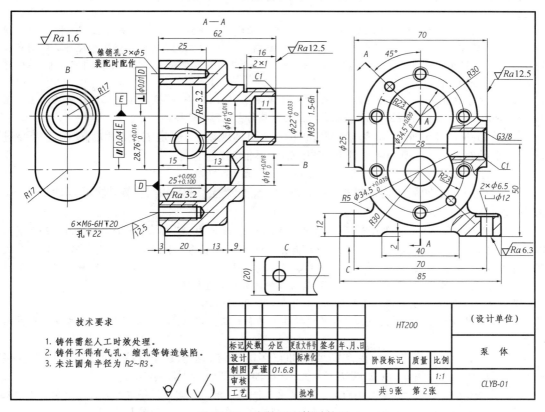

图 13.24　齿轮泵泵体零件图

13.8 利用 AutoCAD 拼画装配图

目的：
（1）掌握绘制装配图的绘图方法和过程。
（2）掌握比例、爆炸命令的应用。
（3）掌握绘制明细表、零件序号指引线的方法。
（4）提高修改已有图形文件来生成新的图形文件的能力。

上机操作： 绘制图 13.25 所示的二级圆柱齿轮减速器装配图。

分析： 对于这张减速器的装配图纸，由于我们已绘制了机盖、机座、低速轴、中间轴大齿轮、高速轴等零件图，不必重复绘制，还可以利用 AutoCAD 设计中心中的标准件，来快速绘制出一张装配图。

作图：
（1）完成装配图中主视图的绘制。

① 以 1#图纸横放为模板，新建一个图形文件，命名为二级圆柱齿轮减速器装配图.dwg。

② 打开已绘制好的图形文件机盖.dwg，并只打开轮廓线、点画线、波浪线和剖面线图层。选择主视图和左视图中所有图形对象，单击菜单命令"编辑→复制"。回到正在绘制的图形文件二级圆柱齿轮减速器装配图.dwg 中，单击菜单命令"编辑→粘贴"，所选的图形对象将粘贴到当前图形文件中，不保存并关闭图形文件机盖.dwg。

③ 打开已绘制好的图形文件机座.dwg，并只打开轮廓线和点画线、波浪线和剖面线图层。选择主视图、俯视图和左视图中所有图形对象，单击菜单命令"编辑→复制"。回到正在绘制的图形文件二级圆柱齿轮减速器装配图.dwg 中，单击菜单命令"编辑→粘贴"，粘贴时注意不要和上一次粘贴的内容重叠，不保存并关闭图形文件机座.dwg。

④ 移动机盖的主视图，使用〈捕捉〉功能，单击菜单命令"修改→平移"使其按照机盖与机座的主视图相连接，接着移动机盖的左视图，也使其按照机盖与机座的左视图相连接。

结果如图 13.26 所示，减速器的装配图已经初具规模了，但是主视图和俯视图还需要进行一些小的修改，而俯视图还要添加齿轮、轴承、轴等其他零件。

⑤ 在主视图上添加观察口盖、换气帽、铆钉和螺钉，如图 13.27 所示。

在主视图上添加箱体连接螺栓、起盖螺钉、放油螺栓。这些螺钉或螺栓可以使用 AutoCAD 设计中心插入。

⑥ 单击"标准工具栏"→"设计中心"按钮，打开"设计中心"窗口，在 DesignCenter 目录下的 Fasteners-Metric 文件中，点击块文件，就可以在内容窗口中，显示出各种标准件，找到需要的标准件，插入到当前图形中，如图 13.28 所示。如果"设计中心"的标准件与所用的标准件比例不一致，插入时则要根据大小改变比例。如果所插入的螺栓不符合要求，可以将其分解后进行修改。

⑦ 另外，放油螺栓孔皮封油圈的剖面线填充图案应选用 SOLID。

⑧ 绘制油尺、润滑油面，并完成油尺和放油螺栓处的剖视图。绘制高速轴端的螺母，完成主视图的绘制，如图 13.25 所示。

（2）接着绘制俯视图。俯视图需要添加较多的零件，这些零件有些已画完的，可以直接插入到图形中，还有些零件（如端盖、轴承、中间轴、高速轴等）需要绘制。

① 首先绘制端盖以及调整环的剖面图，因为其他零件（如轴承等）需要根据端盖的位置绘制。其中未通孔端盖厚度画成 7 mm，通孔端盖厚度画成 9 mm，调整环厚度画成 2 mm，如图 13.29 所示。

② 绘制滚动轴承的剖视图，可以只画出一半，另一半画成垂直交叉直线即可，如图 13.30 所示。滚动轴承的 6412 的宽度为 35 mm，6406 的宽度为 23 mm。

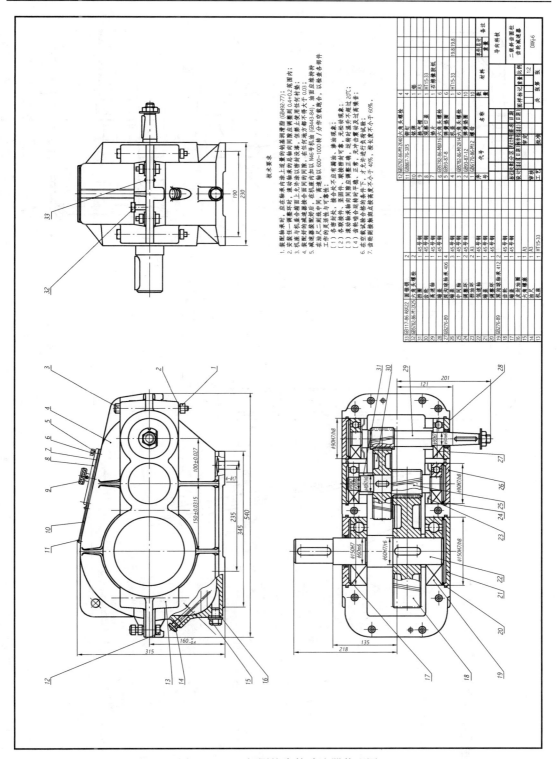

图 13.25 二级圆柱齿轮减速器装配图

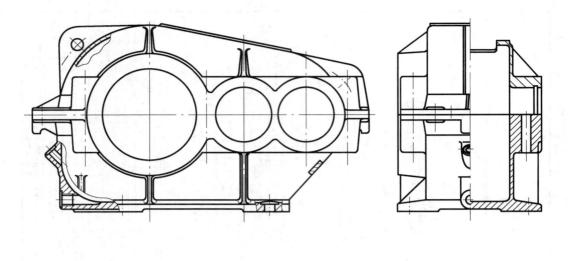

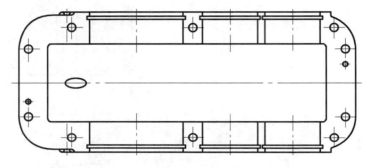

图 13.26　机盖和机座

图 13.27　绘制观测口

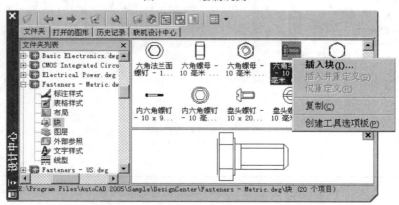

图 13.28　设计中心窗口

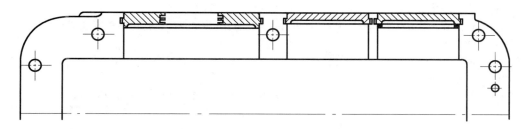

图 13.29　绘制端盖

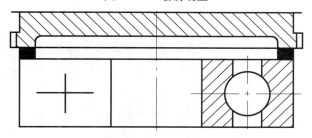

图 13.30　绘制轴承

③绘制的低速轴。打开绘制好的低速轴图形文件.dwg，同前面绘制机座一样，只将低速轴的轮廓线和点画线复制到装配图中。在装配图中将复制过来的低速轴的尺寸缩小为要求的比例，删除不需要部分。移动低速轴，将其插入到俯视图中的安装位置，并剪切掉机座上被低速轴遮挡住的线条，如图 13.31 所示。

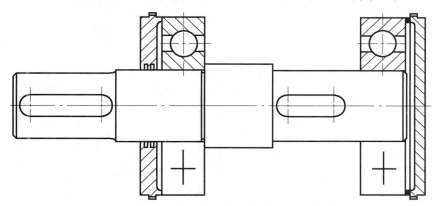

图 13.31　绘制低速轴

④绘制低速级大齿轮以及挡圈。该齿轮宽度为 60 mm，分度圆直径为 245.45 mm，齿顶圆直径为 249 mm，齿根圆直径为 235.5 mm，挡圈宽度为 11 mm，外径为 7 mm。

⑤绘制中间轴和挡油环。中间轴尺寸见图 13.25 二级圆柱齿轮减速器装配图。

⑥打开已绘制好的齿轮.dwg 图形文件，只将齿轮剖视图的轮廓线、点画线、波浪线和剖面线复制到装配图中，在装配图中将复制过来的齿轮的尺寸缩小为需要的比例，删除不需要部分并旋转一定的角度。移动齿轮，将其插入到俯视图的中间轴的键槽处。由于绘制比例较小，齿轮倒角不易看清，可以将其适当放大。最后剪切掉被遮挡的线条。

⑦绘制挡圈，挡圈的宽度为 29 mm，外径为 48.5 mm。

⑧绘制高速轴，高速轴尺寸见图 13.25 二级圆柱齿轮减速器装配图。

⑨从中间轴处复制挡油环，镜像并复制到高速轴上，绘制高速轴伸出端的螺母。

⑩绘制箱体连接螺栓和圆锥销的断面图，俯视图绘制完成，如图 13.32 所示。

(3)绘制左视图。
①删除左视图的中心线右侧所有图形,以中心线为镜像线,镜像中心线左侧所有图形。
②添加观察口盖上的铆钉。
③绘制箱体连接螺栓、起盖螺钉和圆锥销。
④绘制油尺、放油螺栓。
⑤绘制高速轴、低速轴的伸出端,以及轴上的键、螺母,完成左视图的绘制,如图13.33所示。

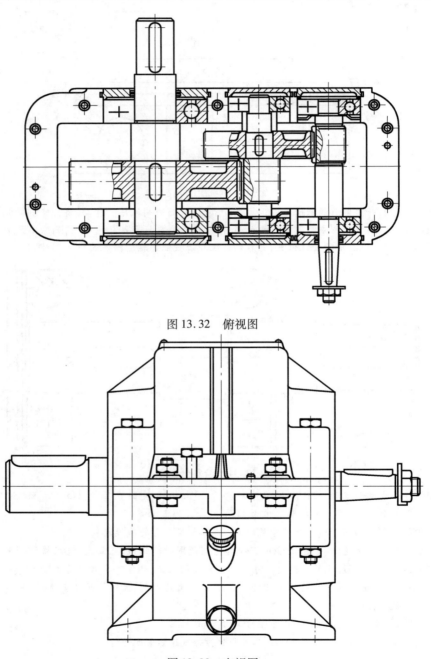

图 13.32　俯视图

图 13.33　左视图

(4) 标注零件序号,填写明细表和标题栏。

①将图层转换到标注层,设置尺寸标注文本的高度为3.5。

②标注装配图的性能尺寸、配合尺寸、安装尺寸、总体尺寸。

③绘制指引线,标注零件序号,序号字体的高度设为5。

④注写技术要求。

⑤绘制明细表(可以事先绘制好,保存为图块,使用时插入进来),并填写明细表和标题栏的内容。

(5) 绘制完成,保存图形文件。

附录一 标准结构

一、普通螺纹（根据 GB/T 193—1981 和 GB/T 196—1981）

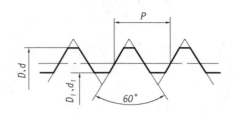

标记示例

公称直径 24 mm，螺距 3 mm，右旋粗牙普通螺纹，公差带代号 6g，其标记为：M24-6g

公称直径 24 mm，螺距 1.5 mm，左旋细牙普通螺纹，公差带代号 7H，其标记为：M24×1.5LH-7H

内外螺纹旋合的标记为：M16-7H/6g

附表 1.1　普通螺纹直径与螺距、基本尺寸　　　　mm

公称直径 D、d		螺距 P		粗牙小径 D_1、d_1	公称直径 D、d		螺距 P		粗牙小径 D_1、d_1
第一系列	第二系列	粗牙	细牙		第一系列	第二系列	粗牙	细牙	
3		0.5	0.35	2.459	16		2	1.5,1,(0.75),(0.5)	13.835
4		0.7	0.5	3.242		18	2.5	2,1.5,1,(0.75),(0.5)	15.294
5		0.8		4.134	20				17.294
6		1	0.75,(0.5)	4.917		22			19.294
8		1.25	1,0.75,(0.5)	6.647	24		3	2,1.5,1,(0.75)	20.752
10		1.5	1.25,1,0.75,(0.5)	8.376		30	3.5	(3),2,1.5,1,(0.75)	26.211
12		1.75	1.5,1.25,1,(0.75),(0.5)	10.106	36		4	3,2,1.5,(1)	31.670
	14	2		11.835		39			34.670

注：1. 应优先选用第一系列，括号内尺寸尽可能不用。

2. 螺纹公差代号：外螺纹有 6e、6f、6g、8g、5g6g、7g6g、4h、6h、8h、3h4h、5h6h、5h4h、7h6h；内螺纹有 4H、5H、6H、7H、4H5H、5H6H、5G、6G、7G。

二、管螺纹

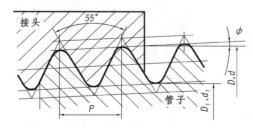

55°密封管螺纹（根据 GB/T 7306.2—2000）

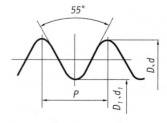

55°非密封管螺纹（根据 GB/T 7307—2001）

标记示例

尺寸代号为 1/2 的右旋圆锥外螺纹的标记为：$R_2 1/2$

尺寸代号为 1/2 的右旋圆锥内螺纹的标记为：$R_C 1/2$

上述内外螺纹所组成的螺纹副的标记为：$R_C/R_2 1/2$

当螺纹为左旋时标记为：$R_C/R_2 1/2 LH$

标记示例

尺寸代号为 1/2 的 A 级右旋外螺纹的标记为：G1/2A

尺寸代号为 1/2 的 B 级左旋外螺纹的标记为：G1/2B-LH

尺寸代号为 1/2 的右旋内螺纹的标记为：G1/2

上述右旋内外螺纹所组成的螺纹副的标记为：G1/2A

当螺纹为左旋时标记为：G1/2A-LH

附表1.2　管螺纹尺寸代号及基本尺寸

尺寸代号	每25.4 mm 内的牙数 n	螺距 P/mm	大径 $D=d$/mm	小径 $D_1=d_1$/mm	基准距离/mm
1/4	19	1.337	13.157	11.445	6
3/8	19	1.337	16.662	14.950	6.4
1/2	14	1.814	20.955	18.631	8.2
3/4	14	1.814	26.441	24.117	9.5
1	11	2.309	33.249	30.291	10.4
$1\frac{1}{4}$	11	2.309	41.910	38.952	12.7
$1\frac{1}{2}$	11	2.309	47.803	44.845	12.7
2	11	2.309	59.614	56.656	15.9

注：1. 55°密封圆柱内螺纹的牙形与55°非密封管螺纹牙形相同，尺寸代号为 1/2 的右旋圆柱内螺纹的标记为：RP1/2；它与外螺纹所组成的螺纹副的标记为：RP/R1 1/2。详见 GB/T 7306.1—2000。

2. 55°密封圆锥管螺纹大径、小径是指基准平面上的尺寸。圆锥内螺纹的端面向里 0.5P 处即为基面，而圆锥外螺纹的基准平面与小端相距一个基准距离。

3. 55°密封管螺纹的锥度为 1:16，即 $\phi=1°47'24''$。

三、梯形螺纹（根据 GB/T 5796.2—1986 和 GB/T 5796.3—1986）

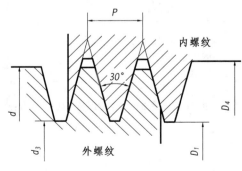

标记示例

公称直径 28 mm，螺距 5 mm，中径公差代号为 7H 的单线右旋梯形内螺纹，其标记为：Tr28×5-7H

公称直径 28 mm，导程 10 mm，螺距 5 mm，中径公差带代号 8e 的双线左旋梯形外螺纹，其标记为：Tr28×10(P5)LH-8e

内外螺纹旋合所组成的螺纹副的标记为：Tr24×8-7H/8e

附表1.3　梯形螺纹直径与螺距系列、基本尺寸　　mm

公称直径 d		螺距 P	大径 D_4	小径		公称直径 d		螺距 P	大径 D_4	小径	
第一系列	第二系列			d_3	D_1	第一系列	第二系列			d_3	D_1
16		2	16.50	13.50	14.00	24		3	24.50	20.50	21.00
		4		11.50	12.00			5		18.50	19.00
	18	2	18.50	15.50	16.00			8	25.00	15.00	16.00
		4		13.50	14.00		26	3	26.50	22.50	23.00
20		2	20.50	17.50	18.00			5		20.50	21.00
		4		15.50	16.00			8	27.00	17.00	18.00
	22	3	22.50	18.50	19.00	28		3	28.50	24.50	25.00
		5		16.50	17.00			5		22.50	23.00
		8	23.00	13.00	14.00			8	29.00	19.00	20.00

注:螺纹公差代号:外螺纹有8e、7e,内螺纹有8H、7H。

附录二　标 准 件

一、六角头螺栓

六角头螺栓 GB/T5782—2000　　　　　　　　　六角头螺栓　全螺纹 GB/T5783—2000

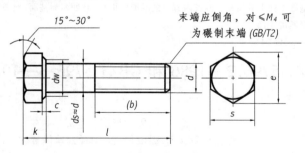
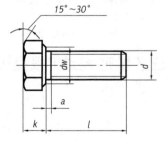

标记示例

螺纹规格 d=M12、公称长度 l=80mm、性能等级为8.8级、表面氧化、A级的六角头螺栓,其标记为:螺栓　GB/T 5782　M12×80

若为全螺纹,其标记为:螺栓　GB/T 5783　M12×80

附表2.1 六角头螺栓各部分尺寸   mm

螺纹规格 d			M3	M4	M5	M6	M8	M10	M12	M16	M20	M24
e min	产品等级	A	6.01	7.66	8.79	11.05	14.38	17.77	20.03	26.75	33.53	39.98
		B	5.88	7.50	8.63	10.89	14.20	17.59	19.85	26.17	32.95	39.55
s 公称=max			5.5	7	8	10	13	16	18	24	30	36
k 公称			2	2.8	3.5	4	5.3	6.4	7.5	10	12.5	15
c	max		0.4	0.4	0.5	0.5	0.6	0.6	0.6	0.8	0.8	0.8
	min		0.15	0.15	0.15	0.15	0.15	0.15	0.15	0.2	0.2	0.2
d_W min	产品等级	A	4.57	5.88	6.88	8.88	11.63	14.63	16.63	22.49	28.19	33.61
		B	4.45	5.74	6.74	8.74	11.47	14.47	16.47	22	27.7	33.25
GB/T5782—2000	b 参考	$l\leq125$	12	14	16	18	22	26	30	38	46	54
		$125<l\leq200$	18	20	22	24	28	32	36	44	52	60
		$l>200$	31	33	35	37	41	45	49	57	65	73
	l 范围		20~30	25~40	25~50	30~60	40~80	45~100	50~120	65~160	80~200	90~240
GB/T5783—2000	a	max	1.5	2.1	2.4	3	4	4.5	5.3	6	7.5	9
		min	0.5	0.7	0.8	1	1.25	1.5	1.75	2	2.5	3
	l 范围		6~30	8~40	10~50	12~60	16~80	20~100	25~120	30~200	40~200	50~200

注:1. 标准规定螺栓的螺纹规格 d=M1.6~M64。GB/T5782 的公称长度 l 为 10~500 mm,GB/T5783 的 l 为 2~200 mm。

2. 标准规定螺栓的公称长度 l(系列):2,3,4,5,6,8,10,12,16,20~65(5 进位),70~160(10 进位),180~500(20 进位) mm。

3. 产品等级 A、B 是根据公差取值不同而定,A 级公差小,A 级用于 d=1.6~24 mm 和 $l\leq10d$ 或 $l\leq150$ mm 的螺栓,B 级用于 d>24 mm 或 l>10d 或 l>150 mm 的螺栓。

4. 材料为钢的螺栓性能等级有 5.6、8.8、9.8、10.9 级,其中 8.8 级为常用。8.8 前面的数字 8 表示公称抗拉强度(6_b,N/mm^2)的 1/100,后面的数字 8 表示公称屈服点(6_s,N/mm^2)或公称规定非比例伸长应力($6_{p0.2}$,N/mm^2)与公称抗拉强度(6_b)的比值(屈强比)的 10 倍。

二、双头螺栓

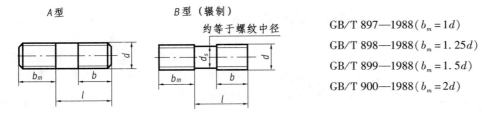

GB/T 897—1988($b_m=1d$)
GB/T 898—1988($b_m=1.25d$)
GB/T 899—1988($b_m=1.5d$)
GB/T 900—1988($b_m=2d$)

标记示例

两端均为粗牙普通螺纹,d=10 mm、l=50 mm、性能等级为 4.8 级、不经表面处理、B 型、$b_m=1d$ 的双头螺柱,其标记为:螺柱　GB/T 897　M10×50

若为 A 型,其标记为:螺柱　GB/T 897　AM10×50

附表2.2　双头螺柱各部分尺寸　　　　　　　　　　　　　　　mm

螺纹规格 d		M3	M4	M5	M6	M8
b_m 公称	GB/T897—1988	—	—	5	6	8
	GB/T898—1988	—	—	6	8	10
	GB/T899—1988	4.5	6	8	10	12
	GB/T900—1988	6	8	10	12	16
$\dfrac{l}{b}$		$\dfrac{16\sim20}{6}$ $\dfrac{22\sim40}{12}$	$\dfrac{16\sim(22)}{8}$ $\dfrac{25\sim40}{14}$	$\dfrac{16\sim(22)}{10}$ $\dfrac{25\sim50}{16}$	$\dfrac{20\sim(22)}{10}$ $\dfrac{25\sim30}{14}$ $\dfrac{(32)\sim75}{18}$	$\dfrac{20\sim(22)}{12}$ $\dfrac{25\sim30}{16}$ $\dfrac{(32)\sim90}{22}$
螺纹规格 d		M10	M12	M16	M20	M24
b_m 公称	GB/T897—1988	10	12	16	20	24
	GB/T898—1988	12	15	20	25	30
	GB/T899—1988	15	18	24	30	36
	GB/T900—1988	20	24	32	40	48
$\dfrac{l}{b}$		$\dfrac{25\sim(28)}{14}$ $\dfrac{30\sim(38)}{16}$ $\dfrac{40\sim120}{26}$ $\dfrac{130}{32}$	$\dfrac{25\sim30}{16}$ $\dfrac{(32)\sim40}{20}$ $\dfrac{45\sim120}{30}$ $\dfrac{130\sim180}{36}$	$\dfrac{30\sim(38)}{20}$ $\dfrac{40\sim(55)}{30}$ $\dfrac{60\sim120}{38}$ $\dfrac{130\sim200}{44}$	$\dfrac{35\sim40}{25}$ $\dfrac{45\sim(65)}{35}$ $\dfrac{70\sim120}{46}$ $\dfrac{130\sim200}{52}$	$\dfrac{45\sim50}{30}$ $\dfrac{(55)\sim(75)}{45}$ $\dfrac{80\sim120}{54}$ $\dfrac{130\sim200}{60}$

注：1. GB/T897—1988 和 GB/T898—1988 规定螺柱螺纹规格 d=M5～M48，公称长度 l=16～300 mm；GB/T899—1988 和 GB/T900—1988 规定螺柱的螺纹规格 d=M2～M48，公称长度 l=12～300 mm。

2. 螺柱公称长度 l（系列）：12，(14)，16，(18)，20，(22)，25，(28)，30，(32)，35，(38)，40，45，50，(55)，60，(65)，70，(75)，80，(85)，90，(95)，100～260(10 进位)，280，300 mm，尽可能不采用括号内的数值。

3. 材料为钢的螺柱性能等级有 4.8、5.8、6.8、8.8、10.9、12.9 级，其中 4.8 级为常用。具体可参见附表2.1 的注 4。

三、螺钉

内六角圆柱头螺钉 GB/T 70.1—2000

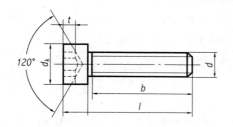

标记示例

螺纹规格 d=M5、公称长度 l=20mm、性能等级为 8.8 级、表面氧化的 A 级内六角圆柱头螺钉：螺钉 GB/T 70.1 M5×20

附表 2.3.1　内六角圆柱头螺钉各部分尺寸　　　　　　　　　　　　　mm

螺纹规格 d	M2.5	M3	M4	M5	M6	M8	M10	M12	M16	M20	M24	M30
d_k max	4.5	5.5	7	8.5	10	13	16	18	24	30	36	45
k max	2.5	3	4	5	6	8	10	12	16	20	24	30
t min	1.1	1.3	2	2.5	3	4	5	6	8	10	12	15.5
s	2	2.5	3	4	5	6	8	10	14	17	19	22
e	2.3	2.87	3.44	4.58	5.72	6.86	9.15	11.43	16	19.44	21.73	25.15
b(参考)	17	18	20	22	24	28	32	36	44	52	60	72
l 范围	4~25	5~30	6~40	8~50	10~60	12~80	16~100	20~120	25~160	30~200	40~200	45~200

注:1. 标准规定螺钉规格 M1.6~M64。2. 公称长度 l(系列):2.5,3,4,5,6 ~12(2 进位),16,20~65(5 进位),70~160(10 进位),180~300(20 进位)mm。

3. 材料为钢的螺钉性能等级有 8.8,10.9,12.9 级,其中 8.8 级为常用。具体可参见附表 2.1 的注 4。

开槽圆柱头螺钉 GB/T 65—2000　　　　　　开槽沉头螺钉 GB/T 68—2000

开槽盘头螺钉 GB/T 67—2000

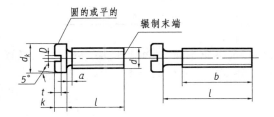
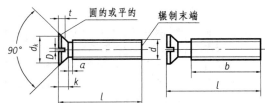

标记示例

螺纹规格 d=M5、公称长度 l=20 mm、性能等级为 4.8 级、不经表面处理的 A 级开槽圆柱头螺钉,其标记为:螺钉　GB/T 65　M5×20

附表 2.3.2　螺钉各部分尺寸　　　　　　　　　　　　mm

	螺纹规格 d	M3	M4	M5	M6	M8	M10
	a min	1	1.4	1.6	2	2.5	3
	b min	25	38	38	38	38	38
	n 公称	0.8	1.2	1.2	1.6	2	2.5
GB/T 65 —2000	d_k 公称=max	5.5	7	8.5	10	13	16
	k 公称=max	2	2.6	3.3	3.9	5	6
	t min	0.85	1.1	1.3	1.6	2	2.4
	$\dfrac{l}{b}$	$\dfrac{4~30}{l-a}$	$\dfrac{5~40}{l-a}$	$\dfrac{6~40}{l-a}$ $\dfrac{40~50}{b}$	$\dfrac{8~40}{l-a}$ $\dfrac{45~60}{b}$	$\dfrac{10~40}{l-a}$ $\dfrac{45~80}{b}$	$\dfrac{12~40}{l-a}$ $\dfrac{40~80}{b}$

续表 2.3.2

螺纹规格 d		M3	M4	M5	M6	M8	M10
GB/T 67 —2000	d_k 公称 = max	5.6	8	9.5	12	16	20
	k 公称 = max	1.8	2.4	3	3.6	4.8	6
	t min	0.7	1	1.2	1.4	1.9	2.4
	$\dfrac{l}{b}$	$\dfrac{4\sim30}{l-a}$	$\dfrac{5\sim40}{l-a}$	$\dfrac{6\sim40}{l-a}$ $\dfrac{40\sim50}{b}$	$\dfrac{8\sim40}{l-a}$ $\dfrac{45\sim60}{b}$	$\dfrac{10\sim40}{l-a}$ $\dfrac{45\sim80}{b}$	$\dfrac{12\sim40}{l-a}$ $\dfrac{40\sim80}{b}$
GB/T 68 —2000	d_k 公称 = max	5.5	8.40	9.30	11.30	15.80	18.30
	k 公称 = max	1.65	2.7	2.7	3.3	4.65	5
	t max	0.85	1.3	1.4	1.6	2.3	2.6
	t min	0.6	1	1.1	1.2	1.8	2
	$\dfrac{l}{b}$	$\dfrac{5\sim30}{l-(k+a)}$	$\dfrac{6\sim40}{l-(k+a)}$	$\dfrac{8\sim45}{l-(k+a)}$ $\dfrac{50}{b}$	$\dfrac{8\sim45}{l-(k+a)}$ $\dfrac{50\sim60}{b}$	$\dfrac{10\sim45}{l-(k+a)}$ $\dfrac{50\sim80}{b}$	$\dfrac{12\sim45}{l-(k+a)}$ $\dfrac{50\sim80}{b}$

注:1. 标准规定螺钉规格 d = M1.6 ~ M10。
2. 公称长度 l (系列):2,2.5,3,4,5,6,8,,10,12,(14),,16,20,25,30,35,40,45,50,(55),60,(65),70,(75),80 mm(GB/T 65 的 l 长无 2.5,GB/T 68 的 l 长无 2),尽可能不采用括号内的数值。
3. 当表中 l/b 中的 $b=l-b$ 或 $b=l-(k+a)$ 时表示全螺纹。
4. 无螺纹部分杆径约等于中径或允许等于螺纹大径。
5. 材料为钢的螺钉性能等级有 4.8、5.8 级,其中 4.8 级为常用。具体可参见附表 2.1 的注 4。

四、螺母

1 型六角螺母 GB/T 6170—2000　　　　六角薄螺母 GB/T 6172.1—2000
2 型六角螺母 GB/T 6175—2000

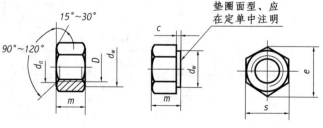
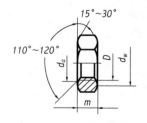

标记示例

螺纹规格 D = M12、性能等级为 8 级、不经表面处理、产品等级为 A 级的 1 型六角螺母,其标记为:螺母 GB/T 6170　M12

性能等级为 9 级、表面氧化的 2 型六角螺母,其标记为:螺母　GB/T 6175　M12

性能等级为 04 级、不经表面处理的六角薄螺母,其标记为:螺母　GB/T 6172.1　M12

附表 2.4　螺母各部分尺寸　　　　　　　　mm

螺纹规格 D		M3	M4	M5	M6	M8	M10	M12	M16	M20	M24	M30	M36
e min		6.01	7.66	8.79	11.05	14.38	17.77	20.03	26.75	32.95	39.55	50.85	60.79
s	max	5.5	7	8	10	13	16	18	24	30	36	46	55
	min	5.32	6.78	7.78	9.78	12.73	15.73	17.73	23.67	29.16	35	45	53.8
c max		0.4	0.4	0.5	0.5	0.6	0.6	0.6	0.8	0.8	0.8	0.8	0.8
d_w min		4.6	5.9	6.9	8.9	11.6	14.6	16.6	22.5	27.7	33.2	42.8	51.1
d_a max		3.45	4.6	5.75	6.75	8.75	10.8	13	17.3	21.6	25.9	32.4	38.9
GB/T 6170—2000 m	max	2.4	3.2	4.7	5.2	6.8	8.4	10.8	14.8	18	21.5	25.6	31
	min	2.15	2.9	4.4	4.9	6.44	8.04	10.37	14.1	16.9	20.2	24.3	29.4
GB/T 6172.1—2000 m	max	1.8	2.2	2.7	3.2	4	5	6	8	10	12	15	18
	min	1.55	1.95	2.45	2.9	3.7	4.7	5.7	7.42	9.10	10.9	13.9	16.9
GB/T 6175—2000 m	max	—	—	5.1	5.7	7.5	9.3	12	16.4	20.3	23.9	28.6	34.7
	min	—	—	4.8	5.4	7.14	8.94	11.57	15.7	19	22.6	27.3	33.1

注：1. GB/T6170 和 GB/T6172.1 的螺纹规格为 M1.6～M64，GB/T6175 的螺纹规格为 M5～M36。

2. 产品等级 A、B 是由公差取值大小决定的，A 级公差数值小。A 级用于 $D \leqslant 16$ mm 的螺母，B 级用于 $D > 16$ mm 的螺母。

五、垫圈

小垫圈—A 级　　　　平垫圈—A 级　　　　平垫圈倒角型—A 级
GB/T 848—2002　　　GB/T 97.1—2002　　　GB/T 97.2—2002

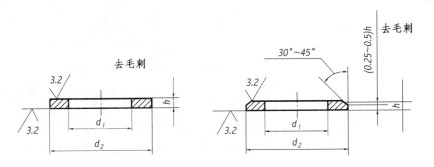

标记示例

标准系列、公称尺寸 $d = 8$ mm、性能等级为 140HV 级、不经表面处理的平垫圈，其标记为：垫圈 GB/T 97.18

附表 2.5.1 垫圈各部分尺寸

公称尺寸(螺纹规格d)		3	4	5	6	8	10	12	14	16	20	24	30	36
内径 d_1		3.2	4.3	5.3	6.4	8.4	10.5	13	15	17	21	25	31	37
GB/T 848—2002	外径 d_2	6	9	9	11	15	18	20	24	28	34	39	50	60
	厚度 h	0.5	0.5	1	1.6	1.6	1.6	2	2.5	2.5	3	4	4	5
GB/T 97.1—2002 GB/T 97.2—2002*	外径 d_2	7	9	10	12	16	20	24	28	30	37	44	56	66
	厚度 h	0.5	0.8	1	1.6	1.6	2	2.5	2.5	3	3	4	4	5

注:1. *适用于规格为 M5～M36 的标准六角螺栓、螺钉和螺母。
2. 性能等级有 140HV、200HV、300HV 级,其中 140HV 级为常用。140HV 级表示材料钢的硬度,HV 表示维氏硬度,140 为硬度值。
3. 产品等级是由产品质量和公差大小确定的,A 级的公差较小。

标准型弹簧垫圈 GB/T 93—1987

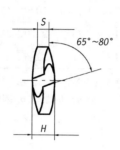

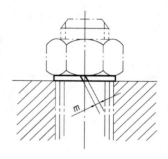

标记示例

规格 16 mm、材料为 65Mn、表面氧化的标准弹簧垫圈,其标记为:垫圈 GB/T 93 16

附表 2.5.2 标准弹簧垫圈各部分尺寸   mm

规格(螺纹大径)		4	5	6	8	10	12	16	20	24	30
d	max	4.4	5.4	6.68	8.68	10.9	12.9	16.9	21.04	25.5	31.5
	min	4.1	5.1	6.1	8.1	10.2	12.2	16.2	20.2	24.5	30.5
$s(b)$公称		1.1	1.3	1.6	2.1	2.6	3.1	4.1	5	6	7.5
H	max	2.75	3.25	4	5.25	6.5	7.75	10.25	12.5	15	18.75
	min	2.2	2.6	3.2	4.2	5.2	6.2	8.2	10	12	15
$m \leqslant$		0.55	0.65	0.8	1.05	1.3	1.55	2.05	2.5	3	3.75

六、键

普通平键 型式尺寸
GB/T 1096—2003

平键 键和键槽的断面尺寸
GB/T 1095—2003

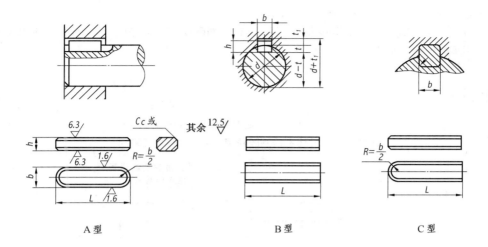

A型　　　　　　　　　　B型　　　　　　　　C型

标记示例

圆头普通平键（A型）、$b=18$ mm、$h=11$ mm、$L=100$ mm 其标记为：键 18×11×100　GB/T 1096

方头普通平键（B型）、$b=18$ mm、$h=11$ mm、$L=100$ mm 其标记为：键 B18×11×100　GB/T 1096

单圆头普通平键（C型）、$b=18$ mm、$h=11$ mm、$L=100$ mm 其标记为：键 C18×11×100　GB/T 1096

附表 2.6　键及键槽的尺寸　　　　　　　　　　　　　　　　　　　mm

轴	键		键槽									
				宽度 b					深度			
					偏差							
公称直径 d	$b \times h$	L 范围	公称尺寸 b	较松键连接		一般键连接		较紧键连接	轴 t		毂 t_1	
				轴 H9	毂 D10	轴 N9	毂 JS9	轴和毂 P9	公称	偏差	公称	偏差
自 6~8	2×2	6~20	2	+0.025	+0.060	−0.004	±	−0.006	1.2		1.0	
>8~10	3×3	6~36	3	0	+0.020	−0.029	0.0125	−0.031	1.8	+0.1	1.4	+0.1
>10~12	4×4	8~45	4	+0.030	+0.078	0	±	−0.012	2.5	0	1.8	0
>12~17	5×5	10~56	5	0	+0.030	−0.030	0.015	−0.042	3.0		2.3	
>17~22	6×6	14~70	6						3.5		2.8	
>22~30	8×7	18~90	8	+0.036	+0.098	0	±	−0.015	4.0	+0.2	3.3	+0.2
>30~38	10×8	22~110	10	0	+0.040	−0.036	0.018	−0.051	5.0	0	3.3	0
>38~44	12×8	28~140	12						5.0		3.3	
>44~50	14×9	36~160	14	+0.043	+0.120	0	±	−0.018	5.5		3.8	
>50~58	16×10	45~180	16	0	+0.050	−0.043	0.0215	−0.061	6.0		4.3	
>58~65	18×11	50~200	18						7.0	+0.2	4.4	+0.2
>65~75	20×12	56~220	20						7.5	0	4.9	0
>75~85	22×14	63~250	22	+0.052	+0.149	0	±	−0.022	9.0		5.4	
>85~95	25×14	70~280	25	0	+0.065	−0.052	0.026	−0.074	9.0		5.4	
>95~110	28×16	80~320	28						10		6.4	
L 的系列	6,8,10,12,14,16,18,20,22,25,28,32,36,40,45,50,56,63,70,80,90,100,110,125,140,160,180,200,220,250,280,360,400,450,500											

注:1. 标准规定键宽 $b=2\sim50$ mm,公称长度 $L=6\sim500$ mm。
2. 在零件图中轴槽深用 $d-t$ 标注,轮廓槽深用 $d+t_1$ 标注。键槽的极限偏差按 t(轴)和 t_1(毂)的极限偏差选取,但轴槽深$(d-t)$的极限偏差应取负号。
3. 键槽的材料用 45 钢。

七、销

不淬硬钢和奥氏体不锈钢圆柱销 GB/T 119.1—2000
淬硬钢和马氏体不锈钢圆柱销 GB/T 119.2—2000

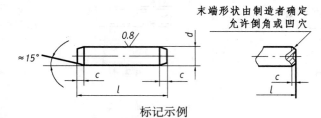

标记示例

公称直径 $d=6$ mm、公差 m6、公称长度 $l=30$ mm、材料为钢、不经淬火、不经表面处理的圆柱销,其标记为:销 GB/T 119.1　6m6×30

附表 2.7.1　圆柱销各部分尺寸　　　　　　　　　　　　　　　　　　mm

d	3	4	5	6	8	10	12	16	20	25	30	40	50
$c\approx$	0.5	0.63	0.8	1.2	1.6	2	2.5	3	3.5	4	5	6.3	8
l 范围 GB/T 119.1	8~30	80~40	10~50	12~60	14~80	18~95	22~140	26~180	35~200	50~200	60~200	80~200	95~200
l 范围 GB/T 119.2	8~30	10~40	12~50	14~60	18~80	22~100	26~100	40~100	50~100	—	—	—	—
公称长度 l(系列)	2,3,4,5,6~32(2 进位),35~100(5 进位),120~200(20 进位)												

注:1. GB/T 119.1—2000 规定圆柱销的公称直径 $d=0.6\sim50$ mm,公称长度 $l=2\sim200$ mm,公差有 m6 和 h8。GB/T 119.2—2000 规定圆柱销的公称直径 $d=1\sim20$ mm,公称长度 $l=3\sim100$ mm,公差仅有 m6。
2. 当圆柱销公差为 h8 时,其表面粗糙度 $Ra\leq1.6$ μm。
3. 圆柱销的材料常用 35 钢。

圆锥销 GB/T 117—2000

A 型(磨削,锥度 0.8)　　　　B 行(切削或冷镦,锥度)

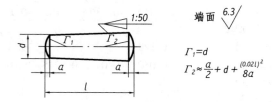

$\Gamma_1=d$
$\Gamma_2\approx\dfrac{a}{2}+d+\dfrac{(0.021)^2}{8a}$

公称直径 $d=10$ mm、长度 $l=60$ mm、材料为 35 钢、热处理硬度(28~38)HRC、表面氧化处理的 A 型圆锥销,其标记为:销　GB/T 117　10×60

附表 2.7.2　圆锥销各部分尺寸　　　　　　　　　　　　　　　　mm

d	4	5	6	8	10	12	16	20	25	30	40	50
$a\approx$	0.5	0.63	0.8	1	1.2	1.6	2	2.5	3	4	5	6.3
l 范围	14~55	18~60	22~90	22~120	26~160	32~180	40~200	45~200	50~200	55~200	60~200	65~200
公称长度 l (系列)	2,3,4,5,6~32(2 进位),35~100(5 进位),120~200(20 进位)											

注：标准规定圆锥销的公称直径 $d=0.6\sim50$ mm。

八、滚动轴承

深沟球轴承 GB/T 276—1994

标记示例

内径 d 为 $\phi 60$ mm、尺寸系列代号为(0)2 的深沟球轴承，其标记为：

滚动轴承　6212　GB/T 276

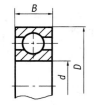

附表 2.8.1　深沟球轴承各部分尺寸

轴承代号	尺寸/mm			轴承代号	尺寸/mm		
	d	D	B		d	D	B
尺寸系列代号(1)0				尺寸系列代号(0)3			
6000	10	26	8	6307	35	80	21
6001	12	28	8	6308	40	90	23
6002	15	32	9	6309	45	100	25
6003	17	35	10	6310	50	110	27
尺寸系列代号(0)2				尺寸系列代号(0)4			
6202	15	35	11	6408	40	110	27
6203	17	40	12	6409	45	120	29
6204	20	47	14	6410	50	130	31
6205	25	52	15	6411	55	140	33
6206	30	62	16	6412	60	150	35
6207	35	72	17	6413	65	160	37
6208	40	80	18	6414	70	180	42
6209	45	85	19	6415	75	190	45
6210	50	90	20	6416	80	200	48
6211	55	100	21	6417	85	210	52
6212	60	110	22	6418	90	225	54
6213	65	120	23	6419	95	240	55

注：1. 表中括号"( )"表示该数字在轴承代号中省略。

　　2. 原轴承型号为"0"。

圆锥滚子轴承 GB/T 297—1994

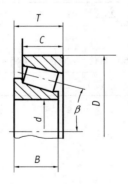

类型代号 3

标记示例

内径 d 为 $\phi35mm$、尺寸系列代号为 03 的圆锥滚子轴承,其标记为:

滚动轴承　30307 GB/T 297

附表 2.8.2　圆锥滚子轴承各部分尺寸

轴承代号	尺寸/mm					轴承代号	尺寸/mm				
	d	D	T	B	C		d	D	T	B	C
尺寸系列代号 02						尺寸系列代号 23					
30207	35	72	18.25	17	15	32309	45	100	38.25	36	30
30208	40	80	19.75	18	16	32310	50	110	42.25	40	33
30209	45	85	20.75	19	16	32311	55	120	45.5	43	35
30210	50	90	21.75	20	17	32312	60	130	48.5	46	37
30211	55	100	22.75	21	18	32313	65	140	51	48	39
30212	60	110	23.75	22	19	32314	70	150	54	51	42
尺寸系列代号 03						尺寸系列代号 30					
30307	35	80	22.75	21	18	33005	25	47	17	17	14
30308	40	90	25.25	23	20	33006	30	55	20	20	16
30309	45	100	27.25	25	22	33007	35	62	21	21	17
30310	50	110	29.25	27	23	尺寸系列代号 31					
30311	55	120	31.5	29	25	33108	40	75	26	26	20.5
30312	60	130	33.5	31	26	33109	45	80	26	26	20.5
30313	65	140	36	33	28	33110	50	85	26	26	20
30314	70	150	38	35	30	33111	55	95	30	30	23

注:原轴承型号为"7"。

附录三 标准结构

一、普通螺纹倒角和退刀槽(GB/T 3—1997)

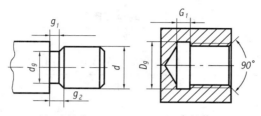

(a) 外螺纹　　(b) 内螺纹

附表3.1　普通螺纹退刀槽尺寸　　　　　　　　　　　　mm

螺距	外螺纹			内螺纹		螺距	外螺纹			内螺纹	
	g_{2max}, g_{1min}		d_g	G_1	D_g		g_{2max}, g_{1min}		d_g	G_1	D_g
0.5	1.5	0.8	$d-0.8$	2		1.75	5.25	3	$d-2.6$	7	
0.7	2.1	1.1	$d-1.1$	2.8	$D+0.3$	2	6	3.4	$d-3$	8	
0.8	2.4	1.3	$d-1.3$	3.2		2.5	7.5	4.4	$d-3.6$	10	$D+0.5$
1	3	1.6	$d-1.6$	4		3	9	5.2	$d-4.4$	12	
1.25	3.75	2	$d-2$	5	$D+0.5$	3.5	10.5	6.2	$d-5$	14	
1.5	4.5	2.5	$d-2.3$	6		4	12	7	$d-5.7$	16	

二、零件倒角与倒圆(GB/T 6403.4—1986)

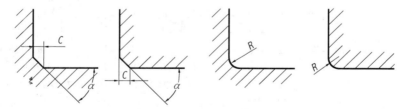

附表3.2　零件倒角与倒圆尺寸　　　　　　　　　　　　mm

d、D	>3	>3~6	>6~10	>10~18	>18~30	>30~50	>50~80	>80~120	>120~180	>180~250
C、R	0.2	0.4	0.6	0.8	1.0	1.6	2.0	2.5	3.0	4.0
d、D	>250~320	>320~400	>400~500	>500~630	>630~800	>800~1000	>1000~1250	>1250~1600		
C、R	5.0	6.0	8.0	10	12	16	20	25		

注：α一般为45°，也可采用30°或60°。

三、砂轮越程槽（GB/T 6403.5—1986）

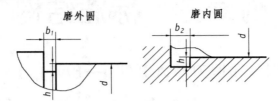

附表 3.3　砂轮越程槽尺寸　　　　　　　　　　　　　　　　mm

D	~10			10~50		50~100		>100	
b_1	0.6	1.0	1.6	2.0	3.0	4.0	5.0	8.0	10
b_2	2.0			3.0		4.0	5.0	8.0	10
h	0.1			0.2		0.3	0.4	0.6	0.8	1.2

附录四　技术要求

一、极限偏差

附表 4.1　轴的极限偏差数值（GB/T1800.4-1999）　　　　　　　　μm

公差带代号 基本尺寸/mm	c	d	f			g		h						
	11	9	6	7	8	6	7	6	7	8	9	10	11	12
>0~3	−60 −120	−20 −45	−6 −12	−6 −16	−6 −20	−2 −8	−2 −12	0 −6	0 −10	0 −14	0 −25	0 −40	0 −60	0 −100
>3~6	−70 −145	−30 −60	−10 −18	−10 −22	−10 −28	−4 −12	−4 −16	0 −8	0 −12	0 −18	0 −30	0 −48	0 −75	0 −120
>6~10	−80 −170	−40 −76	−13 −22	−13 −28	−13 −35	−5 −14	−5 −20	0 −9	0 −15	0 −22	0 −36	0 −58	0 −90	0 −150
>10~18	−95 −205	−50 −93	−16 −27	−16 −34	−16 −43	−6 −17	−6 −24	0 −11	0 −18	0 −27	0 −43	0 −70	0 −110	0 −180
>18~30	−110 −240	−65 −117	−20 −33	−20 −41	−20 −53	−7 −20	−7 −28	0 −13	0 −21	0 −33	0 −52	0 −84	0 −130	0 −210
>30~40	−120 −280	−80 −142	−25 −41	−25 −50	−25 −64	−9 −25	−9 −34	0 −16	0 −25	0 −39	0 −62	0 −100	0 −160	0 −250
>40~50	−130 −290	−80 −142	−25 −41	−25 −50	−25 −64	−9 −25	−9 −34	0 −16	0 −25	0 −39	0 −62	0 −100	0 −160	0 −250
>50~65	−140 −330	−100 −174	−30 −49	−30 −60	−30 −76	−10 −29	−10 −40	0 −19	0 −30	0 −46	0 −74	0 −120	0 −190	0 −300
>65~80	−150 −340	−100 −174	−30 −49	−30 −60	−30 −76	−10 −29	−10 −40	0 −19	0 −30	0 −46	0 −74	0 −120	0 −190	0 −300

续附表 4.1

>80~100	-170 -390	-120	-36	-36	-36	-12	-12	0	0	0	0	0	0
>100~120	-180 -400	-207	-58	-71	-90	-34	-47	-22	-35	-54	-87	-140	-220	-350
>120~140	-200 -450												
>140~160	-210 -460	-145 -245	-43 -68	-43 -83	-43 -106	-14 -39	-14 -54	0 -25	0 -40	0 -63	0 -100	0 -160	0 -250	0 -400
>160~180	-230 -480												
>180~200	-240 -530												
>200~225	-260 -550	-170 -285	-50 -79	-50 -96	-50 -122	-15 -44	-15 -61	0 -29	0 -46	0 -72	0 -115	0 -185	0 -290	0 -460
>225~250	-280 -570												
>250~280	-300 -620	190 -320	-56 -88	-56 -108	-56 -137	-17 -49	-17 -69	0 -32	0 -52	0 -81	0 -130	0 -210	0 -320	0 -520
>280~315	-330 -650												
>315~355	-360 -720	210 -350	-62 -98	-62 -119	-62 -151	-18 -54	-18 -75	0 -36	0 -57	0 -89	0 -140	0 -230	0 -360	0 -570
>355~400	-400 -760												
>400~450	-440 -840	-230 -385	-68 -108	-68 -131	-68 -165	-20 -60	-20 -83	0 -40	0 -63	0 -97	0 -155	0 -250	0 -400	0 -630
>450~500	-480 -880												

续附表 4.1

公差带代号 基本尺寸/mm	j	js	k		m		n		p		r	s	t	u
	7	6	6	7	6	7	6	7	6	7	6	6	6	6
>0~3	+6 -4	±3	+6 0	+10 0	+8 +2	+12 +2	+10 +4	+14 +4	+12 +6	+16 +6	+16 +10	+20 +14		+24 +18
>3~6	+8 -4	±4	+9 +1	+13 +1	+12 +4	+16 +4	+16 +8	+20 +8	+20 +12	+24 +12	+23 +15	+27 +19		+31 +23
>6~10	+10 -5	±4.5	+10 +1	+16 +1	+15 +6	+21 +6	+19 +10	+25 +10	+24 +15	+30 +15	+28 +19	+32 +23		+37 +28
>10~18	+12 -6	±5.5	+12 +1	+19 +1	+18 +7	+25 +7	+23 +12	+30 +12	+29 +18	+36 +18	+34 +23	+39 +28		+44 +33

续附表 4.1

尺寸范围														
>18~24	+13/-8	±6.5	+15/+2	+23/+2	+21/+8	+29/+8	+28/+15	+36/+15	+35/+22	+43/+22	+41/+28	+48/+35		+54/+41
>24~30	+13/-8	±6.5	+15/+2	+23/+2	+21/+8	+29/+8	+28/+15	+36/+15	+35/+22	+43/+22	+41/+28	+48/+35	+54/+41	+61/+48
>30~40	+15/-10	±8	+18/+2	+27/+2	+25/+9	+34/+9	+33/+17	+42/+17	+42/+26	+51/+26	+50/+34	+59/+43	+64/+48	+76/+60
>40~50	+15/-10	±8	+18/+2	+27/+2	+25/+9	+34/+9	+33/+17	+42/+17	+42/+26	+51/+26	+50/+34	+59/+43	+70/+54	+86/+70
>50~65	+18/-12	±9.5	+21/+2	+32/+2	+30/+11	+41/+11	+39/+20	+50/+20	+51/+32	+62/+32	+60/+41	+72/+53	+85/+66	+106/+87
>65~80	+18/-12	±9.5	+21/+2	+32/+2	+30/+11	+41/+11	+39/+20	+50/+20	+51/+32	+62/+32	+62/+43	+78/+59	+94/+75	+121/+102
>80~100	+20/-15	±11	+25/+3	+38/+3	+35/+13	+48/+13	+45/+23	+58/+23	+59/+37	+72/+37	+73/+51	+93/+71	+113/+91	+146/+124
>100~120	+20/-15	±11	+25/+3	+38/+3	+35/+13	+48/+13	+45/+23	+58/+23	+59/+37	+72/+37	+76/+54	+101/+79	+126/+104	+166/+144
>120~140	+22/-18	±12.5	+28/+3	+43/+3	+40/+15	+55/+15	+52/+27	+67/+27	+68/+43	+83/+43	+88/+63	+117/+92	+147/+122	+195/+170
>140~160	+22/-18	±12.5	+28/+3	+43/+3	+40/+15	+55/+15	+52/+27	+67/+27	+68/+43	+83/+43	+90/+65	+125/+100	+159/+134	+215/+190
>160~180	+22/-18	±12.5	+28/+3	+43/+3	+40/+15	+55/+15	+52/+27	+67/+27	+68/+43	+83/+43	+93/+68	+133/+108	+171/+146	+235/+210
>180~200	25/-21	±14.5	+33/+4	+50/+4	+46/+17	+63/+17	+60/+31	+77/+31	+79/+50	+96/+50	+106/+77	+151/+122	+195/+166	+265/+236
>200~225	25/-21	±14.5	+33/+4	+50/+4	+46/+17	+63/+17	+60/+31	+77/+31	+79/+50	+96/+50	+109/+80	+159/+130	+209/+180	+287/+258
>225~250	25/-21	±14.5	+33/+4	+50/+4	+46/+17	+63/+17	+60/+31	+77/+31	+79/+50	+96/+50	+113/+84	+169/+140	+225/+196	+313/+284
>250~280	26	±16	+36/+4	+56/+4	+52/+20	+72/+20	+66/+34	+86/+34	+88/+56	+108/+56	+126/+94	+190/+158	+250/+218	+347/+315
>280~315	26	±16	+36/+4	+56/+4	+52/+20	+72/+20	+66/+34	+86/+34	+88/+56	+108/+56	+130/+98	+202/+170	+272/+240	+382/+350
>315~355	+29/-28	±18	+40/+4	+61/+4	+57/+21	+78/+21	+73/+37	+94/+37	+98/+62	+119/+62	+144/+108	+226/+190	+304/+268	+426/+390
>355~400	+29/-28	±18	+40/+4	+61/+4	+57/+21	+78/+21	+73/+37	+94/+37	+98/+62	+119/+62	+150/+114	+244/+208	+330/+294	+471/+435
>400~450	+31/-32	±20	+45/+5	+68/+5	+63/+23	+86/+23	+80/+40	+103/+40	+108/+68	+131/+68	+166/+126	+272/+232	+370/+330	+530/+490
>450~500	+31/-32	±20	+45/+5	+68/+5	+63/+23	+86/+23	+80/+40	+103/+40	+108/+68	+131/+68	+172/+132	+292/+252	+400/+360	+580/+540

附表 4.2　孔的极限偏差数值（GB/T1800.4—1999）　μm

公差带代号 基本尺寸/mm	A 11	B 12	C 11	D 9	E 8	F 8	F 9	G 7	H 6	H 7	H 8	H 9	H 10	H 11
>0~3	+330 +270	+240 +140	+120 +60	+45 +20	+28 +14	+20 +6	+31 +6	+12 +2	+6 0	+10 0	+14 0	+25 0	+40 0	+60 0
>3~6	+345 +270	+260 +140	+145 +70	+60 +30	+38 +20	+28 +10	+40 +10	+16 +4	+8 0	+12 0	+18 0	+30 0	+48 0	+75 0
>6~10	+370 +280	+300 +150	+170 +80	+76 +40	+47 +25	+35 +13	+49 +13	+20 +5	+9 0	+15 0	+22 0	+36 0	+58 0	+90 0
>10~18	+400 +290	+330 +160	+205 +95	+93 +50	+59 +32	+43 +16	+59 +19	+24 +6	+11 0	+18 0	+27 0	+43 0	+70 0	+110 0
>18~24	+430 +300	+370 +160	+240 +110	+117 +65	+73 +40	+53 +20	+72 +20	+28 +7	+13 0	+21 0	+33 0	+52 0	+84 0	+130 0
>24~30	+430 +300	+370 +160	+240 +110	+117 +65	+73 +40	+53 +20	+72 +20	+28 +7	+13 0	+21 0	+33 0	+52 0	+84 0	+130 0
>30~40	+470 +310	+420 +170	+280 +120	+142 +80	+89 +50	+64 +25	+87 +25	+34 +9	+16 0	+25 0	+39 0	+62 0	+100 0	+160 0
>40~50	+480 +320	+430 +180	+290 +130	+142 +80	+89 +50	+64 +25	+87 +25	+34 +9	+16 0	+25 0	+39 0	+62 0	+100 0	+160 0
>50~65	+530 +340	+490 +190	+330 +140	+174 +100	+106 +60	+76 +30	+104 +30	+40 +10	+19 0	+30 0	+46 0	+74 0	+120 0	+190 0
>65~80	+550 +360	+500 +200	+340 +150	+174 +100	+106 +60	+76 +30	+104 +30	+40 +10	+19 0	+30 0	+46 0	+74 0	+120 0	+190 0
>80~100	+600 +380	+570 +220	+390 +170	+207 +120	+126 +72	+90 +36	+123 +36	+47 +12	+22 0	+35 0	+54 0	+87 0	+140 0	+220 0
>100~120	+630 +410	+590 +240	+400 +180	+207 +120	+126 +72	+90 +36	+123 +36	+47 +12	+22 0	+35 0	+54 0	+87 0	+140 0	+220 0
>120~140	+710 +460	+660 +260	+450 +200	+245 +145	+148 +85	+106 +43	+143 +43	+54 +14	+25 0	+40 0	+63 0	+100 0	+160 0	+250 0
>140~160	+770 +520	+680 +280	+460 +210	+245 +145	+148 +85	+106 +43	+143 +43	+54 +14	+25 0	+40 0	+63 0	+100 0	+160 0	+250 0
>160~180	+830 +580	+710 +310	+480 +230	+245 +145	+148 +85	+106 +43	+143 +43	+54 +14	+25 0	+40 0	+63 0	+100 0	+160 0	+250 0
>180~200	+950 +660	+800 +340	+530 +240	+285 +170	+172 +100	+122 +50	+165 +50	+61 +15	+29 0	+46 0	+72 0	+115 0	+185 0	+290 0
>200~225	+1030 +740	+840 +380	+550 +260	+285 +170	+172 +100	+122 +50	+165 +50	+61 +15	+29 0	+46 0	+72 0	+115 0	+185 0	+290 0
>225~250	+1110 +820	+880 +420	+570 +280	+285 +170	+172 +100	+122 +50	+165 +50	+61 +15	+29 0	+46 0	+72 0	+115 0	+185 0	+290 0
>250~280	+1240 +920	+1000 +480	+620 +300	+320 +190	+191 +110	+137 +56	+186 +56	+69 +17	+32 0	+52 0	+81 0	+130 0	+210 0	+320 0
>280~315	+1370 +1050	+1060 +540	+650 +330	+320 +190	+191 +110	+137 +56	+186 +56	+69 +17	+32 0	+52 0	+81 0	+130 0	+210 0	+320 0

续附表 4.2

>315~355	+1560 +1200	+1170 +600	+720 +360	+250	+214	+151	+202	+75	+39	+57	+89	+140	+230	+360
>355~400	+1710 +1350	+1250 +680	+760 +400	+210	+125	+62	+62	+18	0	0	0	0	0	0
>400~450	+1900 +1500	+1390 +760	+840 +440	+385	+232	+165	+223	+83	+40	+63	+97	+155	+250	+400
>450~500	+2050 +1650	+1470 +840	+880 +480	+230	+135	+68	+68	+20	0	0	0	0	0	0

续附表 4.2

公差带代号 基本尺寸/mm	H	JS		K		M		N		P	R	S	T	U
	12	7	8	7	8	7	8	7	8	7	7	7	7	7
>0~3	+100 0	±6	±7	0 −10	0 −14	−2 −12	−2 −16	−4 −14	−4 −18	−6 −16	−10 −20	−14 −24		−18 −28
>3~6	+120 0	±6	±9	+3 −9	+5 −13	0 −12	+2 −16	−4 −16	−2 −20	−8 −20	−11 −23	−15 −27		−19 −31
>6~10	+150 0	±7	±11	+5 −10	+6 −16	0 −15	+1 −21	−4 −19	−3 −25	−9 −24	−13 −28	−17 −32		−22 −37
>10~18	+180 0	±9	±13	+6 −12	+8 −19	0 −18	+2 −25	−5 −23	−3 −30	−11 −29	−16 −34	−21 −39		−26 −44
>18~24	+210 0	±10	±18	+6 −15	+10 −23	0 −21	+4 −29	−7 −28	−3 −36	−14 −35	−20 −41	−27 −48		−33 −54
>24~30													−33 −54	−40 −61
>30~40	+250 0	±12	±19	+7 −18	+12 −27	0 −25	+5 −34	−8 −33	−3 −42	−17 −42	−25 −50	−34 −59	−39 −64	−51 −76
>40~50													−45 −70	−61 −86
>50~65	+300 0	±15	±23	+9 −21	+14 −32	0 −30	+5 −41	−9 −39	−4 −50	−21 −51	−30 −60	−42 −72	−55 −85	−76 −106
>65~80											−32 −62	−48 −78	−64 −94	−91 −121
>80~100	+350 0	±17	±27	+10 −25	+16 −38	0 −35	+6 −48	−10 −45	−4 −58	−24 −59	−38 −73	−58 −93	−78 −113	−111 −146
>100~120											−41 −76	−66 −101	−91 −126	−131 −166
>120~140	+400 0	±20	±31	+12 −28	+20 −43	0 −40	+8 −55	−12 −52	−4 −67	−28 −68	−48 −88	−77 −117	−107 −147	−155 −195
>140~160											−50 −90	−85 −125	−119 −159	−175 −215
>160~180											−53 −93	−93 −133	−131 −171	−195 −235

续附表 4.2

>180~200	+4600	±23	±36	+13 -33	+22 -50	0 -46	+9 -63	-14 -60	-5 -77	-33 -79	-60 -106	-105 -151	-149 -195	-219 -265
>200~225											-63 -109	-113 -159	-163 -209	-241 -287
>225~250											-67 -113	-123 -169	-179 -225	-267 -313
>250~280	+5200	±26	±40	+16 -36	+25 -56	0 -52	+9 -72	-14 -66	-5 -86	-36 -88	-74 -126	-138 -190	-198 -250	-295 -347
>280~315											-78 -130	-150 -202	-220 -272	-330 -382
>315~355	+5700	±28	±44	+17 -40	+28 -61	0 -57	+11 -78	-16 -73	-5 -94	-41 -98	-87 -144	-169 -226	-247 -304	-369 -426
>355~400											-93 -150	-187 -244	-273 -330	-414 -471
>400~450	+6300	±31	±48	+18 -45	+29 -68	0 -63	+11 -86	-17 -80	-6 -103	-45 -108	-103 -166	-209 -272	-307 -370	-467 -530
>450~500											-109 -172	-229 -292	-337 -400	-517 -580

二、金属材料及其热处理和表面处理

附表 4.3 铁 和 钢

牌号	统一数字代号	使用举例	说明
1. 灰铸铁(摘自 GB/T 9439—1988)、工程用铸钢(摘自 GB/T 11352—1989)			
HT150 HT200 HT350		中强度铸铁:底座、刀架、轴承座、端盖 高强度铸铁:床身、机座、齿轮、凸轮、联轴器、机座、箱体、支架	"HT"表示灰铸铁,后面的数字表示最小抗拉强度(MPa)
ZG230-450 ZG310-570		各种形状的机件、齿轮、飞轮、重负荷机架	"ZG"表示铸钢,第一组数字表示屈服强度(MPa)最低值,第二组数字表示抗拉强度(MPa)最低值
2. 碳素结构钢(摘自 GB/T 700—1988)、优质碳素结构钢(摘自 GB/T 699—1999)			
Q215 Q235 Q255 Q275		受力不大的螺钉、轴、凸轮、焊件等 螺栓、螺母、拉杆、钩、连杆、轴、焊件 金属构造物中的一般机件、拉杆、轴、焊件 重要的螺钉、拉杆、钩、连杆、轴、销、齿轮	"Q"表示钢的屈服点,数字为屈服点数值(MPa),同一钢号下分质量等级,用 A、B、C、D 表示质量依次下降,例如 Q235-A
30 35 40 45 65Mn	U20302 U20352 U20402 U20452 U21652	曲轴、轴销、连杆、横梁 曲轴、摇杆、拉杆、键、销、螺栓 齿轮、齿条、凸轮、曲柄轴、链轮 齿轮轴、连轴器、衬套、活塞销、链轮 大尺寸的各种扁、圆弹簧,如座板簧、弹簧发条	牌号数字表示钢中平均含碳量的万分数,例如:"45"表示平均含碳量为 0.45%,数字依次增大,表示抗拉强度、硬度依次增加,延伸率依次降低。当含锰量在 0.7%~1.2% 时需注出"Mn"
3. 合金结构钢(摘自 GB/T 3077—1999)			
15Gr 40Gr 20GrMnTi	A20152 A20402 A26202	用于渗透零件、齿轮、小轴、离合器、活塞销、凸轮。用于心部韧性较高的渗碳零件 工艺性好,汽车拖拉机的重要齿轮,供渗碳处理	符号前数字表示含碳量的万分数,符号后数字表示元素含量的百分数,当含量小于1.5%时,不注数字

附表4.4　有色金属及其合金

牌号或代号	使用举例	说明
1. 加工黄铜（摘自 GB/T 5232—1985）、铸造铜合金（摘自 GB/T 1176—1987）		
H62（代号）	散热器、垫圈、弹簧、螺钉等	"H"表示普通黄铜，数字表示铜含量的平均百分数
ZCuZn38Mn2Pb2 ZCuSn5Pb5Zn5 ZCuAl10Fe3	铸造黄铜：用于轴瓦、轴套及其他耐磨零件 铸造锡青铜：用于承受摩擦的零件，如轴承 铸造铝青铜：用于制造蜗轮、衬套和耐蚀性零件	"ZCu"表示铸造铜合金，合金中其他主要元素用化学符号表示，符号后数字表示该元素的含量平均百分数
2. 铝及铝合金（摘自 GB/T 3190—1996）、铸造铝合金（摘自 GB/T 1173—1995）		
1060 1050A 2A12 2A13	适于制作储槽、塔、热交换器、防止污染及深冷设备 适用于中等强度的零件，焊接性能好	铝及铝合金牌号用4位数字或字符表示，部分新旧牌号对照如下： 新　　　　旧 1060　　　L2 1050A　　 L3 2A12　　　L12
ZALCu5Mn （代号 ZL201） ZALMg10 （代号 ZL301）	砂型铸造，工作温度在175℃~300℃的零件，如内燃机缸头、活塞 在大气或海水中工作，承受冲击载荷，外形不太复杂的零件，如舰船配件、氨用泵体等	"ZAL"表示铸造铝合金，合金中的其他元素用化学符号表示，符号后数字表示该元素含量平均百分数。代号中的字表示合金系列代号和顺序号

附表 4.5　常用热处理和表面处理（GB/T7232—1999 和 JB/T 8555—1997）

名　称	有效硬化层深度和硬度标注举例	说　明	目　的
退火	退火 (163~197)HBS 或退火	加热→保温→缓慢冷却	用来消除铸、锻、焊零件的内应力，降低硬度，以利切削加工，细化晶粒，改善组织，增加韧性
正火	正火 (170~217)HBS 或正火	加热→保温→缓慢冷却	用于处理低碳钢、中碳结构钢及渗碳零件，细化晶粒，增加强度与韧性，减少内应力，改善切削性能
淬火	淬火 (42~47)HRC	加热→保温→急冷 工件加热奥氏体化后以适当方式冷却，获得马氏体或（和）贝氏体的热处理工艺	提高机件表面的硬度及耐磨性。但淬火后引起内应力，使钢变脆，所以淬火后必须回火
回火	回火	回火是将淬硬的钢件加热到临界点（Ac1）以下的某一温度，保温一段时间，然后冷却到室温	用来消除淬火后的脆性和内应力，提高钢的塑性和冲击韧性
调质	调质 (200~230)HBS	淬火→高温回火	提高韧性及强度。重要的齿轮、轴及丝杠等零件需调质
感应淬火	感应淬火 DS=0.8~1.6, (48~52)HRC	用感应电流将零件表面加热→急速冷却	提高机件表面的硬度及耐磨性，而心部保持一定的韧性，使零件既耐磨，又能承受冲击。常用来处理齿轮
渗碳淬火	渗碳淬火 DC=0.8~1.2, (58~63)HRC	将零件在渗碳介质中加热、保温，使碳原子渗入钢的表面后，再淬火回火。渗碳深度(0.8~1.2)mm	提高机件表面的硬度、耐磨性、抗拉强度等适用于低碳、中碳（C<0.40%）结构钢的中小型零件
渗氮	渗氮 DN=0.25~0.4, ≥850HV	将零件放入氨气内加热，使氮原子渗入钢表面。氮化层(0.25~0.4)mm，氮化时间(40~50)h	提高机件表面的硬度、耐磨性、疲劳强度和抗蚀能力。适用于合金钢、碳钢、铸铁件，如机床主轴、丝杠、重要液压元件中的零件
碳氮共渗淬火	碳氮共渗淬火 DC=0.5~0.8, (58~63)HRC	钢件在含碳氮的介质中加热，使碳、氮原子同时渗入钢表面。可得到(0.5~0.8)mm硬化层	提高表面硬度、耐磨性、疲劳强度和耐蚀性，用于要求硬度高、耐磨的中小型薄片零件及刀具等
时效	自然时效 人工时效	机件精加工前，加热到(100~150)℃后，保温(5~20)h，空气冷却，铸件也可自然时效（露天放一年以上）	消除内应力，稳定机件形状和尺寸，常用于处理精密机件，如精密轴承、精密丝杠等
发蓝、发黑		将零件置于氧化剂内加热氧化，使表面形成一层氧化铁保护膜	防腐蚀、美化，如用于螺纹紧固件
镀镍		用电解方法，在钢件表面镀一层镍	防腐蚀、美化
镀铬		用电解方法，在钢件表面镀一层铬	提高表面硬度、耐磨性和耐蚀能力，也用于修复零件上磨损了的表面
硬度	HBS(布氏硬度见GB/T231.1—2002) HRC(洛氏硬度见GB/T230—1991) HV(维氏硬度见GB/T4340.1—1999)	材料抵抗硬物压入其表面的能力 依测定方法不同而有布氏、洛氏、维氏等几种	检验材料经热处理后的力学性能 硬度 HBS 用于退火、正火、调质的零件及铸件 HRC 用于经淬火、回火及表面渗碳、渗氮等处理的零件 HV 用于薄层硬化零件

注：JB/T 为机械工业行业标准的代号。

参 考 文 献

[1] 朱冬梅等. 画法几何及机械制图[M]. 北京:高等教育出版社,2004.
[2] 大连理工大学工程画教研室. 画法几何学[M]. 北京:高等教育出版社,1999.
[3] 大连理工大学工程画教研室. 机械制图[M]. 北京:高等教育出版社,1999.
[4] 何铭新,等. 机械制图[M]. 北京:高等教育出版社,2004.
[5] 王成刚,等. 工程图学简明教程[M]. 武汉:武汉理工大学出版社,2004.
[6] 董国耀. 机械工程图学[M]. 北京:科学出版社,2003.
[7] 尚江元,王彪. 工程制图基础[M]. 哈尔滨:黑龙江人民出版社,1999.
[8] 刘小年,刘振魁. 机械制图[M]. 北京:高等教育出版社,2000.
[9] 候洪生. 机械工程图学[M]. 北京:科学出版社,2003.
[10] 王兰美. 机械制图[M]. 北京:高等教育出版社,2004.
[11] 王巍. 机械制图[M]. 北京:高等教育出版社,2003.
[12] 冯涛. 机械设计实例教程[M]. 北京:人民邮电出版社,2003.
[13] 郑阿奇. AutoCAD 2000 中文实例教程[M]. 北京:电子工业出版社,2000.
[14] 王成刚. 工程图学简明教程[M]. 武汉:武汉理工大学出版社,2004.
[15] 吉武余. 机械制图习题集[M]. 成都:四川科学技术出版社,2003.
[16] 姜淑梅,等. 画法几何及工程制图习题集[M]. 哈尔滨:哈尔滨工程大学出版社,2000.

高等学校"十一五"规划教材

画法几何及机械制图习题集

主编 季雅娟 张景田 李 平
主审 郭炳义

哈尔滨工业大学出版社

前 言

本习题集是根据教育部制订的高等学校工科本科"画法几何及机械制图课程教学基本要求"和最新颁布的有关国家标准,总结多年来教学改革的成果,吸取许多兄弟院校教材的优点编写而成。题型丰富,由浅入深,循序渐进,旨在培养和训练学生的空间想象力和思维能力。

本习题集与张景田、季雅娟主编的《画法几何及机械制图》教材配套使用。习题集编排与教材章节相一致,以供学习选用。

本习题集第1章、第12章由张景田编写,第2章由王全福、季雅娟、丁建梅编写。第5章和王全福编写,第6章由王春义编写,第8章由季雅娟编写。第7章、第10章由陈新编写,第11章由王春义、王全福编写,前言、第3章、第4章、第13章由李平编写,第9章由丁建梅编写。本书由季雅娟、张景田、李平任主编,陈新、王全福、丁建梅、王春义任副主编。郭炳义任主审。封面由柳雨红设计。

由于编者水平有限,书中的疏漏之处,恳请使用本书的广大师生和读者批评、指正,在此谨先表示感谢。

编者
2005.5

目 录（习题集）

第 1 章 ·················· 1
第 2 章 ·················· 7
第 3 章 ·················· 24
第 4 章 ·················· 30
第 5 章 ·················· 36
第 6 章 ·················· 38
第 7 章 ·················· 47
第 8 章 ·················· 57
第 9 章 ·················· 67
第 10 章 ················· 70
第 11 章 ················· 84
第 12 章 ················· 94
第 13 章 ················· 100

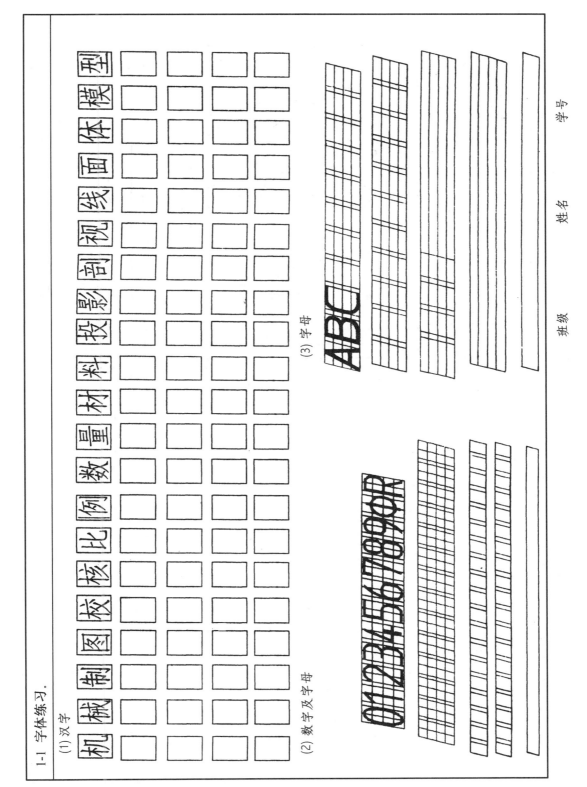

1-2 把图形在右侧用 1:1 绘出（A3 图纸用 2:1 绘制）。

1-3 完成下列图形的线段连接用 1:1 绘出。

(1)

(2)

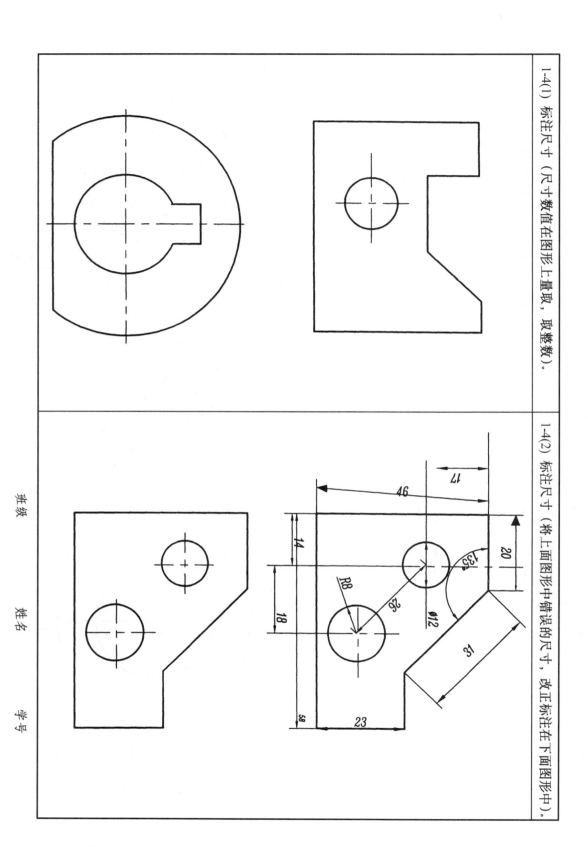

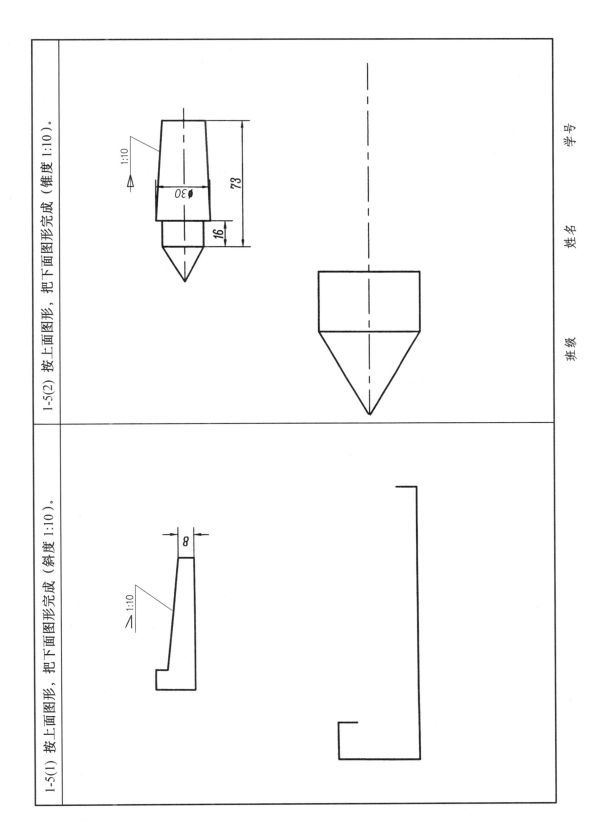

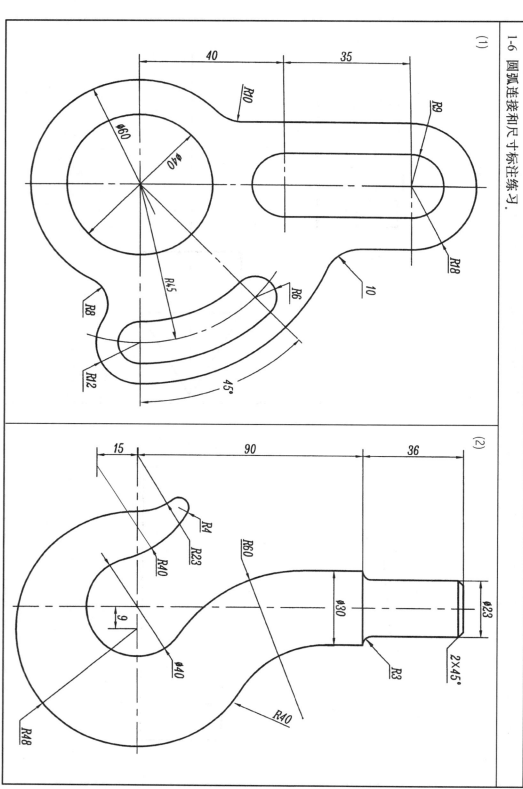

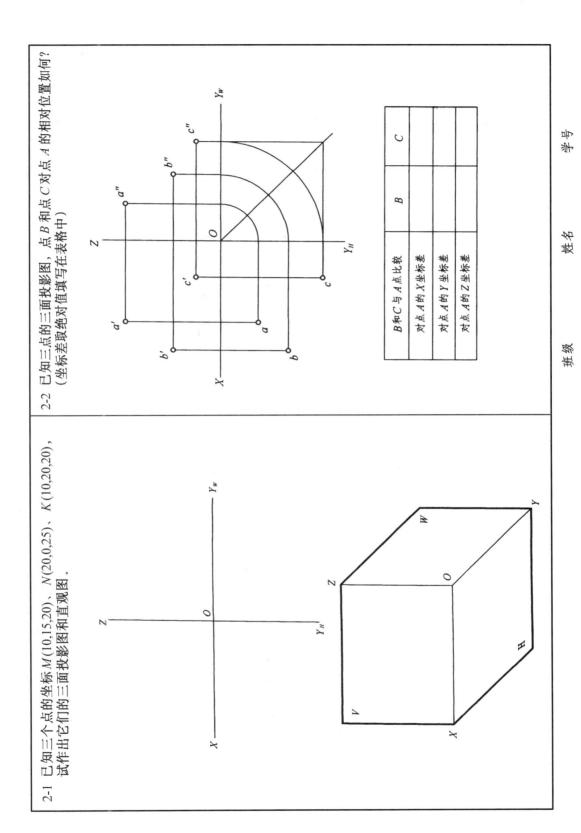

2-3 已知点 B 在点 A 左方 15mm，下方 15mm，前方 10mm；点 C 在点 A 的正前方 15mm，试作出点 B 和点 C 的三面投影。

2-4 根据点的两面投影作第三面投影。

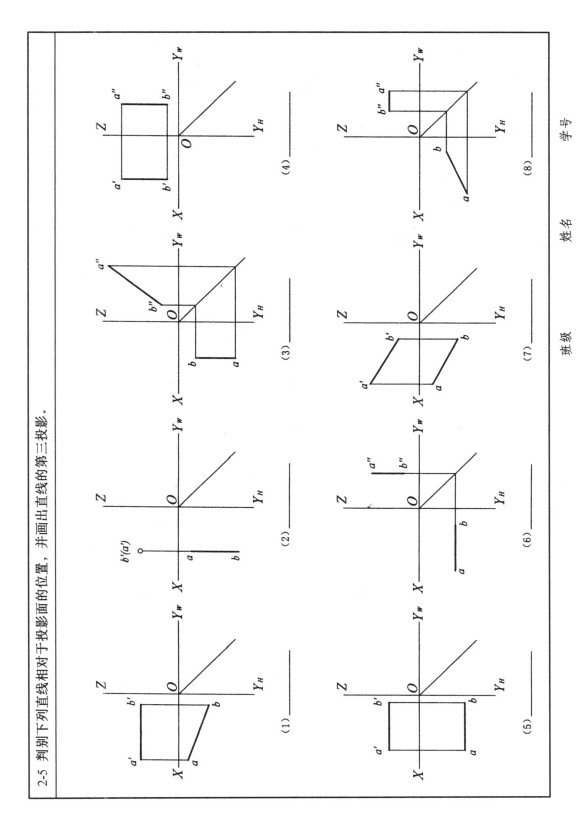

2-6 已知水平线 AB 与 V 面的倾角 β=30°，点 B 在 V 面上，求作 AB 的三面投影。有几个答案？请画出所有答案。

2-8 求线段 AB、CD 的实长及它们与 H、V 面的倾角 α、β。

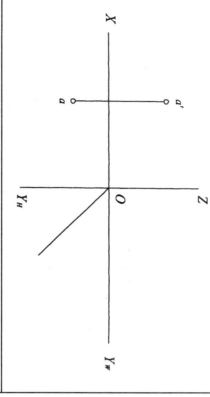

2-7 已知侧平线 AB 实长为 15mm，其与 H 面的倾角 α=60°，求作 AB 的三面投影。有几个答案？画出一个即可。

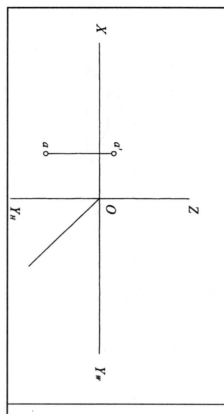

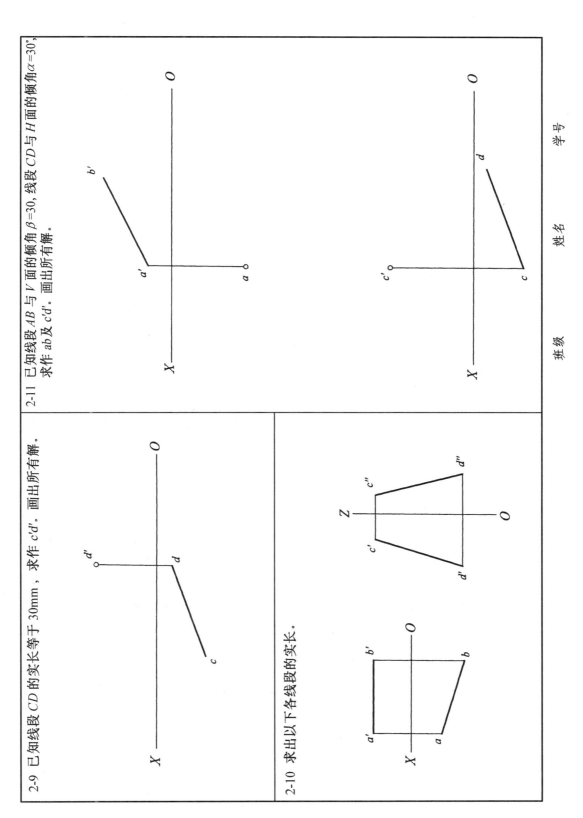

2-12 试过点 K 作一线段，使其实长为 28mm，与 H 面的倾角 α=30°，与 V 面的倾角 β=45°。本题有几解？画出所有解。

2-13 过点 M 作一实长为 30mm 的直线段，使其 α=30°，γ=60°。请问该线段是什么位置线段？当 α+γ=90°时，该线段相对于 V 面的位置关系有无变化？

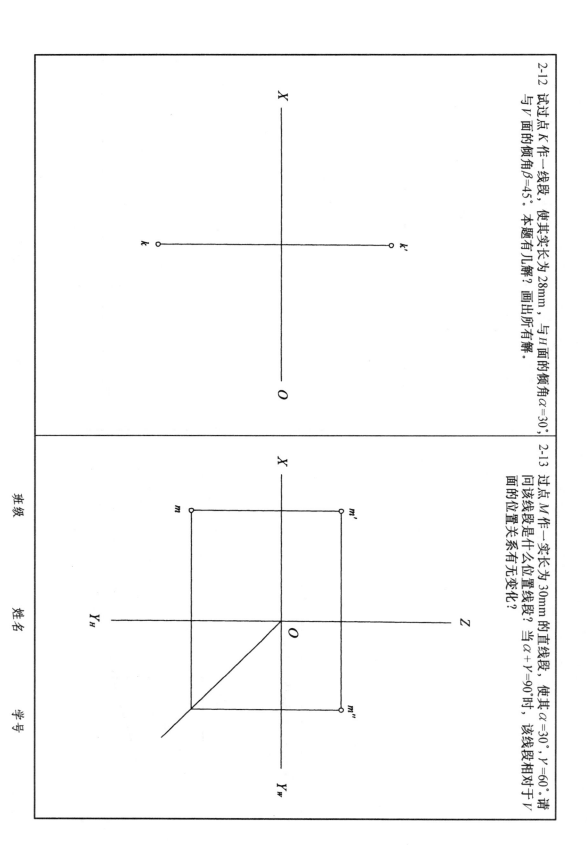

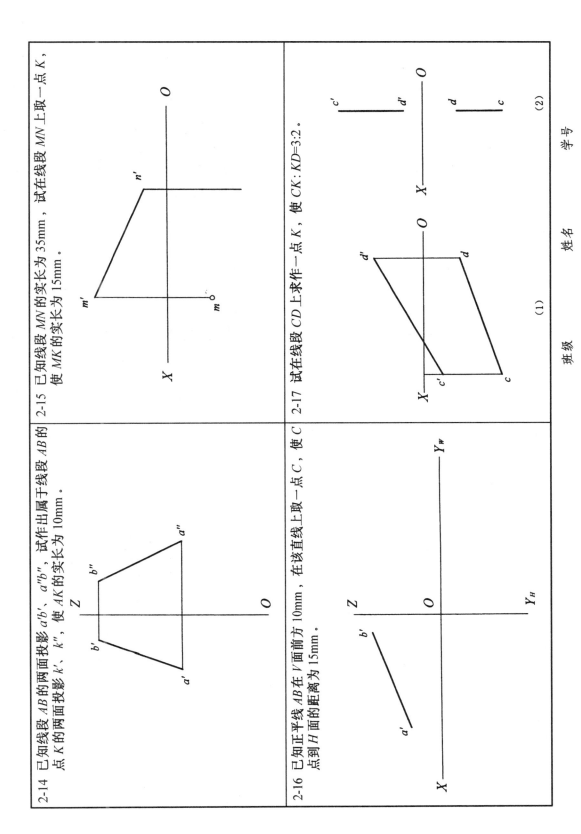

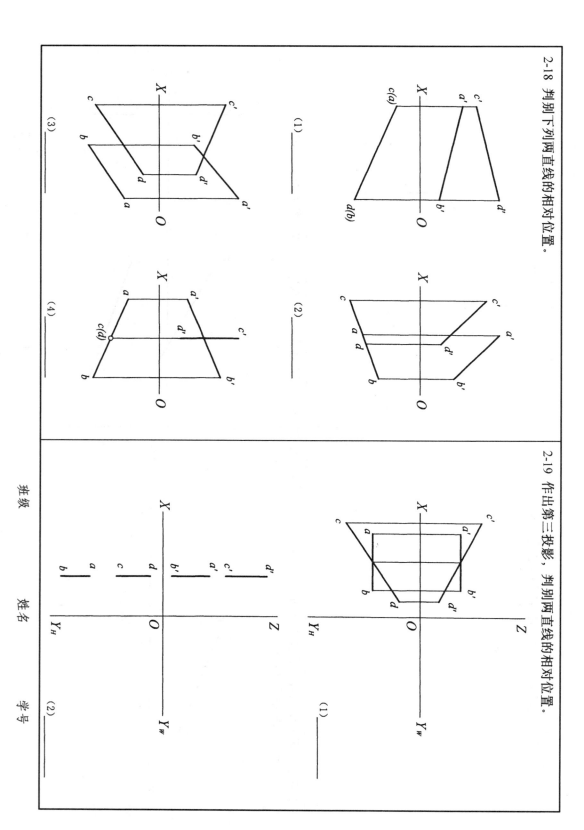

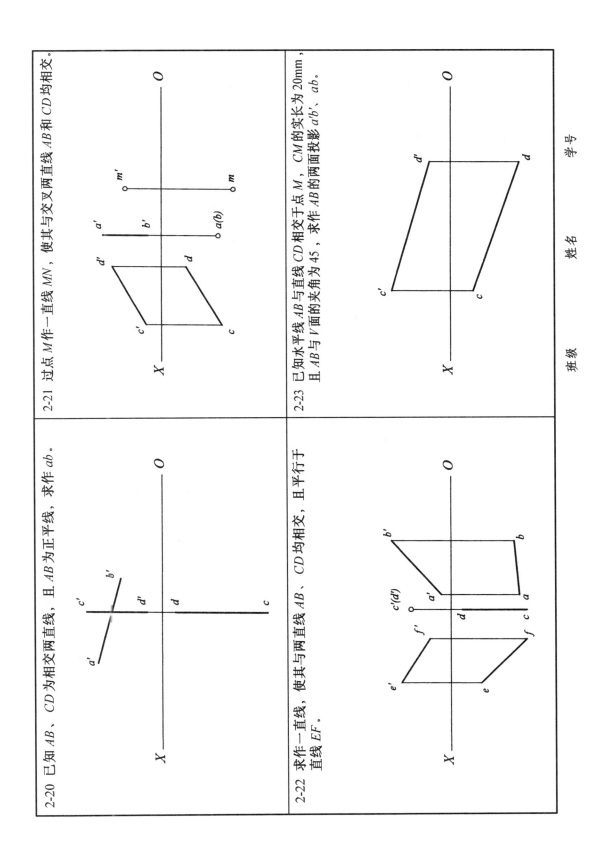

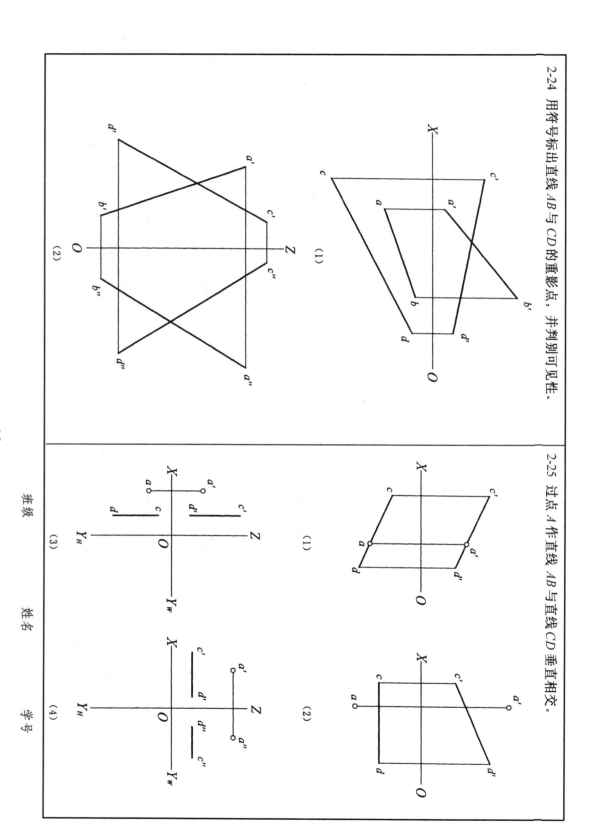

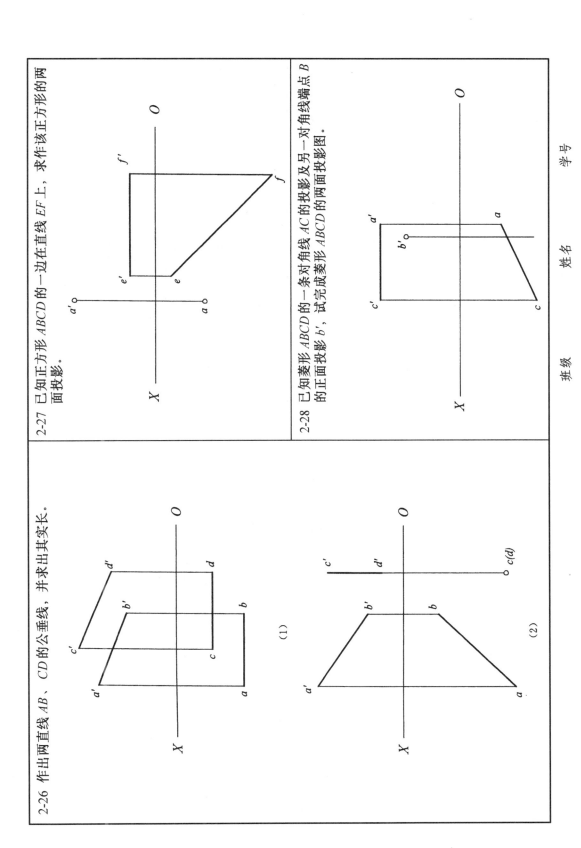

2-29 已知直线 AB 与 CD 垂直相交，且 CD 为侧平线，求作 ab。

2-30 已知正平线 AD 是等腰△ABC 底边 BC 上的高，点 B 在 H 面上方 10mm，点 C 在 V 面内，求作△ABC 的两面投影。

2-31 已知 BC 为等腰直角△ABC 的斜边，其顶点 A 在直线 MC 上，试完成该三角形的两面投影。

2-32 已知等边△ABC 的一边 AB 在水平线 MN 上，且顶点 C 已知，求作该三角形。

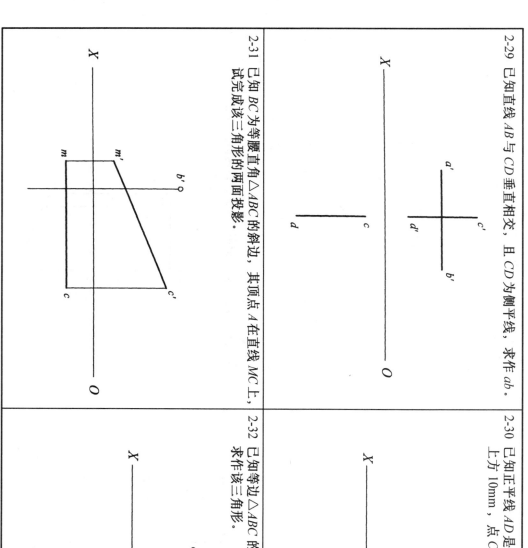
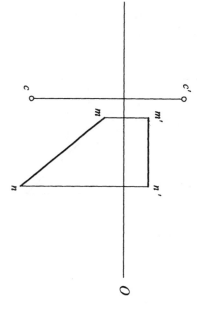
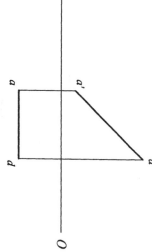

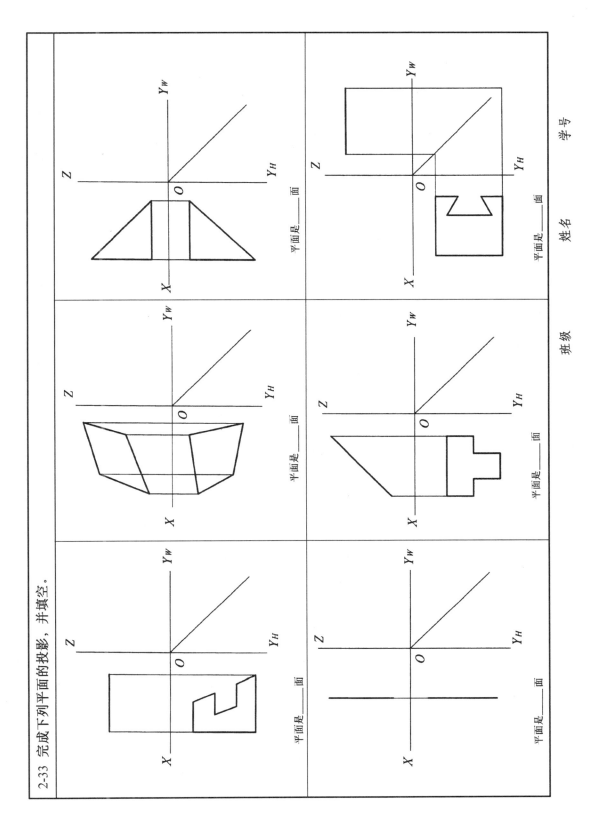

2-34 已知△ABC为侧垂面，且 α=60°，作出其三面投影。

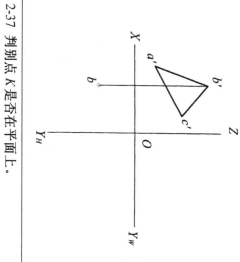

2-35 过直线AB作一迹线平面为铅垂面。

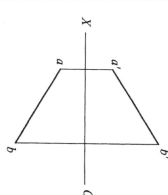

2-36 过下列线段作投影面平行面，用迹线表示。

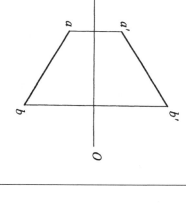

2-37 判别点K是否在平面上。

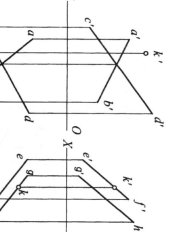

2-38 补全L形平面的正面投影。

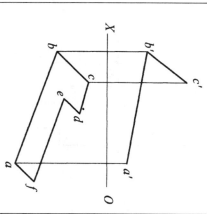

2-39 求作五边形平面的水平投影。

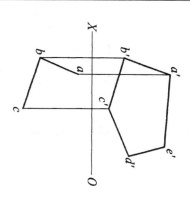

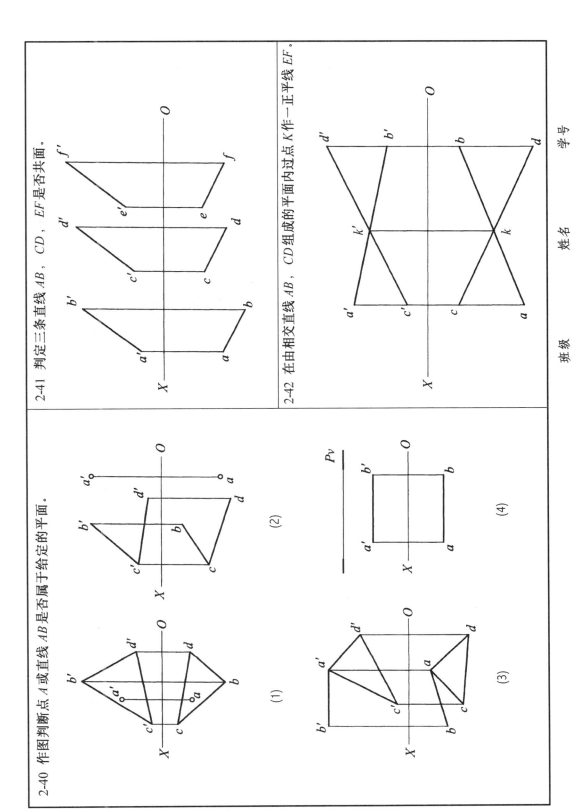

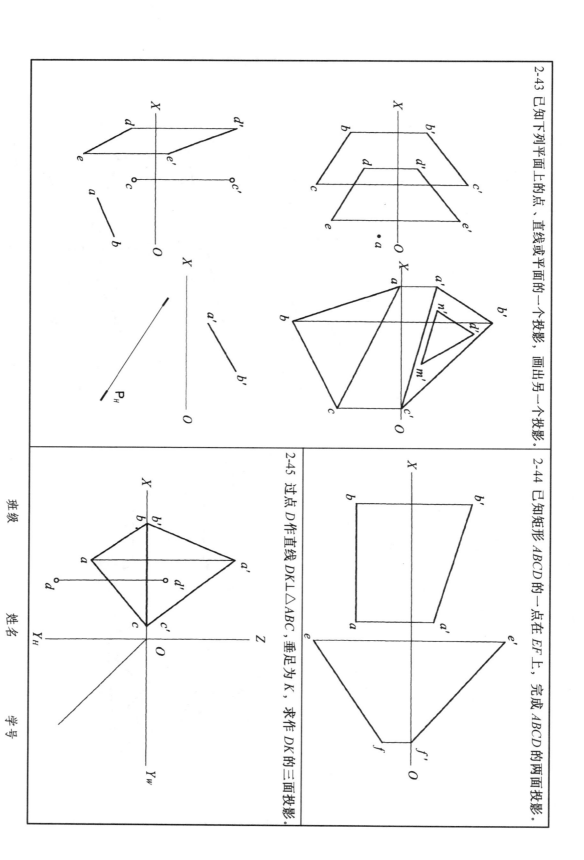

2-46 求相交两线段 AB 和 AC 给定的平面对 H 面的夹角 α；求△DEF 所给定的平面对 V 面的夹角 β。

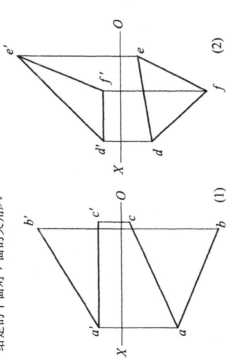

(1)　　(2)

2-47 已知线段 AB 为某平面对 H 面的最大斜度线，求作属于该平面且距 V 面为 20mm 的正平线 CD。

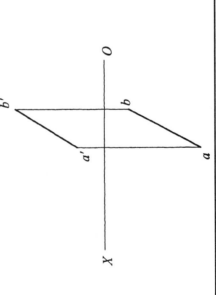

2-48 已知线段 AB 是属于平面 P 的一条水平线，并知平面 P 与 H 面的夹角为 45°，作出平面 P。

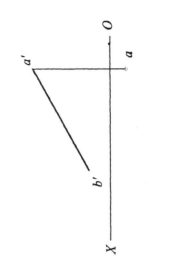

2-49 已知线段 AB 为某平面对 V 面的最大斜度线，并知该平面与 V 面夹角 β=30°，求作该平面。

班级　　姓名　　学号

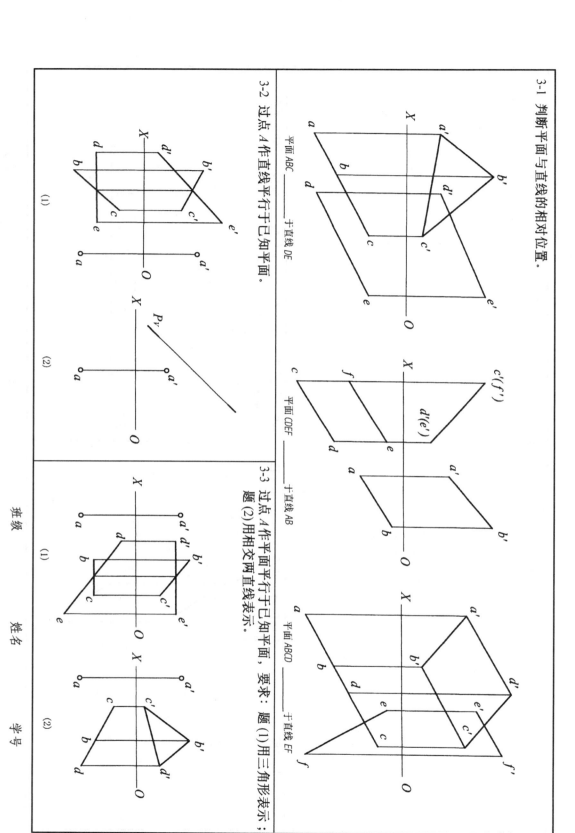

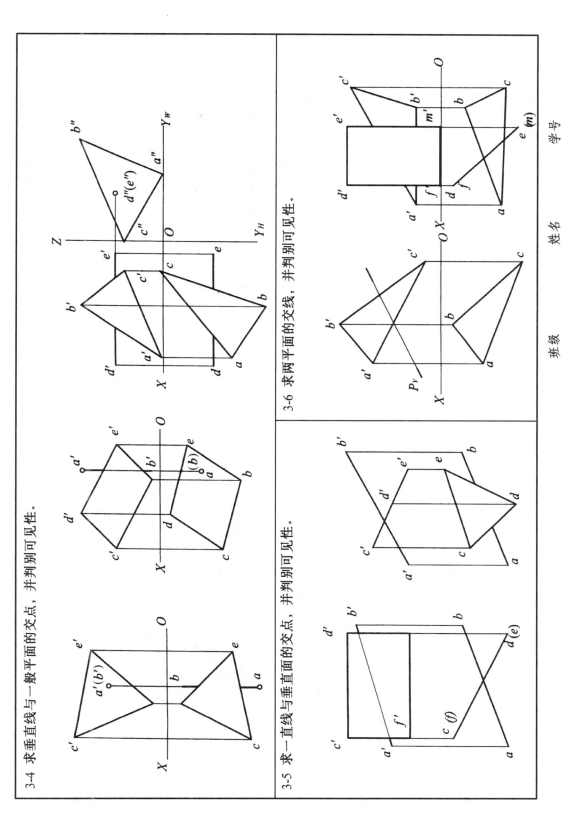

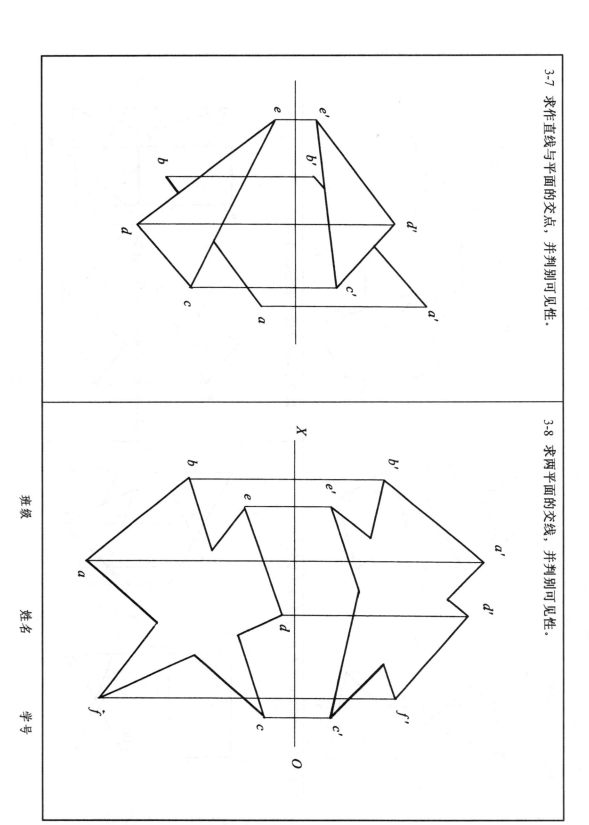

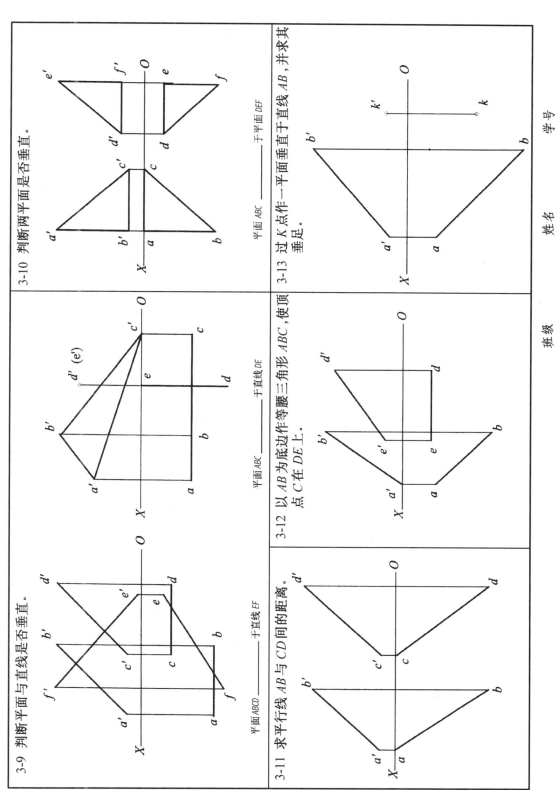

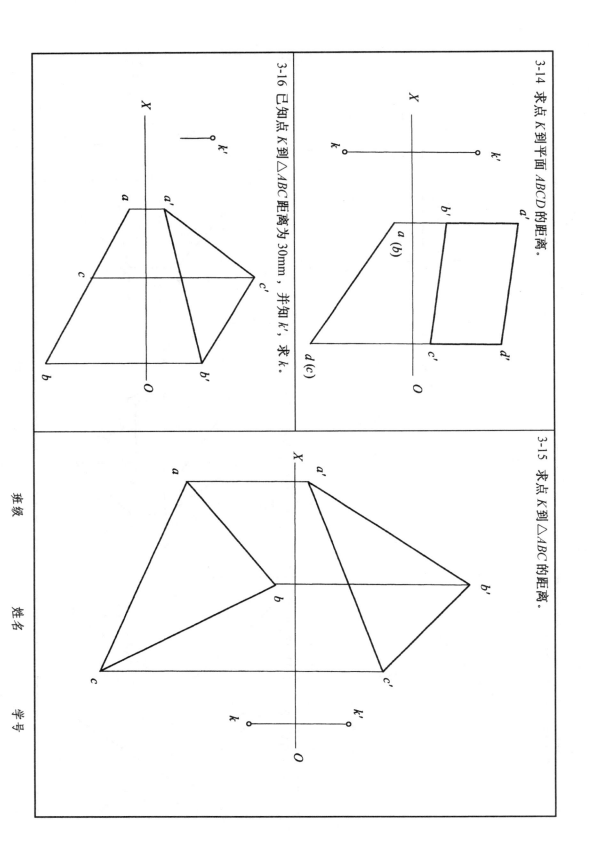

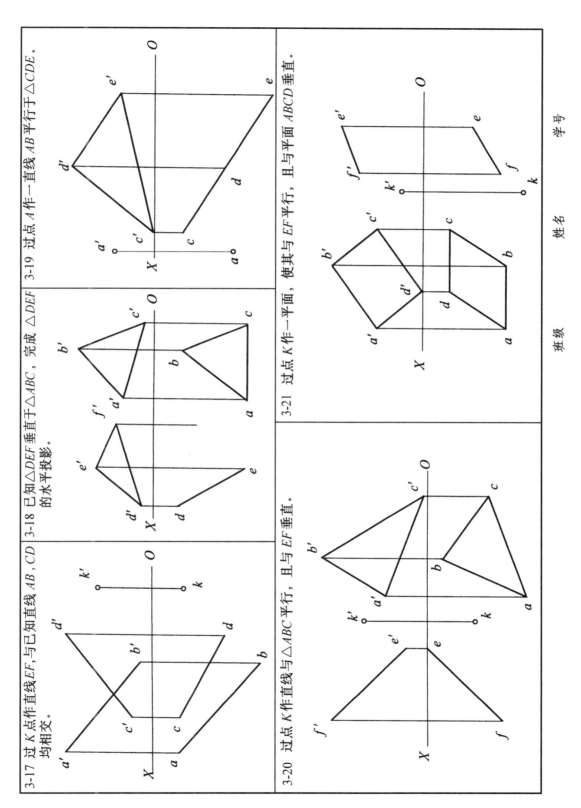

4-1 求出点 C 点 B 在 V_1、V_2、H_1、H_2 面上的投影。

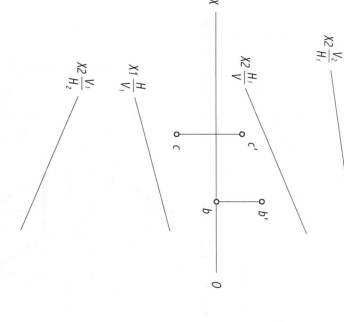

4-2 用换面法求线段 EF 的实长和对 H 面、V 面的夹角 $α$、$β$。

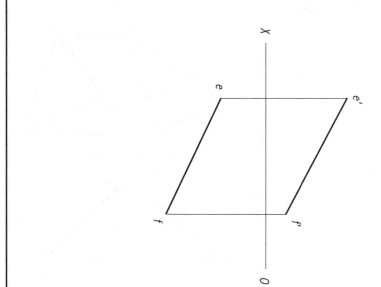

班级　　姓名　　学号

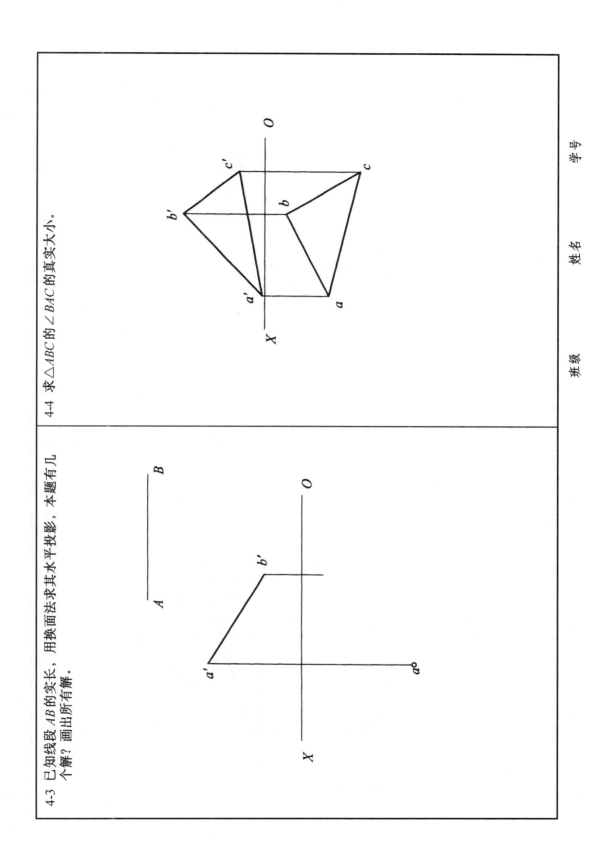

4-4 求△ABC的∠BAC的真实大小。

4-3 已知线段AB的实长，用换面法求其水平投影，本题有几个解？画出所有解。

4-5 已知 ∠BAC 为 60°，求作 AC 的正面投影。

4-6 已知点 K 到平面 △ABC 的距离为 15mm，求作点 K 的水平投影。

4-7 采用换面法补全以 AB 为底边的等腰 △ABC 的水平投影。

4-8 已知 △ABC 的两面投影，以 AB 为底边作一等腰 △ABD，该等腰三角形的高等于底边 AB 的长，且 △ABC 与 △ABD 夹角为 90°。

4-9 在直线 MN 上求点 K，使点 K 距 △ABC 为 10mm，求出所有的解。

4-10 在直线 MN 上求作与直线 AB、CD 等距离的点 E。

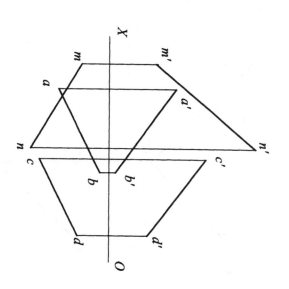

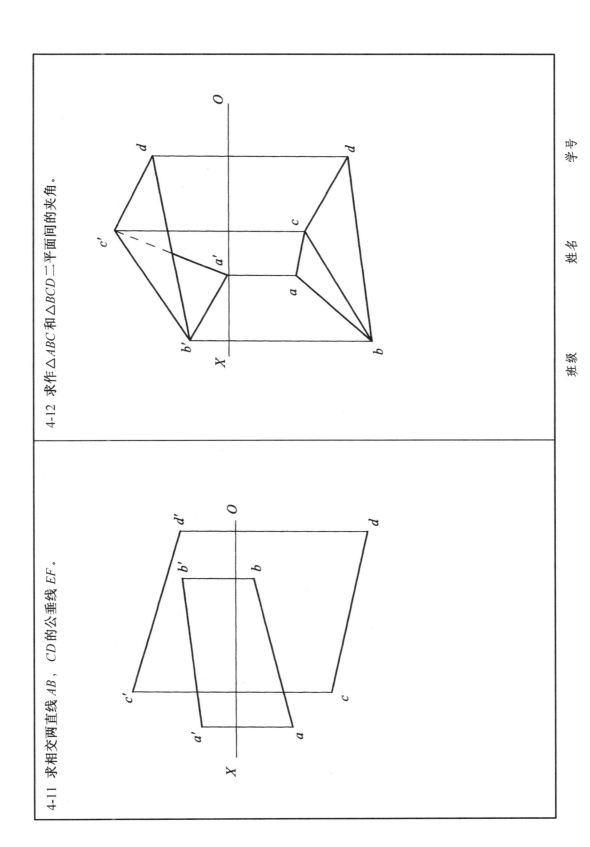

5-1 已知一圆属于正垂面 P，并知其圆心为 O，直径为 30mm，求作该圆的三面投影图。

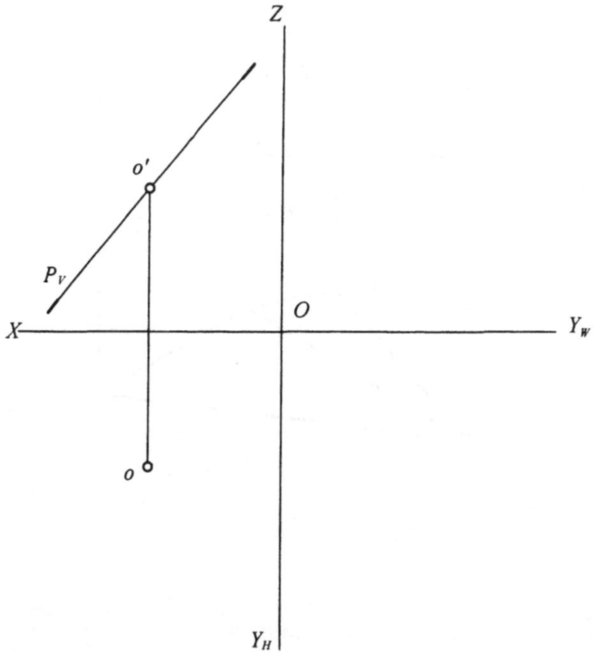

5-2 在如图所示的圆柱面上作导程为 S 的左螺旋线。

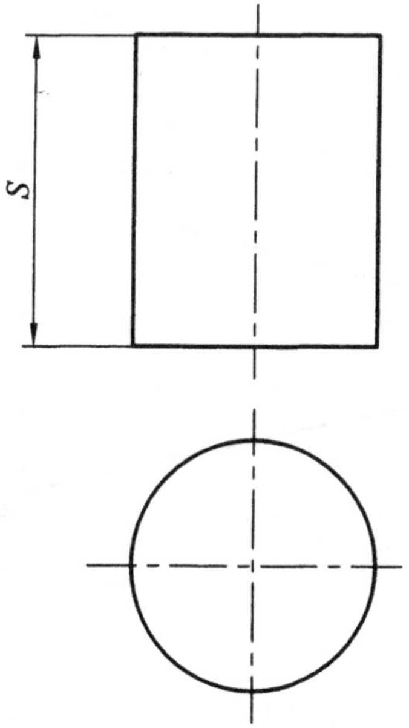

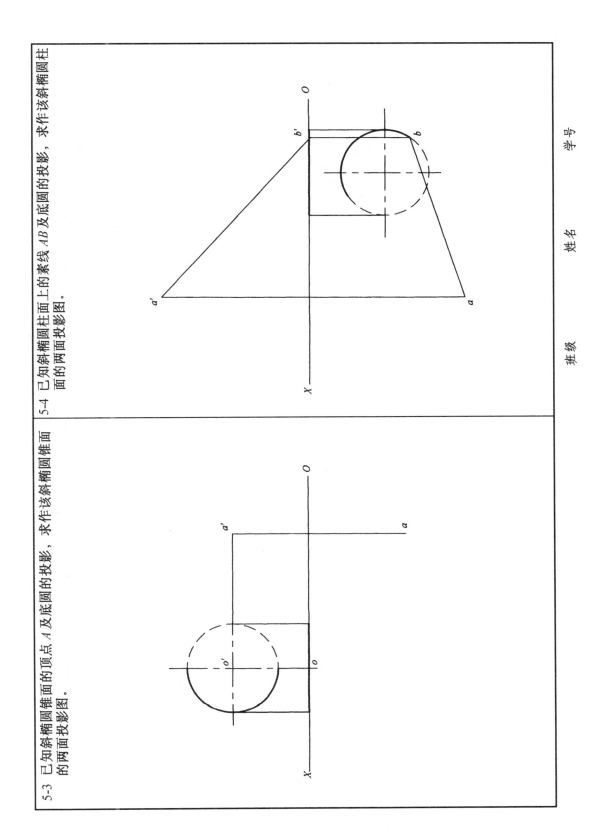

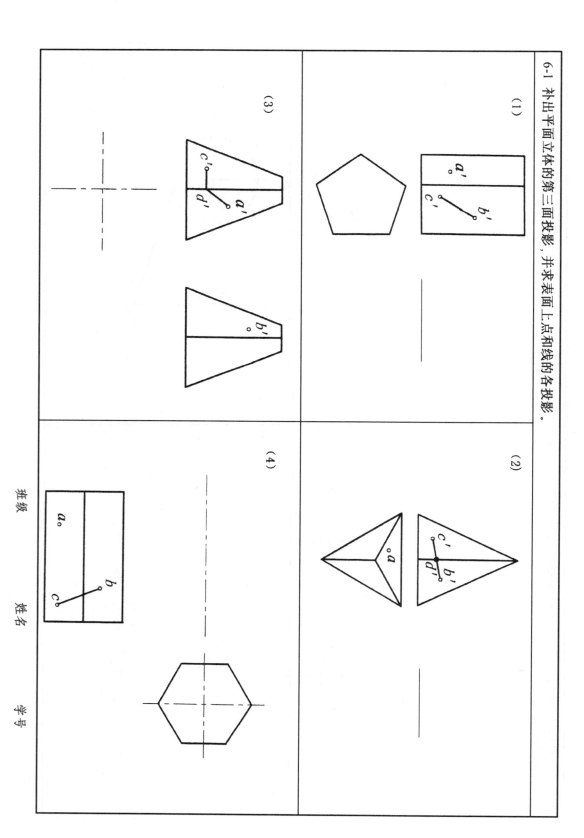

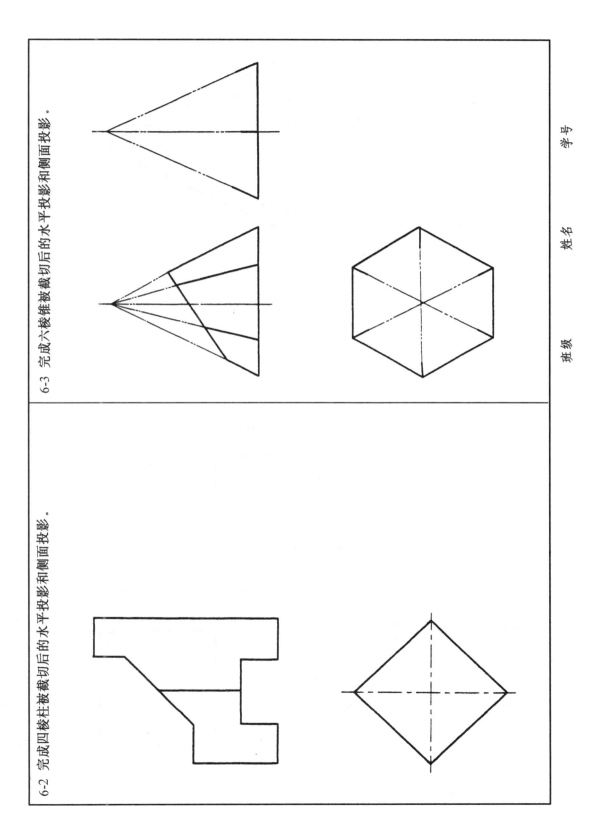

6-4 补出被截切后三棱锥的水平投影及侧面投影。

6-5 补全有缺口的平面立体的正面投影和侧面投影。

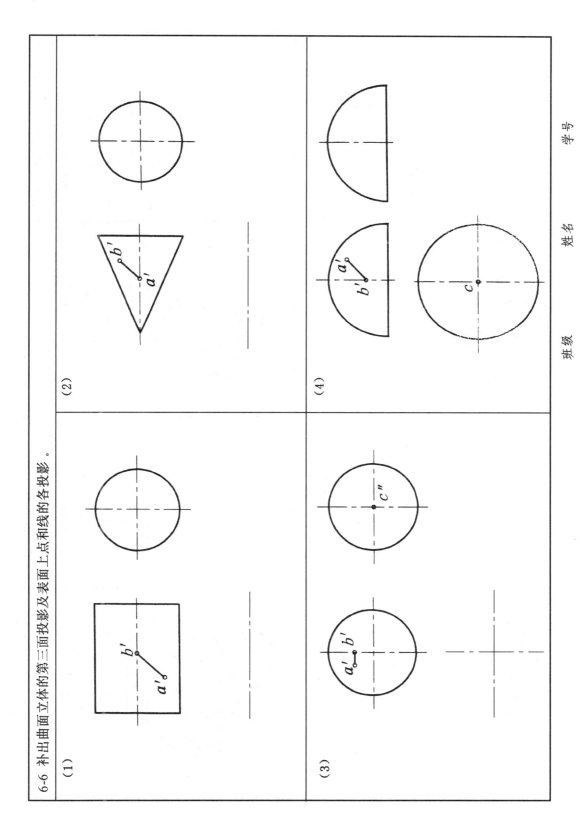

6-7 补画出曲面立体的水平投影。

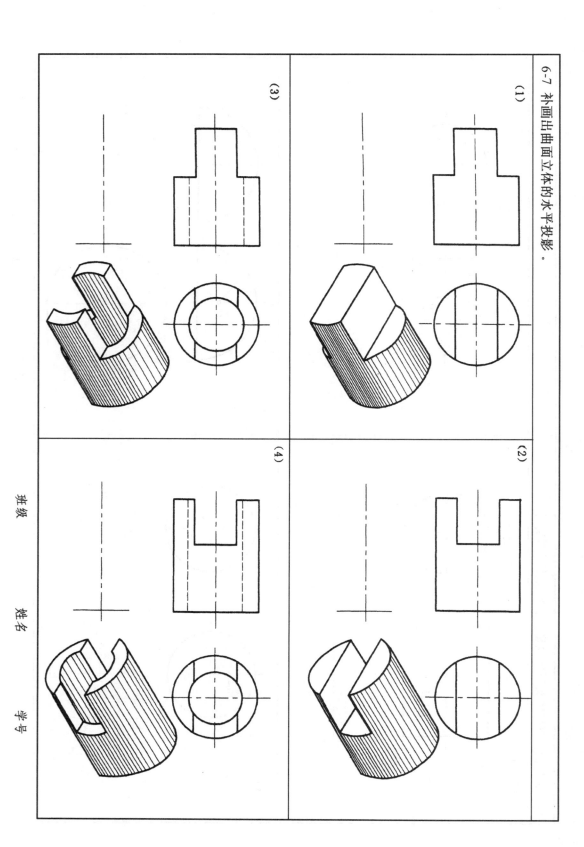

6-9 画出带缺孔圆柱的侧面投影。

6-8 画出圆柱被截切后的侧面投影。

班级　　姓名　　学号

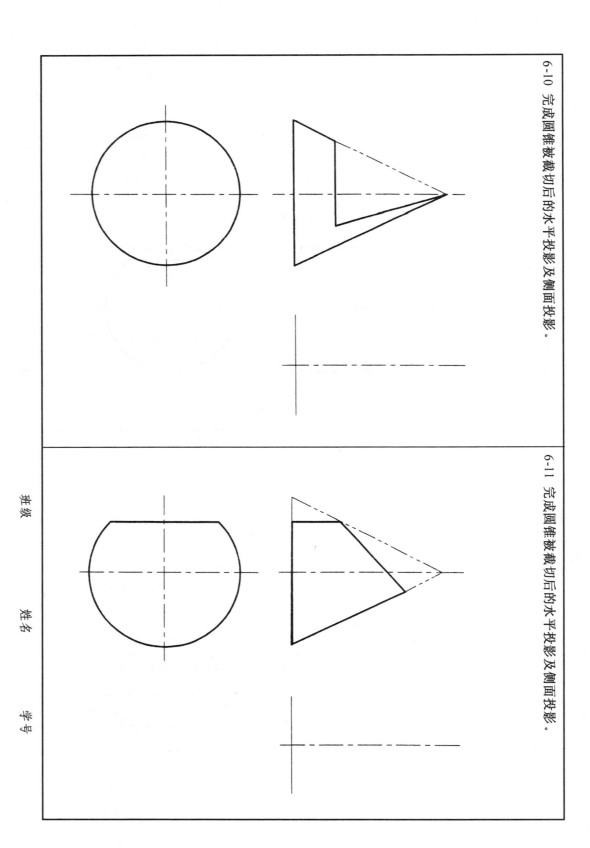

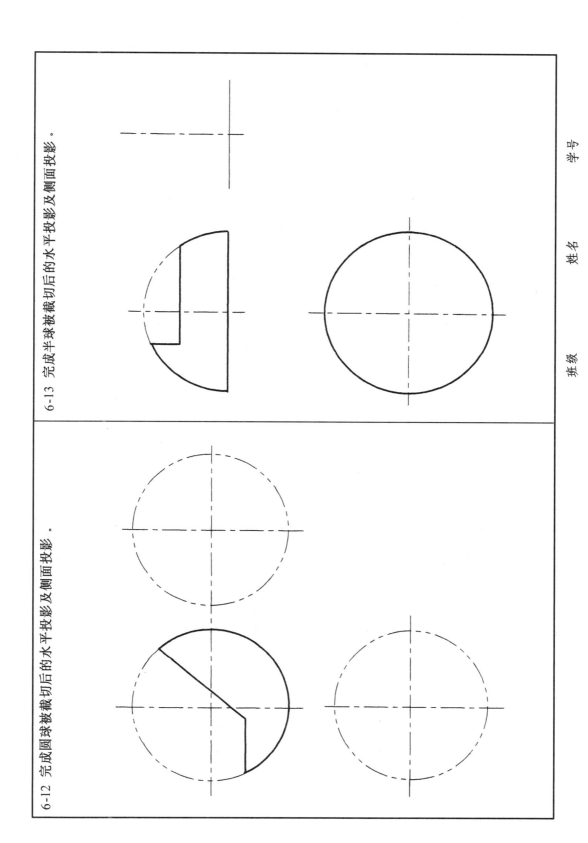

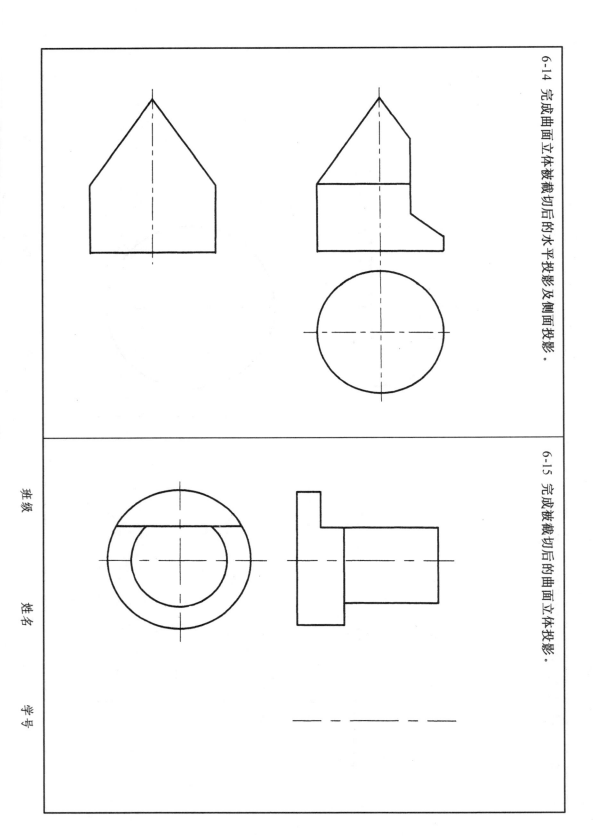

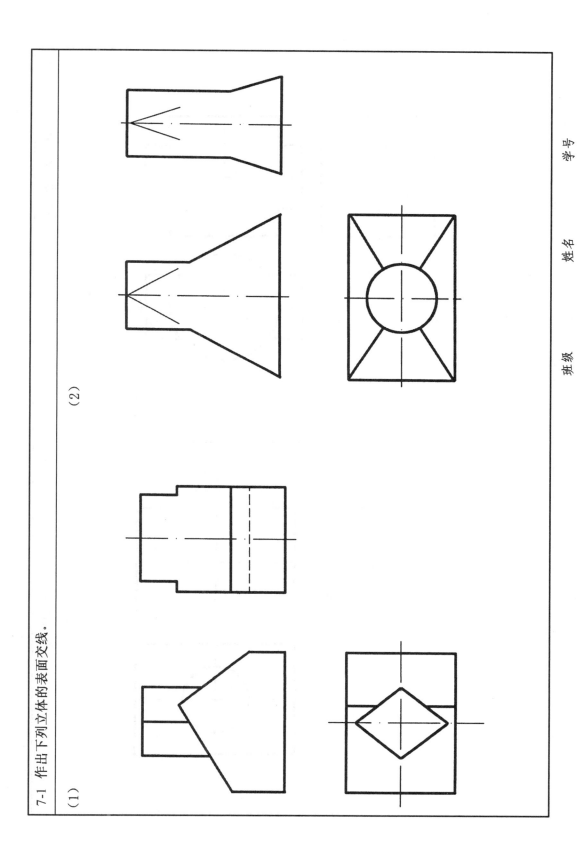

7-2 作出圆柱与圆柱的相贯线。

7-3 作出圆柱与圆柱孔的相贯线。

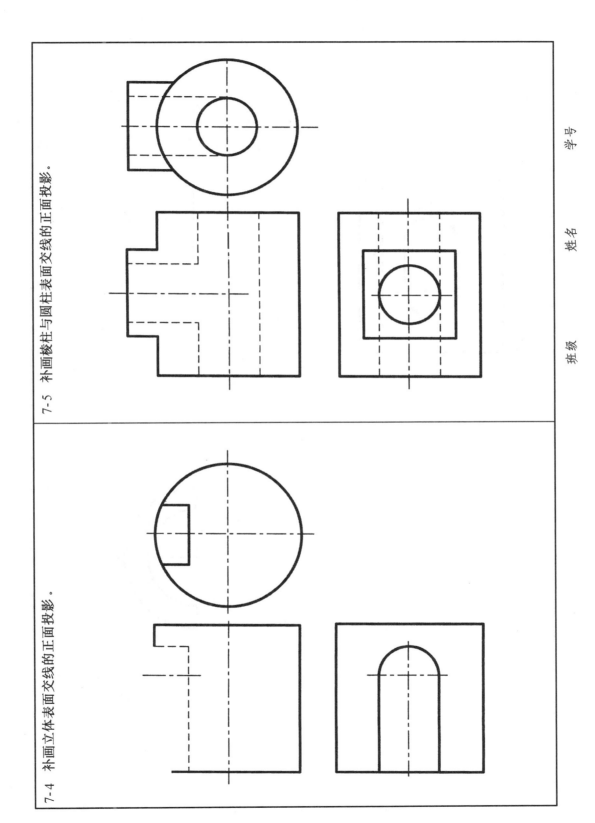

7-6 补全正面投影。

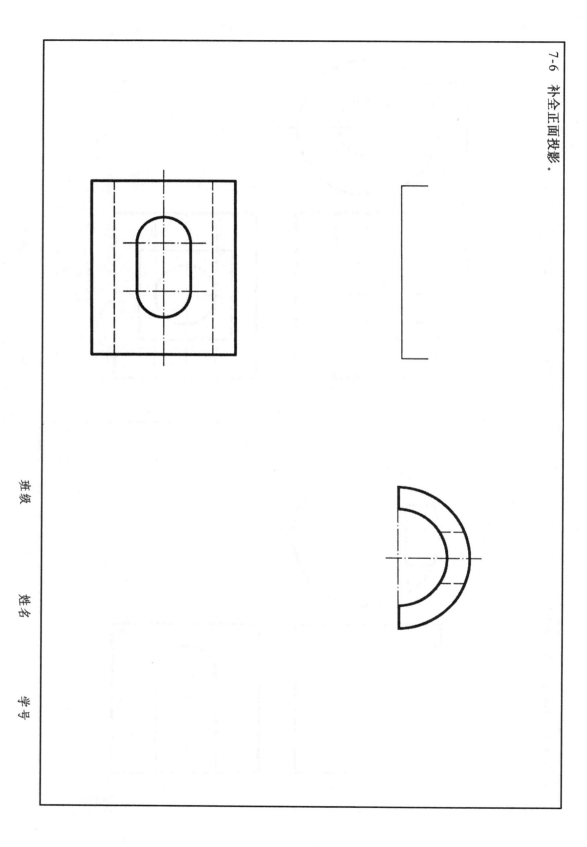

7-7 求作侧面投影。

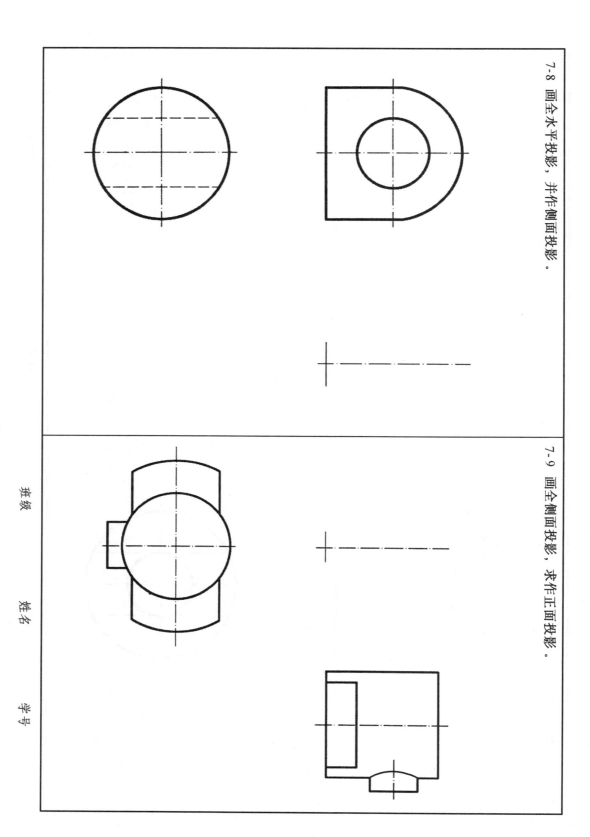

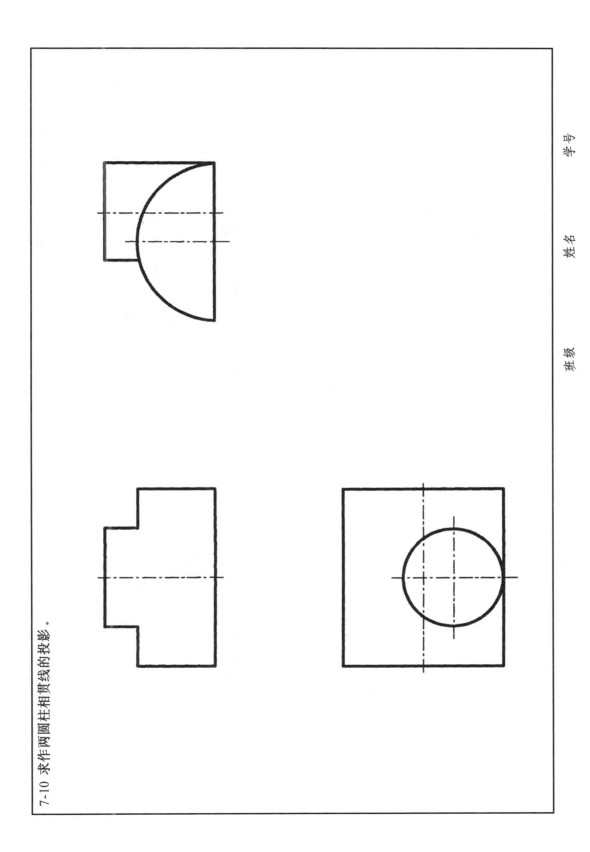

7-10 求作两圆柱相贯线的投影。

7-11 作出圆锥与圆柱相贯线的投影。

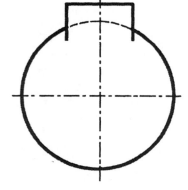
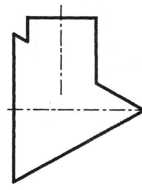
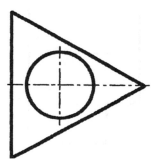

7-12 作出半圆球与圆柱相贯线的投影。

7-13 作出半圆球与圆台相贯线的投影。

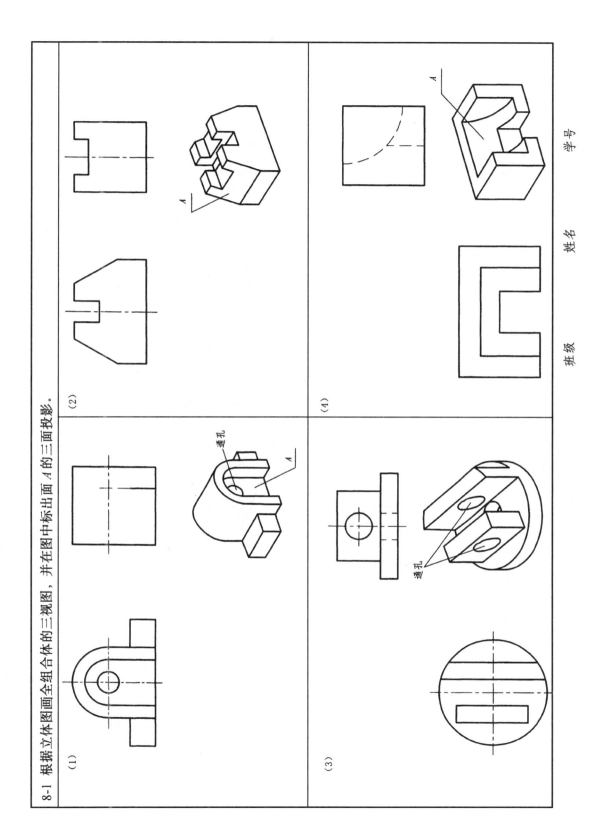

8-2 仔细观察俯视图，补全主视图中缺漏的图线。

8-3 根据组合体的轴测图按 1:1 的比例画出其三视图，并标注尺寸。

(1)

班级　　　　姓名　　　　学号

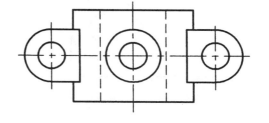
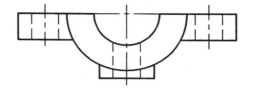

(2)根据主、俯视图画出左视图，并标注尺寸（尺寸数值从图中量取整数）。

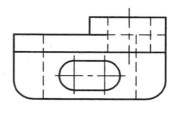
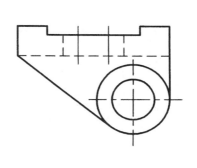
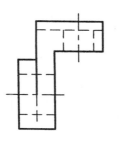

8-4 (1) 标注组合体尺寸（尺寸数值从图中量取整数）。

班级　　　姓名　　　学号

8-5 根据主、俯视图画出左视图，并标注尺寸（尺寸数值从图中量取整数）。

(1)

(2)

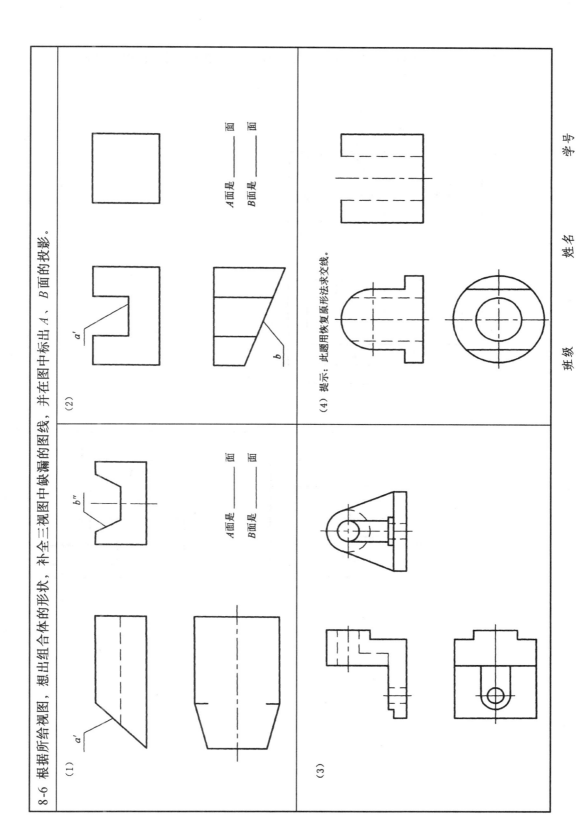

8-7 根据组合体的两个视图，想像出其形状，画出第三视图，并在图中标出面 A 及面 B 的另外两个投影。

(1)

(2)

8-8 根据组合体的视图（小顶图），补画出其左视图，图出第三视图。

(1)

(2)

班级　　姓名　　学号

8-9 根据组合体的两个视图，想像出其形状，画出第三视图。

（1）

（2）

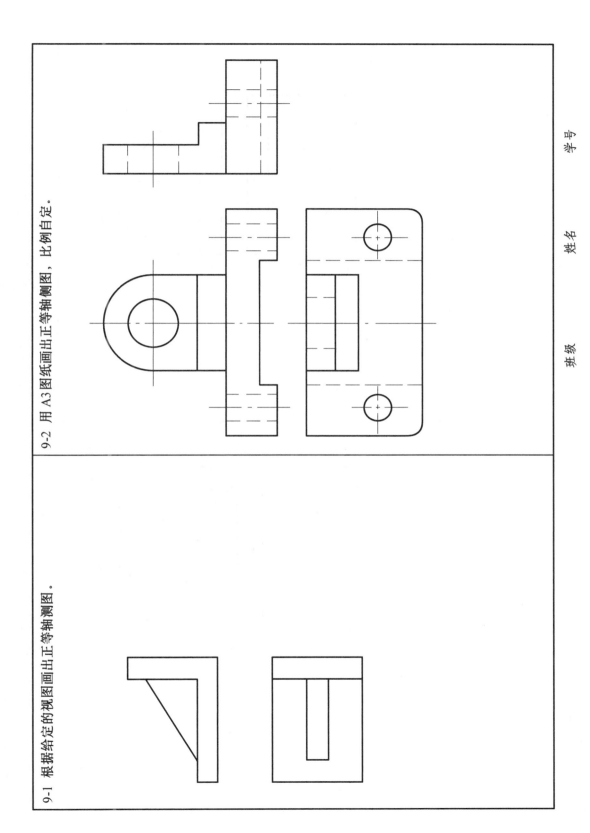

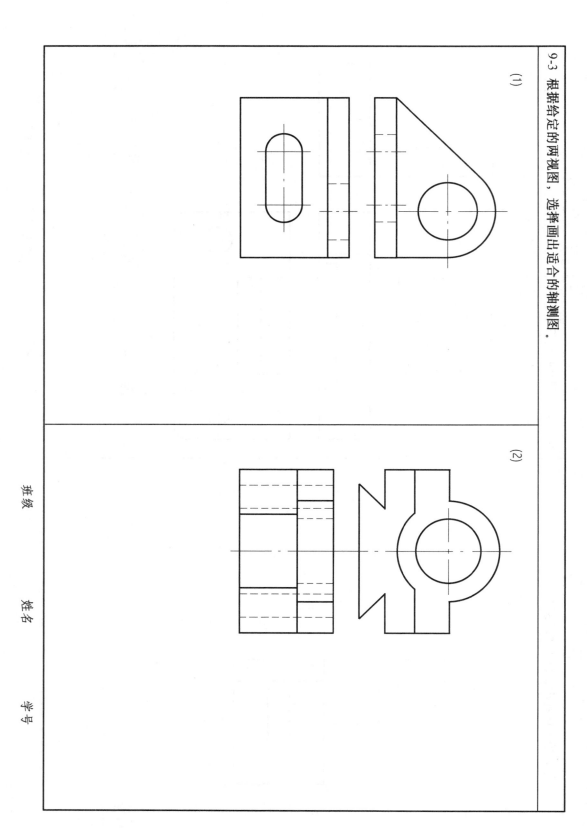

9-4 根据给定的视图画出斜二轴测图。

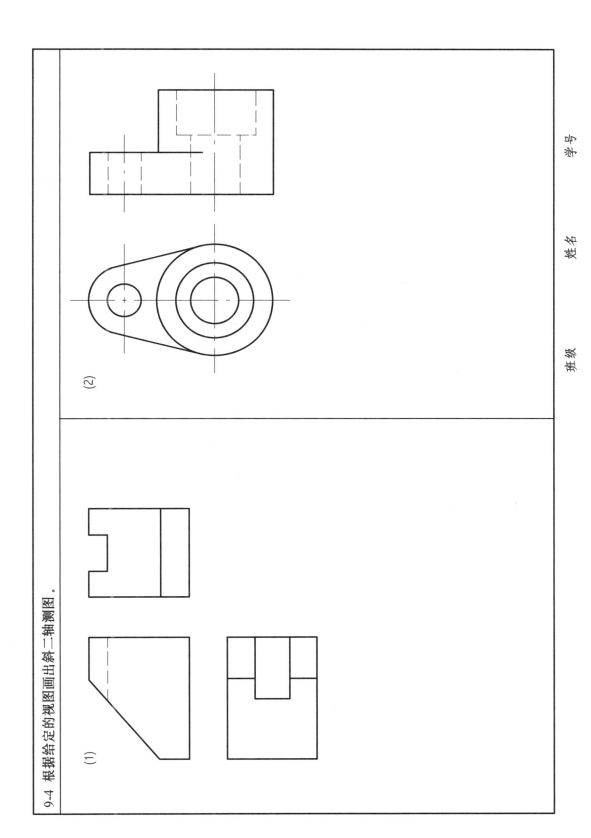

10-1 补全其他三个基本视图（保留图中虚线）。

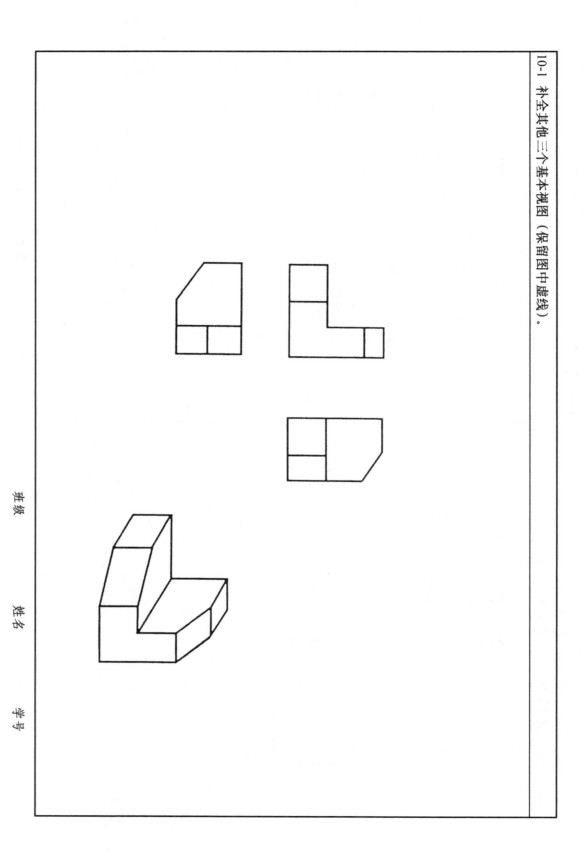

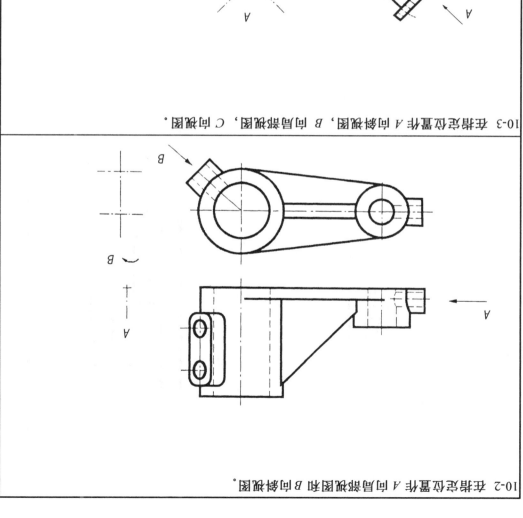

10-3 在指定位置作件 A 向斜视图，B 向局部斜视图，C 向视图。

10-2 在指定位置作件 A 向局部斜视图和 B 向斜视图。

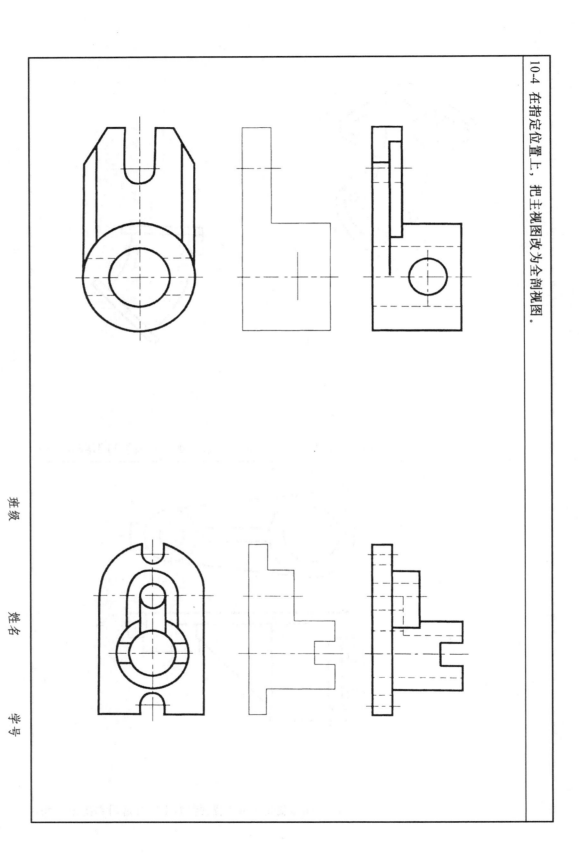

10-4 在指定位置上，把主视图改为全剖视图。

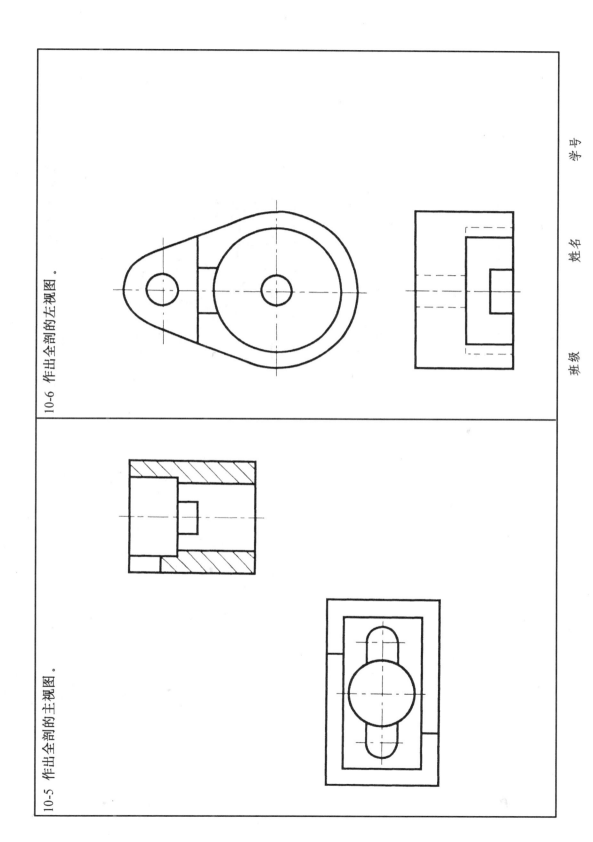

10-7 画出 A—A 及 B—B 剖视图。

A—A

B—B

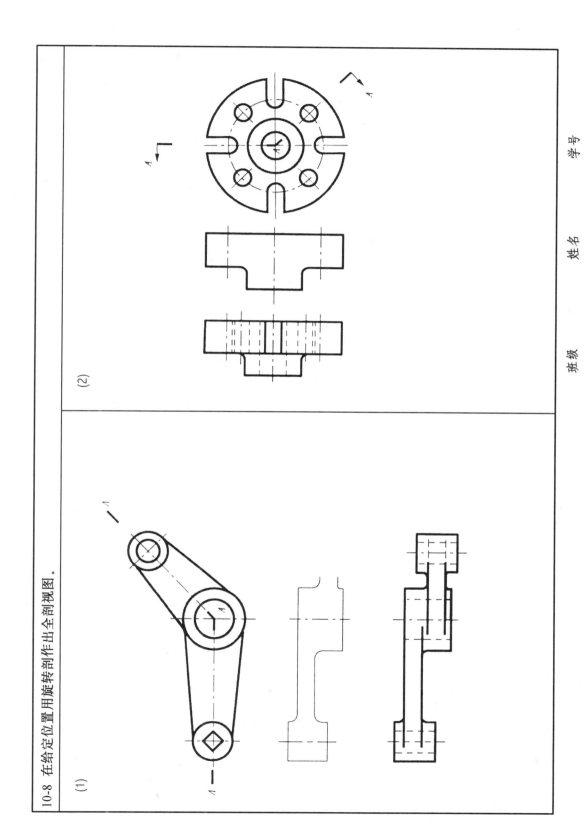

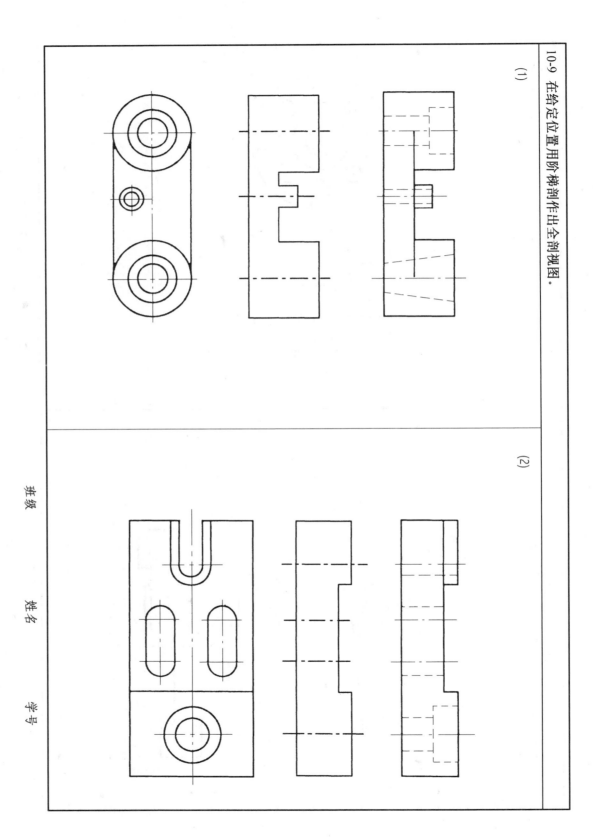

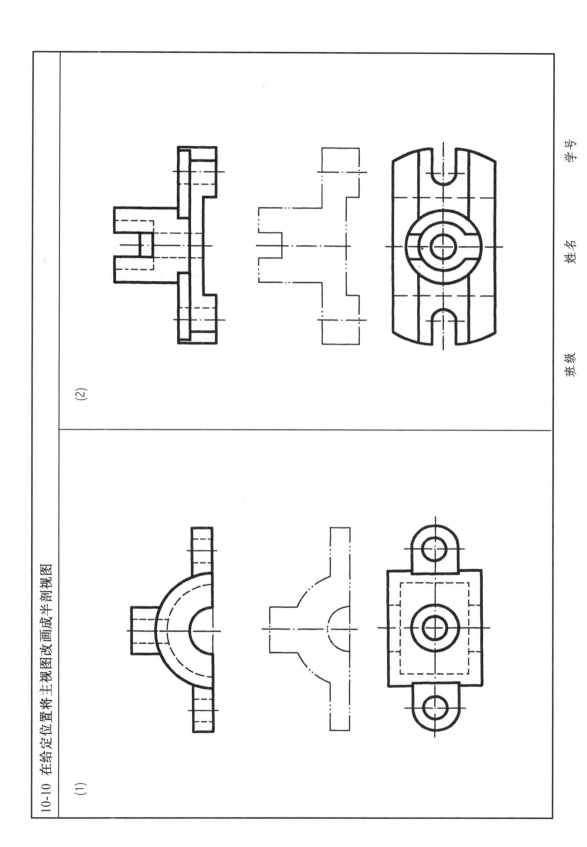

10-11 在给定位置将主视图改画成半剖视图。

(1)

(2)

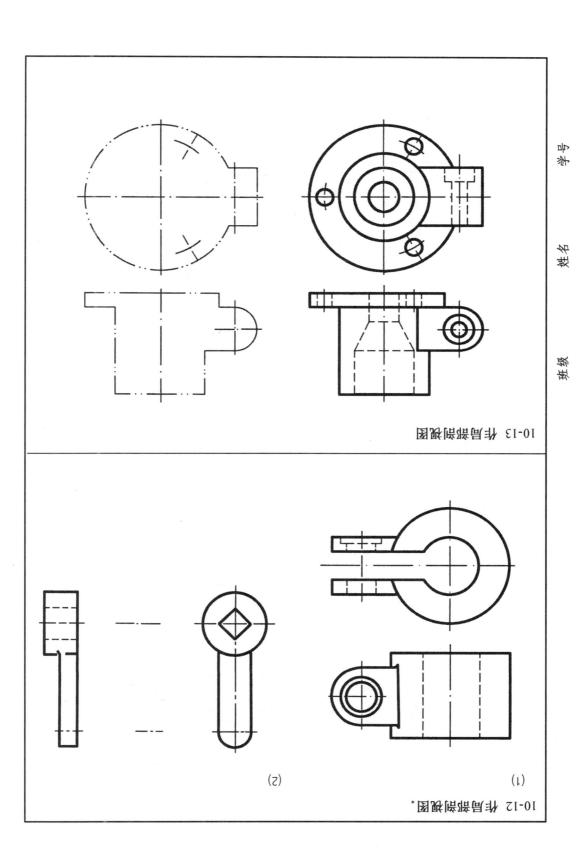

10-14 在指定位置上,作轴的移出断面,槽深 3 mm。

10-15 画出指定位置的重合断面图。

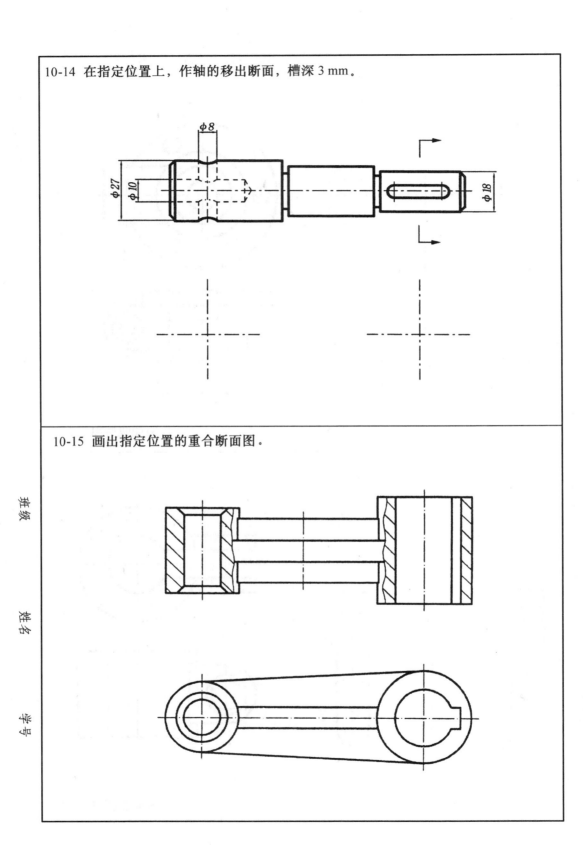

10-16 在给定位置上画出全剖视图。

(1)

(2)

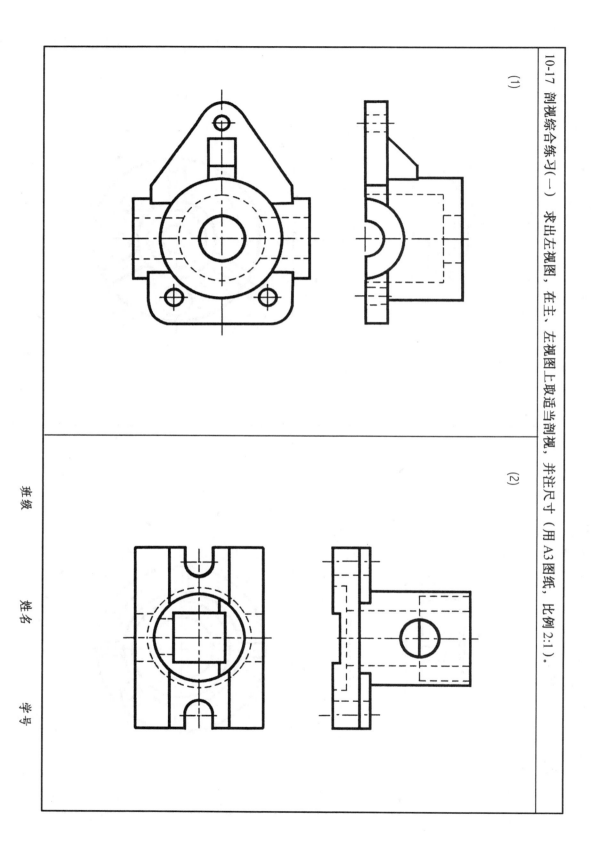

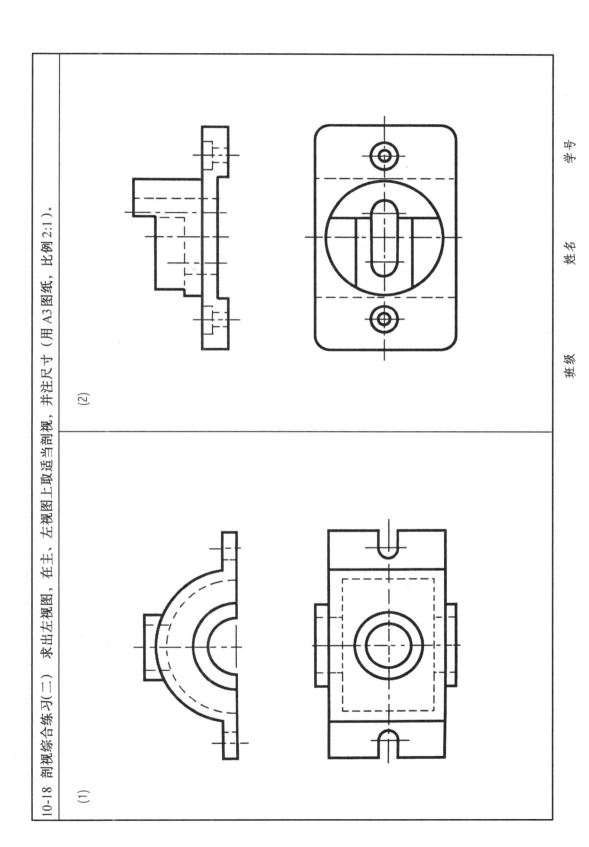

11-1 分析图中的错误，在下面画出正确图形。

(1)

(2)

(3)

(4)

11-2 在图中标出螺纹部分的尺寸。

(1) 普通螺纹，公称直径 16 mm，螺距 1.5 mm，右旋，倒角 1.5×45°。

(2) 普通螺纹，公称直径 24 mm，螺距 1.5 mm，右旋，倒角 2×45°。

(3) 普通螺纹，公称直径 14 mm，螺距 1.5 mm，左旋，倒角 1.5×45°。

(4) 梯形螺纹，公称直径 20 mm，导程 8 mm，线数 2，右旋，倒角 2×45°。

(5) 梯形螺纹，公称直径 24 mm，导程 10 mm，线数 2，右旋，倒角 2.5×45°。

(6) 非螺纹密封的圆柱管螺纹，公称直径 1/2 英寸，长度 32 mm，中径公差为 A 级，左旋，倒角 1.5×45°。

班级　　　姓名　　　学号

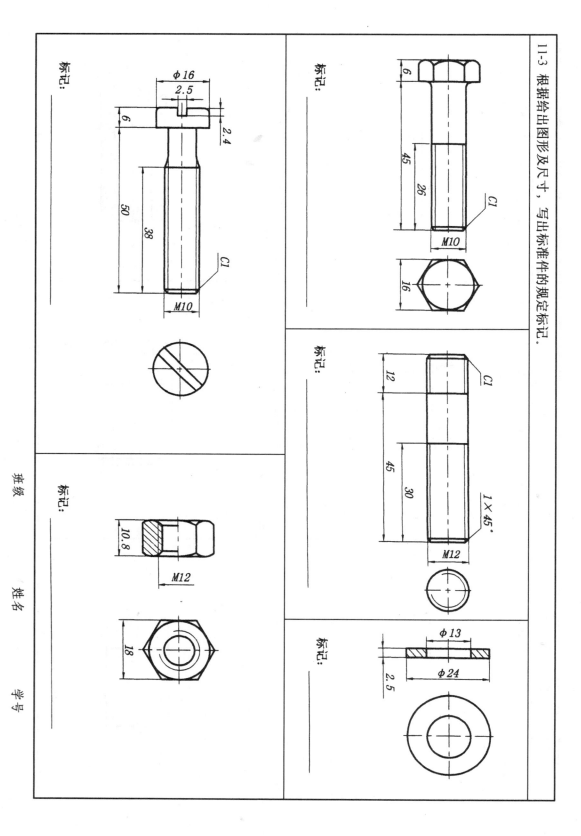

11-4 下面螺栓连接画法有错误，在右边按正确画法画出。

班级　　姓名　　学号

11-5 下面螺柱连接和螺钉连接画法有错误，在图右边按正确画法画出。

(1)

(2)

11-6 用 A3 图纸按要求画出螺纹紧固件连接图，并在下方写出规定标记。

(1) 螺纹连接

① 螺栓 GB/T 5782 M20×l
（l 由计算后查表确定）
② 螺母 GB/T 6170 M20
③ 垫圈 GB/T 97.1 20
④ 上板厚 δ_1=30
下板厚 δ_2=35
板长 65
板宽 60

要求：
按 1:1 比例画螺栓连接三视图，左视图作全剖视，可用比例画法或简化画法，不标尺寸。

(2) 螺柱连接

① 螺柱 GB/T 897 M20×l
（l 由计算后查表确定）
② 螺母 GB/T 6170 M20
③ 弹簧垫圈 GB/T 93 20
④ 上板厚 δ_1=30
下板厚 δ_2=50 材料为钢
板长 65
板宽 60

要求：
按 1:1 比例画出螺柱连接主、俯视图，主视图作全剖视。可用比例画法或简化画法，不标尺寸。

(3) 螺钉连接

① 螺钉 GB/T 68 M10×25
② 上板厚 δ_1=15
下板厚 δ_2=30 材料为钢
板长 33
板宽 30
材料为铸铁

要求：
按 2:1 比例画出螺钉连接主、俯视图，主视图作全剖视。可用比例画法或简化画法，不标尺寸。

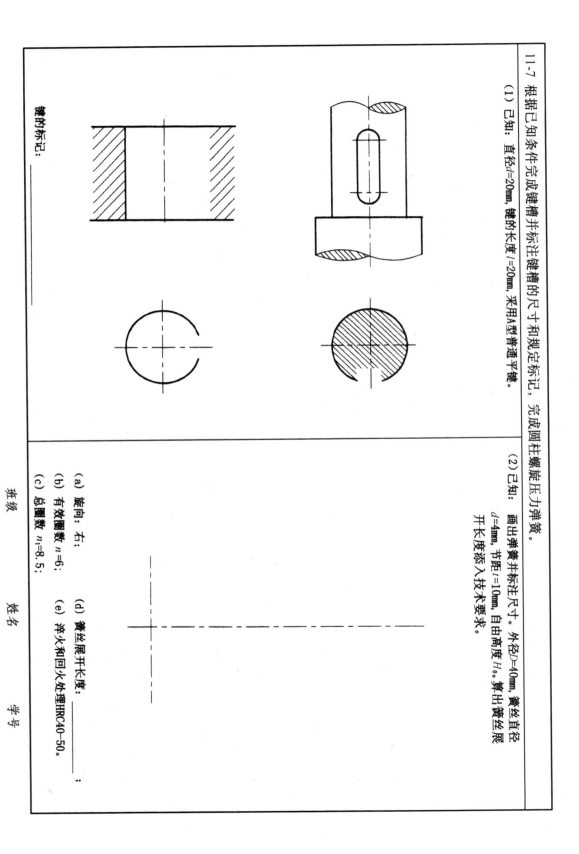

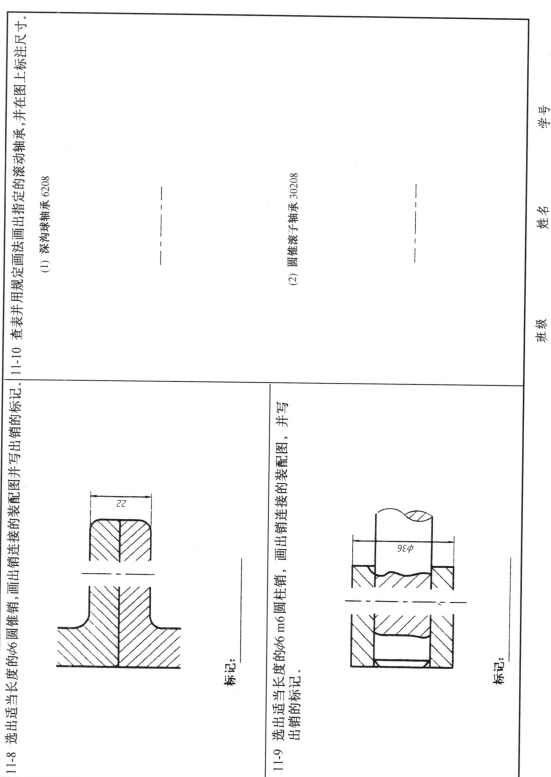

11-11 已知一对直齿圆锥齿轮的模数为3mm，齿数分别为15和27，其余尺寸见图，试按1:1比例画出它们的啮合图。

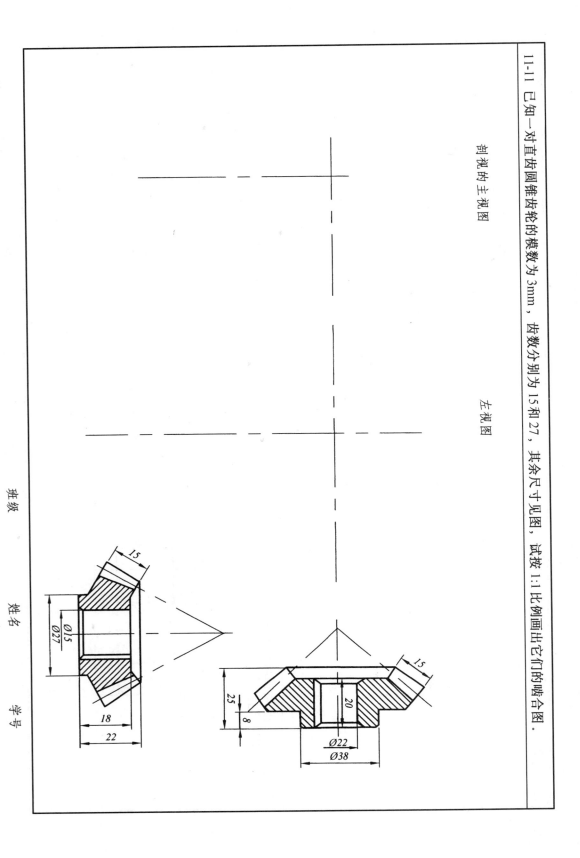

11-12 用1:1比例画直齿圆柱齿轮啮合图，其模数 $m=2$，小齿轮齿数20，大齿轮齿数32，轮齿宽24，非圆视图作全剖视。小轴直径 $\phi 20$，大轴直径 $\phi 36$，用A型普通平键连接。

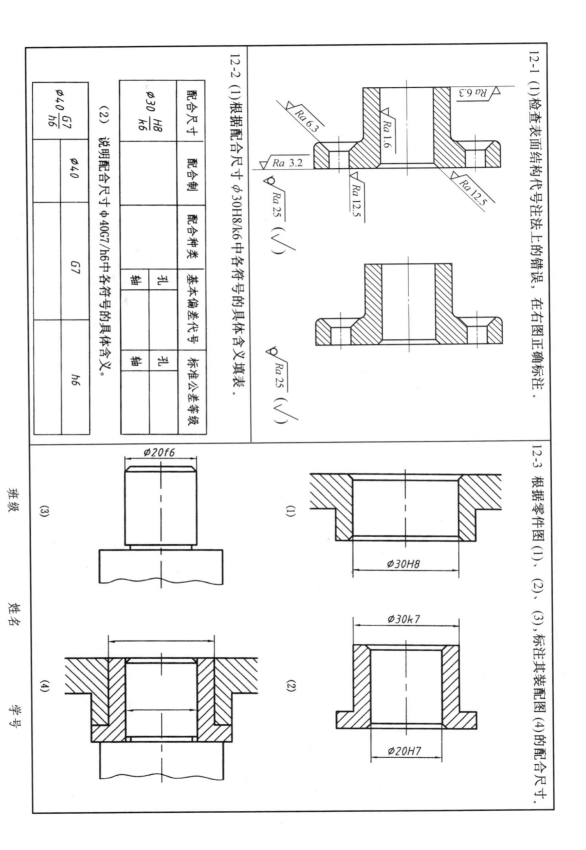

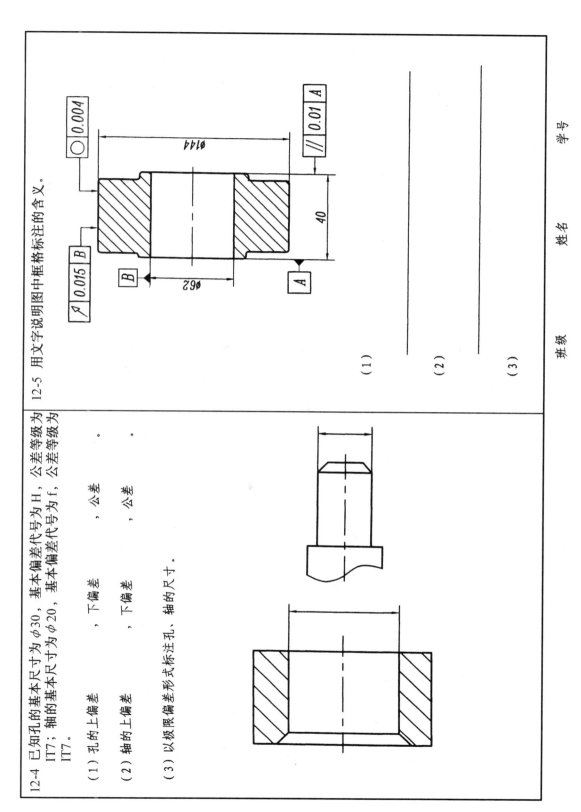

12-4 已知孔的基本尺寸为 φ30，基本偏差代号为 H，公差等级为 IT7；轴的基本尺寸为 φ20，基本偏差代号为 f，公差等级为 IT7。

(1) 孔的上偏差　　　，下偏差　　　，公差　　　。

(2) 轴的上偏差　　　，下偏差　　　，公差　　　。

(3) 以极限偏差形式标注孔、轴的尺寸。

12-5 用文字说明图中框格标注的含义。

(1)

(2)

(3)

12-6 该套筒零件图，在指定的位置上画出移出断面图，并回答下列各题：

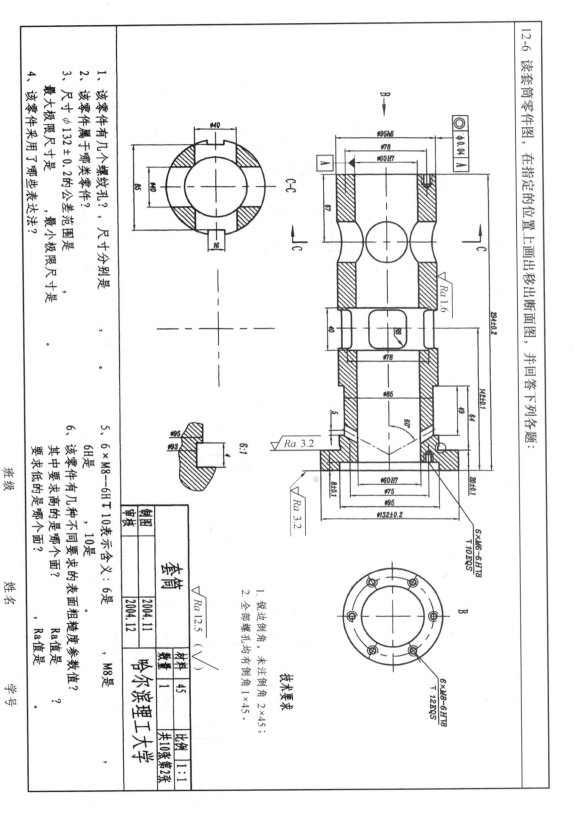

1. 该零件有几个螺纹孔？尺寸分别是   ，   。
2. 该零件属于哪类零件？
3. 尺寸$\phi 132 \pm 0.2$的公差范围是   ，最大极限尺寸是   ，最小极限尺寸是   。
4. 该零件采用了哪些表达法？
5. $6 \times M8-6H \downarrow 10$表示含义：6是   ，M8是   ，6H是   ，10是   。
6. 该零件有几种不同要求的表面粗糙度参数值？其中要求高的是哪个面？Ra值是   ，要求低的是哪个面？Ra值是   。

12-7 看端盖零件图，作下列各题：

1. 画A-A剖视（对称机件剖视图画一半）。
2. 表面 I 的粗糙度代号为_____，表面 II 粗糙度代号为_____，表面 III 粗糙度代号为_____。
3. 尺寸 φ70d11，其基本尺寸为_____，基本偏差代号为_____，标准公差等级为_____。

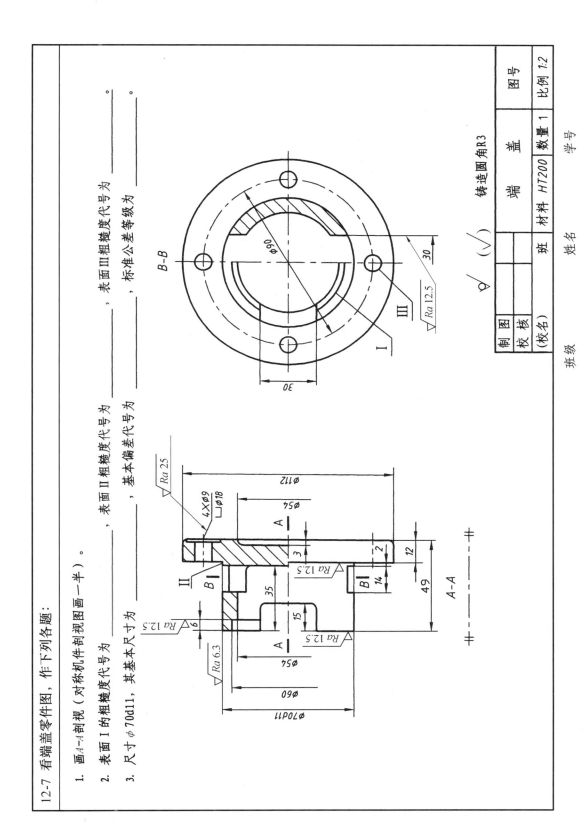

12-8 读支架零件图，回答下列各题：

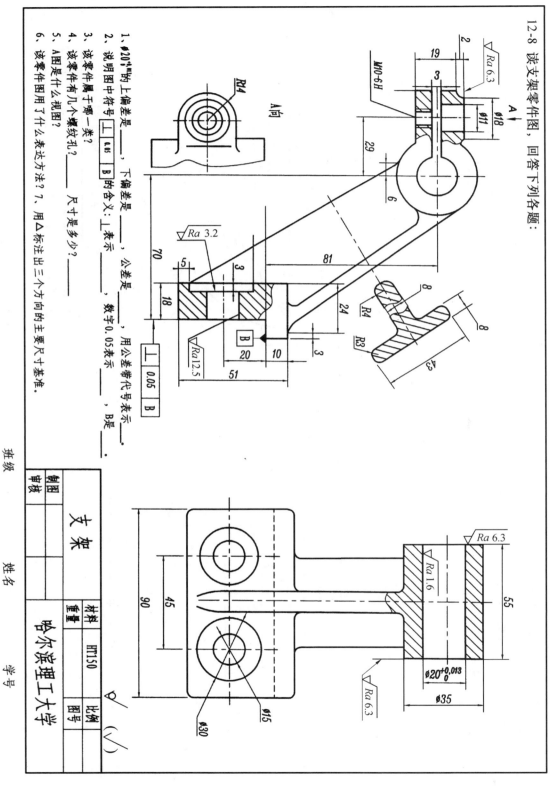

1. φ20"的上偏差是____，下偏差是____，公差是____。
2. 说明图中符号 ⊥|0.05|B 的含义：⊥表示____，数字0.05表示____，B表示____。
3. 该零件属于哪一类？____
4. 该零件有几个螺纹孔？____
5. A图是什么视图？____ 尺寸是多少？____
6. 该零件图用了什么表达方法？____ 7. 用△标注出三个方向的主要尺寸基准。

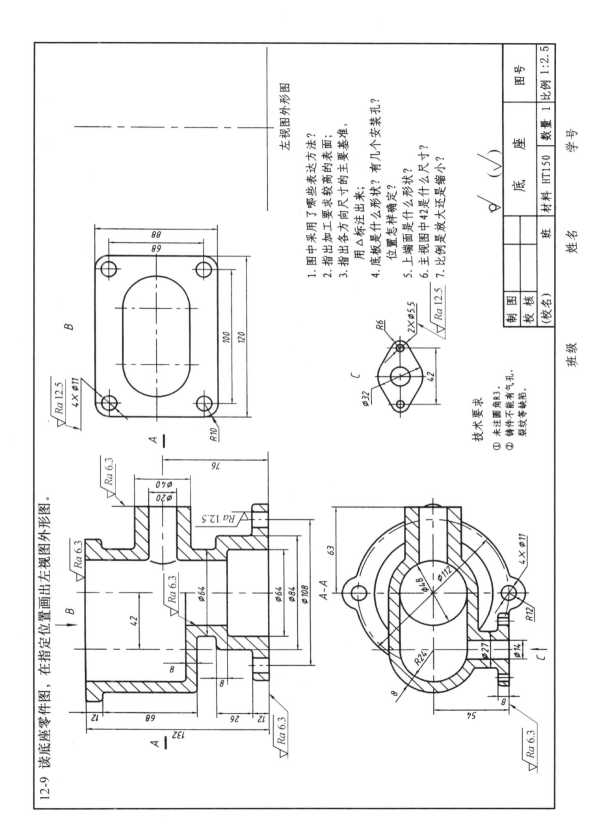

13 装配体立体图

千斤顶

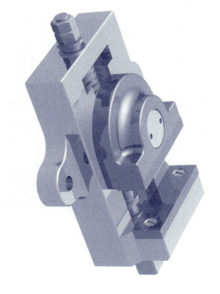

平口钳

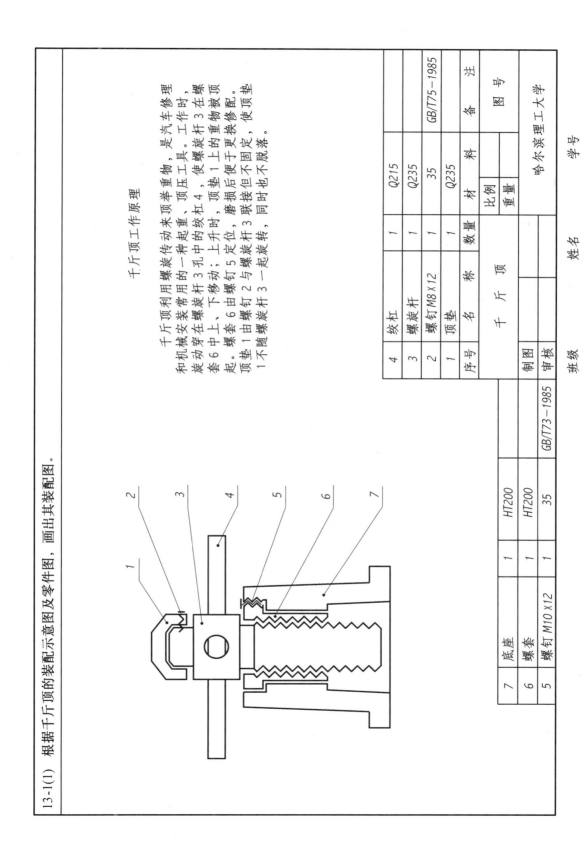

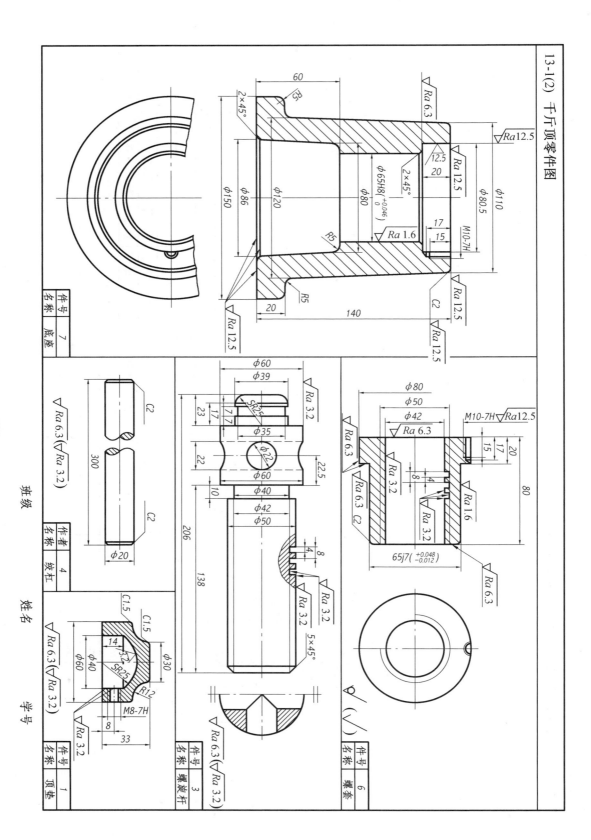

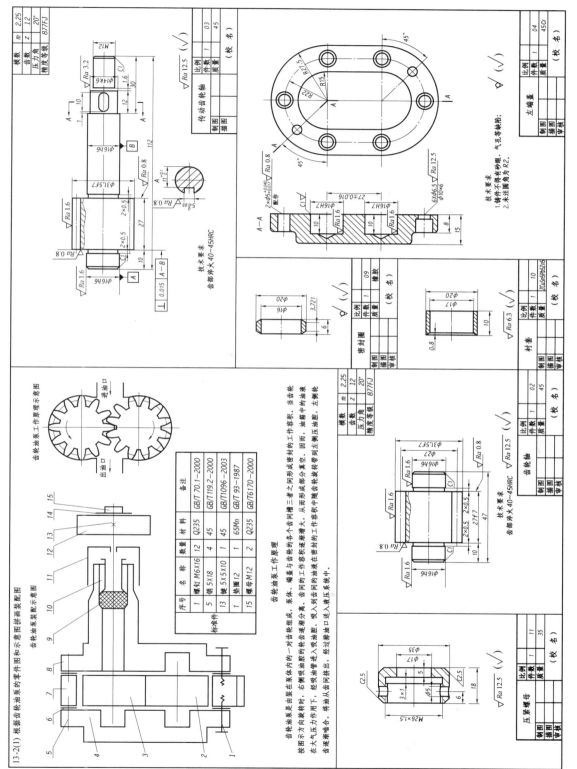

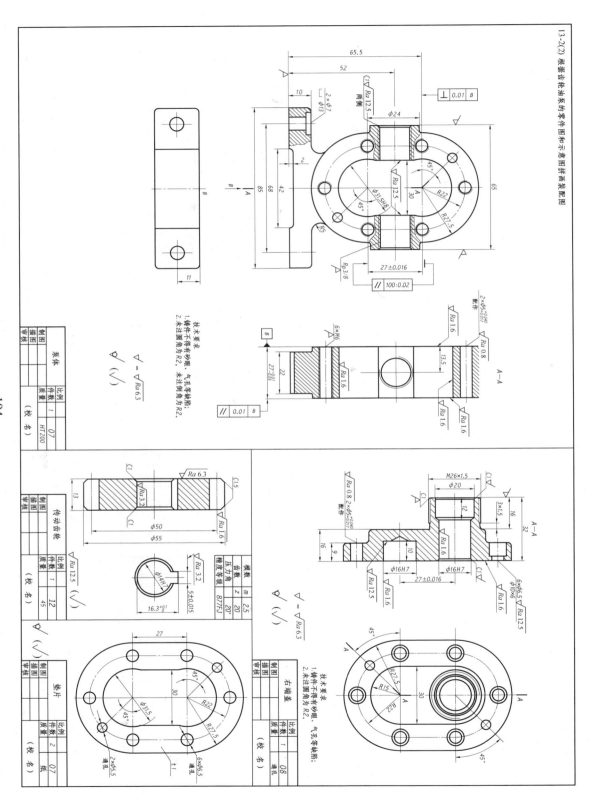

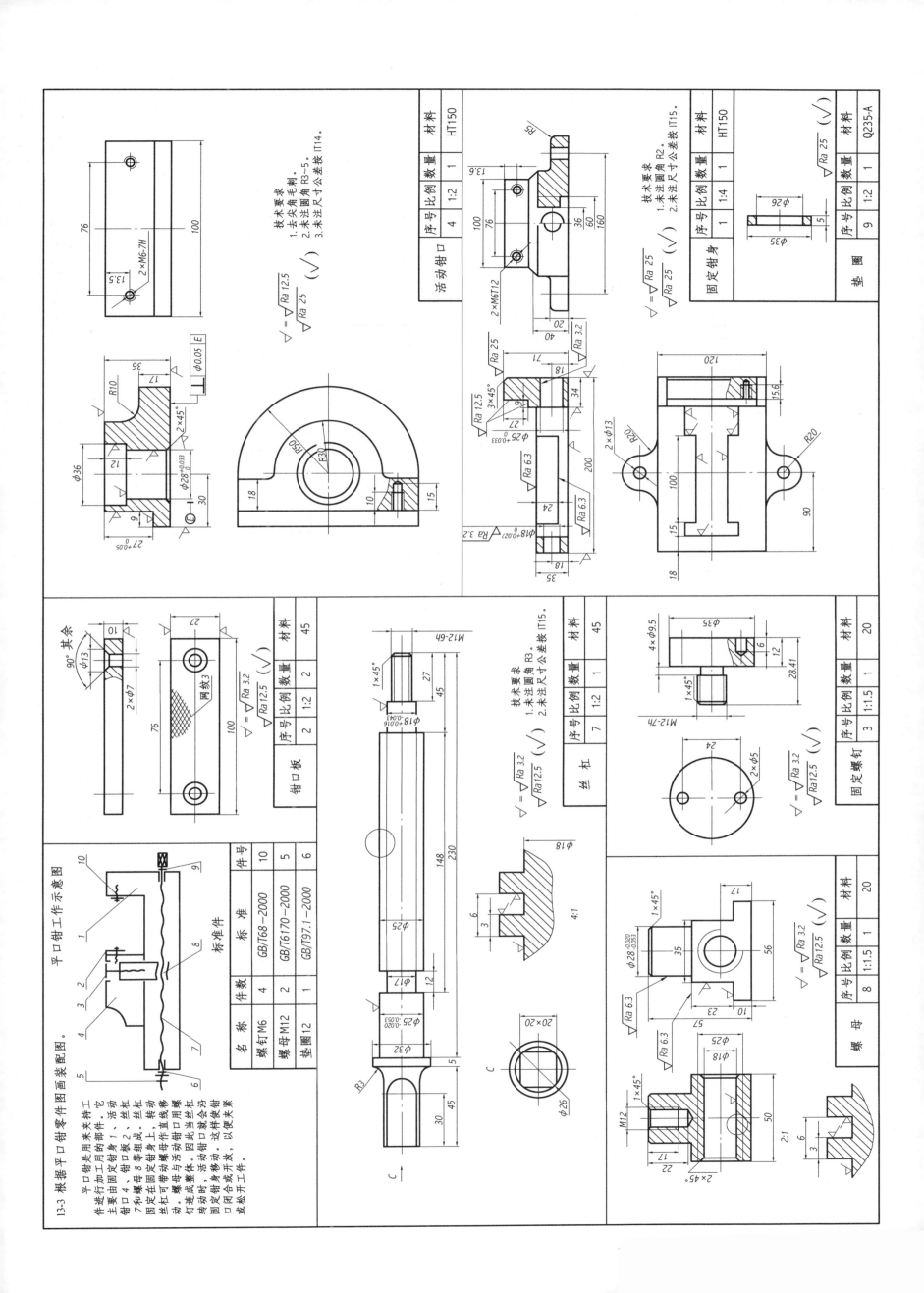

13-4 读立式柱塞泵装配图,并拆画零件图。

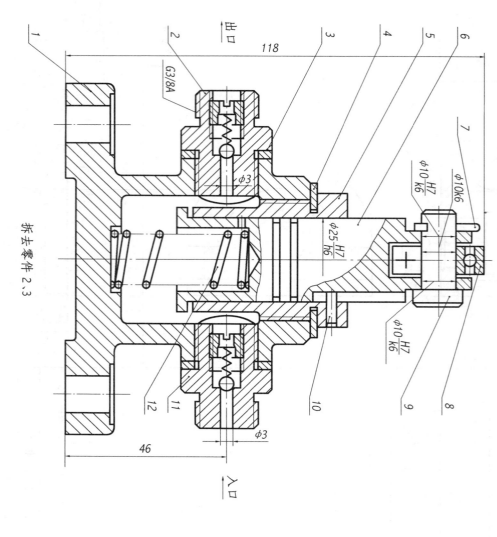
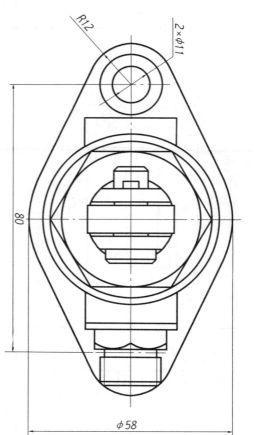

拆去零件2、3

立式柱塞泵工作原理

柱塞泵润滑管路系统中的供油装置,它依靠柱塞6的上下移动达到泵油的目的下移是(图中省略)压下,而上移是靠弹簧顶起上去。当凸轮在图中箭头方向下压力轴承8时,使泵体内油腔2关闭,柱塞6在弹簧顶压力作用下向上移动,泵腔容积变小,油压增大,高压油顶开出油阀7,油两出油孔排出。如此往复循环起到供油的作用。

1. 主视图采用了____视图,俯视图采用了____表达方式。
2. 采用了哪些密封结构。
3. 代号φ10H7/k6的基本尺寸是____,该配合是以____制(孔的公差带代号是____,轴的公差带代号是____)。
4. 代号φ25H7/h6的规定标注是:
5. 写出零件7的结构特点是:
6. 泵体6有几个结构特征是:
7. 该图有几个标准件:
8. 拆画泵体1或柱塞6的零件图。

序号	名 称	数量	材 料	附 注
12	弹簧 YA2 16 42	1	65Mn	GB/T 2089-1994
11	进 油 阀	1	组合件	
10	销 4×10	1	35	GB/T 119-2000 外购
9	锥轴 B10×24	1	45	GB/T 882-1986
8	滚动轴承 6010	1	组合件	GB/T 276-1994
7	销 2×14	1	Q215-A	GB/T 91-2000
6	出 油 阀	1	组合件	
5	垫 片	2	紫铜	
4	垫 片	1	紫铜	
3	柱 塞	1	45	
2	导向轴套	1	35	
1	泵 体	1	HT150	

制图	王光明	2002-12-22	立式柱塞泵	比例 1:1
审核	向中	2002-12-26		(图号或代号)
(校名、班号)			(质量)	

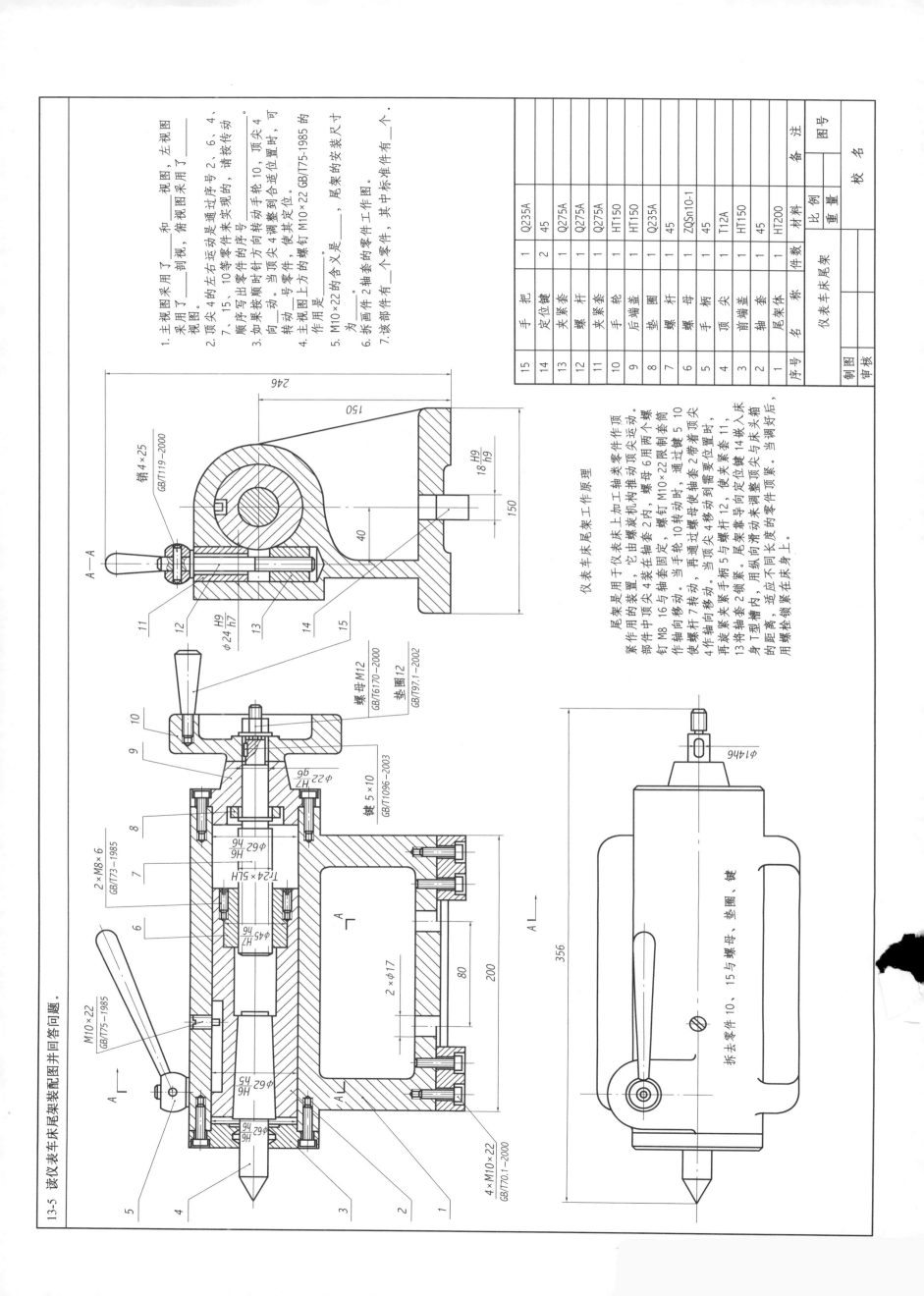